普通高等教育"十一五"国家级规划教材

分析化学实验

（第二版）

主　编　严拯宇　范国荣

副主编　孙秀燕　郝小燕

科学出版社

北　京

内 容 简 介

本书由上篇(化学定量分析)、下篇(仪器分析)、附篇(常用分析仪器及萨特勒标准光谱查阅方法)及附录4部分组成。共含实验78个,其中上篇化学定量分析实验36个(含英文实验3个);下篇仪器分析实验42个(含英文实验3个);附篇包含分析天平、常用分光光度计、常用色谱仪器、萨特勒光谱的查阅方法及仪器性能检查等;附录包含国际相对原子质量表、常用相对分子质量表、常用指示剂、常用缓冲溶液的配制、标准缓冲溶液的pH、常用酸碱的密度和浓度、常用基准物的干燥及应用、难溶化合物的溶度积、标准电极电位及氧化还原电对条件电位表等内容。

本书与《分析化学(上、下)》(第三版)、《仪器分析选论》、《分析化学简明教程》(第三版)、《分析化学习题集》(第三版)及《分析化学多媒体教学软件》构成系列教材。本书内容与《分析化学(上、下)》(第三版)教材密切相关,可供多层次教学中按需选用。

本书可作为高等学校药学、制药工程、中药学、药物制剂、生物化工、化学及化工等专业本科生的分析化学实验教材,也可作为相关学科实验教学和分析工作者的参考用书。

图书在版编目(CIP)数据

分析化学实验 / 严拯宇,范国荣主编. —2版.—北京:科学出版社,2014.6

普通高等教育"十一五"国家级规划教材
ISBN 978-7-03-040861-7

Ⅰ.①分… Ⅱ.①严…②范… Ⅲ.①分析化学-化学实验-高等学校-教材 Ⅳ.①O652.1

中国版本图书馆CIP数据核字(2014)第117944号

责任编辑:赵晓霞 / 责任校对:胡小洁
责任印制:赵 博 / 封面设计:迷底书装

科学出版社 出版
北京东黄城根北街16号
邮政编码:100717
http://www.sciencep.com

保定市中画美凯印刷有限公司印刷
科学出版社发行 各地新华书店经销

*

2004年9月第 一 版　开本:787×1092 1/16
2014年6月第 二 版　印张:18 1/4
2026年1月第十七次印刷　字数:460 000

定价:59.00元
(如有印装质量问题,我社负责调换)

《分析化学实验》(第二版)编写委员会

主　编　严拯宇　范国荣

副主编　孙秀燕　郝小燕

编　委(以姓氏汉语拼音为序)

　　　　陈　蓉(中国药科大学)
　　　　丁立新(佳木斯大学)
　　　　范国荣(第二军医大学)
　　　　郭怀忠(河北大学)
　　　　郝小燕(贵阳医学院)
　　　　何　华(中国药科大学)
　　　　李　琦(福建中医药大学)
　　　　李珺沫(河北医科大学)
　　　　梁　迪(哈尔滨医科大学)
　　　　梁　妍(贵阳医学院)
　　　　彭　缨(沈阳药科大学)
　　　　亓云鹏(第二军医大学)
　　　　宋小丹(哈尔滨医科大学)
　　　　孙秀燕(烟台大学)
　　　　孙毓庆(沈阳药科大学)
　　　　王伟军(皖南医学院)
　　　　魏芳弟(南京医科大学)
　　　　闻　俊(第二军医大学)
　　　　许丽晓(烟台大学)
　　　　严拯宇(中国药科大学)
　　　　钟　晨(广东药学院)

第二版前言

本书是在《分析化学实验》(科学出版社,2004年)的基础上,由中国药科大学、沈阳药科大学、第二军医大学、广东药学院、河北大学、河北医科大学、贵阳医学院、烟台大学、哈尔滨医科大学、福建中医药大学、南京医科大学、佳木斯大学和皖南医学院等多所院校的同仁,根据第一版教材的使用情况,结合各校的实验教学实践,适当增加新的实验内容等修订而成。

在本书修订过程中,继续贯彻"教育必须为现代化服务的方针",强调"三基"(基本理论知识、基本思维方法和基本实验技能)和"五性"(思想性、科学性、先进性、启发性与适用性)。鉴于化学分析比较经典,为了配合各医药院校分析化学实验教学的需求,本书上篇第3章酸碱滴定法及非水滴定法中,补充了"草酸的含量测定"和"Assay of Aspirin";第4章络合滴定法中,补充了"明矾中铝含量的测定";第6章沉淀滴定法与重量分析法中,补充了"氯化钠注射液的含量测定"、"胆酸的含量测定"和"葡萄糖干燥失重的测定"。鉴于现代仪器分析技术的飞速发展,许多传统的仪器得到改进与提高,实现了更加准确、专属、灵敏的分析目标,因此本书下篇(仪器分析部分)作了较大的改动,将实验内容精简为42个(含英文实验3个),删除了"流动注射分析法"和"热分析法",将"核磁共振波谱法"、"质谱法"和"毛细管电泳法"由示教实验改为操作实验,另外新增"色谱-质谱联用技术"和"综合性实验",并且有针对性地选择了《中华人民共和国药典》中较为经典的药物鉴别、检查与含量测定方法为实例进行实验内容编写,力求突出仪器分析方法在药物分析中的应用,提高学生实验综合能力。附篇中,在原有仪器介绍的基础上,删去了较为陈旧的光电分析天平、薄层扫描仪等内容,补充了液相色谱-串联质谱联用仪与毛细管电泳仪的使用方法,使本书更加适合现代药物分析化学实验的教学。

本书由严拯宇、范国荣任主编,孙秀燕、郝小燕任副主编,丁立新、亓云鹏、王伟军、孙毓庆、许丽晓、何华、陈蓉、宋小丹、李琦、李珺沫、郭怀忠、钟晨、闻俊、梁迪、梁妍、彭缨、魏芳弟17位编委通力合作完成编写任务。本书修订过程中,使用了第一版较多的图表及资料,对因种种原因没有参加本次修订工作的原编委表示致谢。编写过程中,得到科学出版社、烟台大学、贵阳医学院、第二军医大学、中国药科大学和沈阳药科大学的大力支持,一并感谢。

书中疏漏与不妥之处,欢迎读者批评指正。

编 者
2013.11

第一版前言

本书是《普通高等教育"十五"国家级规划教材》分析化学立体化系列教材之一。本系列教材由《分析化学》、《仪器分析选论》、《分析化学简明教程》、《分析化学习题集》、《分析化学实验》及《分析化学多媒体教学软件》六部分组成。

分析化学是一门实践性很强的科学。实验教学是分析化学教学中居重要地位的环节。为了配合分析化学教学,我们编写了与《普通高等教育"十五"国家级规划教材》《分析化学》(孙毓庆,2004,科学出版社)配套的《分析化学实验》教材。

本书是在第2版《分析化学实验》(孙毓庆,2002,人民卫生出版社)的基础上修编而成。在修编中,遵循与时俱进、扩大知识面、增加选择性,有利于培养学生的动手能力与自学能力,有利于双语教学等原则,在部分章节中增加了英文实验;根据复杂体系分析及扩大学生的知识面的需要,适当增加了CG-MS联用法示教实验及GC-MS仪器简介;还增加了测定化合物纯度常用的热分析法实验(简介)等。

为了适应较多院校的实验条件与药学、制药工程、中药学、药物制剂、生物化工、化学及化工等各专业的教学需求,修订后的《分析化学实验》由上篇(化学定量分析)、下篇(仪器分析)、附篇(常用分析仪器等)及附录4部分组成。其中上篇化学定量分析实验32个(含英文实验2个);下篇仪器分析实验69个(含英文实验2个),共19章,101个实验。附篇包括分析天平、常用分光光度计、常用色谱分析仪器及及萨特勒标准光谱的查阅方法等4部分内容。常用分光光度计包括:紫外-可见分光光度计、荧光分光光度计、原子吸收分光光度计及红外分光光度计等。常用色谱分析仪器包括:薄层扫描仪、气相色谱仪、高效液相色谱仪、毛细管电泳仪及GC-MS联用仪等。为了保持本书的相对独立性和使用的方便,《分析化学》(孙毓庆,2004,科学出版社)教材中的某些附表也在本书的附录中出现。

本书由孙毓庆(主编)、严拯宇(副主编)、范国荣(副主编)、赵怀清(副主编)、孙国祥、孙秀燕、何华、汪学昭、张丹、胡育筑、郝小燕及富戈共12位同志,通力协作编写而成。

在本书修定过程中得到《分析化学实验》原编写组成员王东援教授、张阿慧教授及张强等同志的大力支持,以及孙毓庆教授研究生们的支持,一并致谢。

书中错误与不当之处,欢迎读者批评指正。

编 者
2004.5

目　录

第二版前言
第一版前言

上篇　化学定量分析

第1章　分析化学基本操作 ··· 3
实验1.1　滴定分析基本操作 ··· 3
实验1.2　重量分析基本操作 ··· 10

第2章　分析天平与称量 ··· 15
实验2.1　称量练习 ··· 15
实验2.2　天平性能的检查 ··· 16

第3章　酸碱滴定法及非水滴定法 ·· 18
实验3.1　滴定分析操作练习 ··· 18
实验3.2　容量仪器的校正 ··· 19
实验3.3　HCl标准溶液(0.1mol/L)的配制与标定 ······································ 22
实验3.4　药用硼砂的含量测定 ··· 24
实验3.5　药用NaOH的含量测定 ·· 25
实验3.6　NaOH标准溶液(0.1mol/L)的配制与标定 ····································· 27
Experiment 3.7　Preparation and Standardization of Sodium Hydroxide Solution ·· 28
Experiment 3.8　Assay of Aspirin ··· 30
实验3.9　乙酸的含量测定 ··· 32
实验3.10　草酸的含量测定 ·· 33
实验3.11　混合酸($HCl+H_3PO_4$)的含量测定 ······································· 34
实验3.12　高氯酸标准溶液(0.1mol/L)的配制与标定 ·································· 35
Experiment 3.13　Preparation and Standardization of Perchloric Acid ············· 36
实验3.14　水杨酸钠的含量测定 ·· 38
实验3.15　盐酸苯海拉明含量测定 ·· 39
实验3.16　盐酸麻黄碱的含量测定 ·· 40

第4章　络合滴定法 ·· 42
实验4.1　0.05mol/L EDTA标准溶液的配制与标定 ····································· 42
实验4.2　水硬度的测定 ··· 43
实验4.3　明矾中铝含量的测定 ··· 44

第5章　氧化还原滴定法 ·· 47
实验5.1　I_2标准溶液(0.05mol/L)的配制与标定 ···································· 47

实验 5.2　$Na_2S_2O_3$ 标准溶液(0.1mol/L)的配制与标定 …………………………… 48
实验 5.3　维生素 C 含量的测定(直接碘量法) …………………………………… 50
实验 5.4　铜盐的含量测定(置换碘量法) ………………………………………… 51
实验 5.5　葡萄糖的含量测定(间接碘量法) ……………………………………… 53
实验 5.6　$KMnO_4$ 标准溶液(0.02mol/L)的配制与标定 ………………………… 54
实验 5.7　过氧化氢的含量测定 …………………………………………………… 56

第 6 章　沉淀滴定法与重量分析法 …………………………………………… 58
实验 6.1　氯化钠注射液的含量测定 ……………………………………………… 58
实验 6.2　氯化物中氯含量的测定(铁铵矾指示剂法) …………………………… 59
实验 6.3　胆酸的含量测定 ………………………………………………………… 60
实验 6.4　氯化钡结晶水的测定 …………………………………………………… 62
实验 6.5　硫酸钠的含量测定 ……………………………………………………… 63
实验 6.6　葡萄糖干燥失重的测定 ………………………………………………… 65

下篇　仪器分析

第 7 章　电位法与永停滴定法 ………………………………………………… 69
实验 7.1　用 pH 计测定溶液的 pH ………………………………………………… 69
实验 7.2　用氟离子选择性电极测定氟离子浓度 ………………………………… 75
实验 7.3　乙酸的电位滴定 ………………………………………………………… 77
实验 7.4　磷酸的电位滴定 ………………………………………………………… 79
实验 7.5　对氨基苯磺酸的含量测定(永停滴定法) ……………………………… 81
实验 7.6　卡尔·费歇尔法测定水分(永停滴定法) ……………………………… 82

第 8 章　紫外-可见分光光度法 ………………………………………………… 86
实验 8.1　维生素 B_{12} 注射液的鉴别及含量测定 ………………………………… 86
实验 8.2　邻二氮菲分光光度法测定水中铁含量 ………………………………… 87
Experiment 8.3　Determination of the Absorption Coefficient of Chlorpheniramine
……………………………………………………………………………………… 90
实验 8.4　双波长分光光度法测定复方磺胺甲噁唑片中磺胺甲噁唑及甲氧苄啶的含量
……………………………………………………………………………………… 92

第 9 章　荧光分析法 …………………………………………………………… 95
实验 9.1　荧光法测定硫酸奎尼丁的含量 ………………………………………… 95
实验 9.2　荧光法测定维生素 B_2 片的含量 ……………………………………… 96

第 10 章　红外分光光度法 ……………………………………………………… 99
实验 10.1　样品的红外吸收光谱的测绘 …………………………………………… 99

第 11 章　原子吸收分光光度法 ………………………………………………… 102
实验 11.1　石墨炉原子吸收分光光度法测定中药中的镉 ………………………… 102
实验 11.2　火焰原子吸收光谱法测定水中的钙(标准加入法) …………………… 104

第 12 章　核磁共振波谱法 ……………………………………………………… 106
实验 12.1　马来酸氯苯那敏 ^1H NMR 谱及重水交换谱的测绘 ………………… 106

实验 12.2　马来酸氯苯那敏核磁共振碳谱的测绘 ………………………………… 109
　　实验 12.3　马来酸氯苯那敏核磁共振 DEPT 谱的测绘 ……………………………… 111
第 13 章　质谱法 …………………………………………………………………………………… 114
　　实验 13.1　对乙酰氨基酚的质谱测绘(EI) ……………………………………………… 114
　　实验 13.2　对乙酰氨基酚和奎宁的质谱测绘(ESI) …………………………………… 117
第 14 章　经典液相色谱法 ………………………………………………………………………… 120
　　实验 14.1　菊花中总黄酮的柱色谱分离提取与可见分光光度法含量测定 ………… 120
　　实验 14.2　复方磺胺甲噁唑片中磺胺甲噁唑及甲氧苄啶的分离与鉴别(薄层色谱法)
　　　　　　　…………………………………………………………………………………… 121
　　实验 14.3　盐酸雷尼替丁胶囊的杂质检查(薄层色谱法) …………………………… 123
　　实验 14.4　蛋氨酸和甘氨酸的分离与鉴定 …………………………………………… 124
　　实验 14.5　薄层扫描法测定六味地黄胶囊中酒萸肉的含量 ………………………… 126
第 15 章　气相色谱法 ……………………………………………………………………………… 128
　　实验 15.1　苯、甲苯、二甲苯的色谱系统适用性试验、分离、鉴别及含量测定 … 128
　　实验 15.2　内标法测定酊剂中的乙醇量 ……………………………………………… 130
　　Experiment 15.3　The Assay of Vitamin E ……………………………………………… 131
　　实验 15.4　顶空气相色谱法测定马来酸氯苯那敏中有机溶剂残留 ………………… 134
　　实验 15.5　毛细管气相色谱法测定百草油中薄荷脑和水杨酸甲酯的含量 ………… 135
第 16 章　高效液相色谱法 ………………………………………………………………………… 138
　　实验 16.1　用内标对比法测定对乙酰氨基酚的含量 ………………………………… 138
　　实验 16.2　用校正因子法测定复方炔诺酮片中炔诺酮和炔雌醇的含量 …………… 139
　　实验 16.3　主成分自身对照法检查氧氟沙星的杂质 ………………………………… 141
　　Experiment 16.4　The Assay of Cefadroxil ……………………………………………… 143
第 17 章　毛细管电泳法 …………………………………………………………………………… 146
　　实验 17.1　三磷酸腺苷二钠的毛细管电泳定性、定量分析 ………………………… 146
　　实验 17.2　左氧氟沙星对映异构体的杂质检查 ……………………………………… 148
第 18 章　色谱-质谱联用技术 ……………………………………………………………………… 152
　　实验 18.1　甲苯、氯苯和溴苯混合物的 GC-MS 分析 ………………………………… 152
　　实验 18.2　血浆中阿司匹林 LC-MS/MS 测定方法 …………………………………… 154
第 19 章　综合性实验 ……………………………………………………………………………… 159
　　实验 19.1　栀子中环烯醚萜苷类成分的提取及柱色谱法分离纯化 ………………… 159
　　实验 19.2　栀子中环烯醚萜苷类成分的薄层色谱法鉴别 …………………………… 160
　　实验 19.3　高效液相色谱法测定栀子中栀子苷的含量 ……………………………… 162
　　实验 19.4　气相色谱法检查栀子环烯醚萜苷类有效部位中的残留溶剂 …………… 163

附篇　常用分析仪器及萨特勒标准光谱查阅方法

第 20 章　分析天平 ………………………………………………………………………………… 169
　　20.1　分析天平的称量原理 ………………………………………………………………… 169
　　20.2　分析天平的分类 ……………………………………………………………………… 169

20.3　分析天平的结构 ··· 171
20.4　分析天平的使用规则和称量方法 ······································· 175
20.5　电子天平 ··· 177
20.6　天平室规则 ·· 180

第 21 章　常用分光光度计 ··· 181
21.1　752 型紫外-可见光栅分光光度计 ······································ 181
21.2　UV-9100 型紫外-可见分光光度计 ······································ 182
21.3　岛津 UV-2401 型紫外-可见分光光度计 ································ 184
21.4　MPF-4 型荧光分光光度计 ·· 188
21.5　Cary Eclipse 型荧光分光光度计 ·· 190
21.6　Bruker VECTOR 22 型傅里叶变换红外光谱仪 ······················· 194
21.7　WFX-1D 型原子吸收分光光度计 ······································· 197
21.8　WFX-130 型原子吸收分光光度计 ······································ 199
21.9　岛津 AAS-670 型原子吸收分光光度计 ································· 200

第 22 章　常用色谱仪器 ·· 205
22.1　通用型气相色谱仪 ··· 205
22.2　天美 7890 型气相色谱仪 ··· 209
22.3　Agilent 7890A 型气相色谱仪 ··· 211
22.4　通用型高效液相色谱仪 ·· 213
22.5　日立 L-7100 型高效液相色谱仪 ·· 215
22.6　Agilent 1100 型高效液相色谱仪 ······································· 218
22.7　北京彩陆 CL 1020 型高效毛细管电泳仪 ······························· 221
22.8　Beckman P/ACE™ MDQ 高效毛细管电泳仪 ·························· 222
22.9　Agilent 7890A-5975C 气相色谱-质谱联用仪 ·························· 224
22.10　TSQ Quantum Access 液相色谱-串联质谱联用仪 ··················· 226

第 23 章　萨特勒光谱的查阅方法 ··· 231
23.1　萨特勒光谱的分类 ··· 231
23.2　名称索引 ··· 233
23.3　分子式索引 ·· 234
23.4　化学分类索引 ·· 235
23.5　红外光谱谱线索引 ··· 243
23.6　C-13 核磁共振波谱峰位索引 ·· 245
23.7　萨特勒光谱手册 ··· 247
23.8　萨特勒光谱综合软件 ·· 250

第 24 章　仪器性能检查 ·· 253
24.1　红外分光光度计的性能检查 ··· 253
24.2　核磁共振波谱仪的性能检查 ··· 254
24.3　质谱仪的性能检查 ··· 256
24.4　气相色谱仪的性能检查 ·· 257
24.5　高效液相色谱仪的性能检查 ··· 259

  24.6 毛细管电泳仪的性能检查 ………………………………………………………… 261
附录 ……………………………………………………………………………………………… 263
  附录Ⅰ 国际相对原子质量表 …………………………………………………………… 263
  附录Ⅱ 常用相对分子质量表 …………………………………………………………… 266
  附录Ⅲ 常用指示剂 ……………………………………………………………………… 268
  附录Ⅳ 常用缓冲溶液的配制 …………………………………………………………… 272
  附录Ⅴ 标准缓冲溶液的 pH ……………………………………………………………… 273
  附录Ⅵ 常用酸碱的密度和浓度 ………………………………………………………… 273
  附录Ⅶ 常用基准物的干燥及应用 ……………………………………………………… 274
  附录Ⅷ 难溶化合物的溶度积(K_{sp}) …………………………………………………… 274
  附录Ⅸ 标准电极电位及氧化还原电对条件电位表 …………………………………… 276

上 篇

化学定量分析

第 1 章 分析化学基本操作

实验 1.1 滴定分析基本操作

滴定分析又称容量分析。规范地使用容量器皿及准确测量溶液的体积,是保证良好分析结果的重要因素。现将滴定分析常用器皿(滴定管、容量瓶、移液管等)及其基本操作分述如下。

1.1.1 滴定管

滴定管是用来进行滴定操作的器皿,用于测量滴定中所用标准溶液的体积。

1. 形状及分类

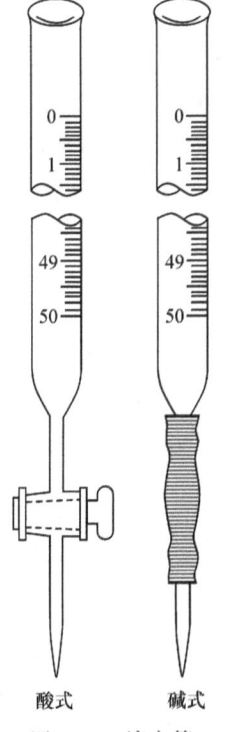

图 1-1 滴定管

滴定管是一种细长、内径大小比较均匀而具有刻度的玻璃管,管的下端有玻璃尖嘴。有 25mL、50mL 等不同的容积。例如,50mL 滴定管就是把滴定管分成 50 等份,每一等份为 1mL;1mL 中再分 10 等份,每一等份为 0.1mL。读数时,在每一小格间可再估计出 0.01mL。常用滴定管一般分为两种,一种是酸式滴定管,另一种是碱式滴定管(图 1-1)。酸式滴定管的下端有玻璃活塞,可盛放酸液及氧化剂,不能盛放碱液,因为碱液常使活塞与活塞套黏合,难于转动。碱式滴定管的下端连接一橡皮管,内放一玻璃珠,以控制溶液的流出,下面再连一尖嘴玻璃管。这种滴定管可盛放碱液,而不能盛放酸或氧化剂等腐蚀橡皮管的溶液。

2. 滴定管的准备

1) 涂油及试漏

酸式滴定管在使用前需进行活塞涂油,目的一是防止溶液自活塞漏出,二是活塞可转动自如,便于调节转动角度以控制溶液滴出量。涂油时将已洗净的滴定管活塞拔出,用滤纸将活塞及活塞套擦干,在活塞粗端和活塞套的细端分别涂一薄层凡士林,把活塞插入活塞套内,来回转动数次,直到在外面观察时呈透明即可。也可在玻璃活塞的两端涂上一薄层凡士林,注意不要涂在塞孔处以防堵塞孔眼,然后将活塞插入活塞套内,来回旋转活塞数次直至透明为止(图 1-2、图 1-3)。在活塞末端套一橡皮圈以防止使用时将活塞顶出,然后在滴定管内装入蒸馏水,置滴定管架上直立 2min 观察有无水滴滴下,缝隙中是否有水渗出,最后将活塞旋转 180°再观察一次,放在滴定管架上,不漏水即可使用。

2) 洗涤、装液、排气

(1) 洗涤。无明显油污的滴定管,可直接用自来水冲洗,再用滴定管刷刷洗;若有油污则可倒入温热至 40~50℃ 的 5% 铬酸洗液(称取 10g 工业用 $K_2Cr_2O_7$ 粉末于烧杯中,加入 30mL 热水溶解,冷却,边搅拌边缓缓加入 170mL 工业用浓硫酸,溶液呈暗褐色,储于玻璃瓶中)

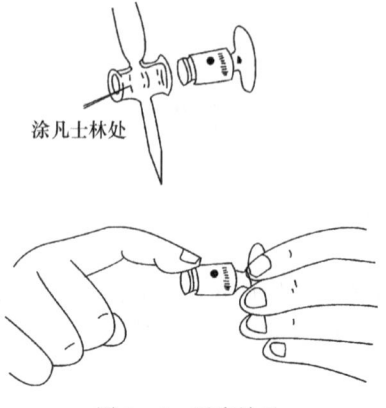
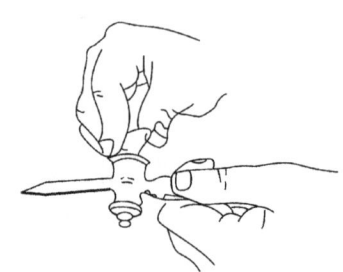

图 1-2 活塞涂油　　　　　图 1-3 插入活塞

10mL，把管子横过来，两手平端滴定管转动直至洗液布满全管。碱式滴定管则应先将橡皮管卸下，把橡皮滴头套在滴定管底部，然后再倒入洗液进行洗涤。污染严重的滴定管，可直接倒入铬酸洗液浸泡几小时。**注意：用过的洗液仍倒入原储存瓶中，可继续使用，直至变绿失效，千万不可直接倒入水池！**滴定管中附着的洗液用自来水冲洗干净，最后用少量蒸馏水润洗至少 3 次。对于 50mL 滴定管，每次用 7~8mL，润洗时必须将管倾斜转动，让水润湿整个管内壁然后由下端管尖放出。碱式滴定管在润洗时，用手指捏玻璃珠上部，使橡皮管与玻璃珠之间形成一条缝隙，让溶液从尖嘴流出。洗净的滴定管内壁应能被水均匀润湿而无条纹，并不挂水珠。

图 1-4 碱式滴定管排除气泡

（2）装液。为了保证装入滴定管溶液的浓度不被稀释，要用该溶液洗滴定管 3 次，每次用 7~8mL。洗法是：注入溶液后，将滴定管横过来，慢慢转动，使溶液流遍全管，然后将溶液自下放出。洗好后即可装入溶液，装溶液时要直接从试剂瓶倒入滴定管，不要再经过漏斗等其他容器。

（3）排气。将标准溶液充满滴定管后，应检查管下部是否有气泡。若有气泡，如为酸式滴定管可转动活塞，使溶液急速流下驱去气泡；如为碱式滴定管，则可将橡皮管向上弯曲，并在稍高于玻璃珠所在处用两手指挤压，使溶液从尖嘴口喷出，气泡即可除尽（图 1-4）。

3）滴定管的读数

读数时，应将滴定管垂直地夹在滴定管夹上，并将管下端悬挂的液滴除去。滴定管内的液面呈弯月形，无色溶液的弯月面比较清晰。读数时，眼睛视线与溶液弯月面下缘最低点应在同一水平线上，眼睛的位置不同会得出不同的读数（图 1-5）；为了使读数清晰，也可在滴定管后面衬一张白纸片作为背景，形成颜色较深的弯月带，读取弯月面的下缘，这样做不受光线的影响，易于观察；也可在滴定管后面衬黑白色卡片，该卡片是在厚白纸上涂黑一长方形，使用时将读数卡紧贴于滴定管后面，并使黑色的上边缘位于弯月面最低点约 1mm 处（图 1-6）。深色溶液的弯月面难以看清，如 $KMnO_4$ 溶液，可观察液面的上缘（图 1-7）。有些滴定管的背后有一条白底蓝线，称为"蓝带"滴定管。在这种滴定管中，液面呈现三角交叉点，读取交叉点与刻度相交点即可（图 1-8）。滴定管读数时应估计到 0.01mL。

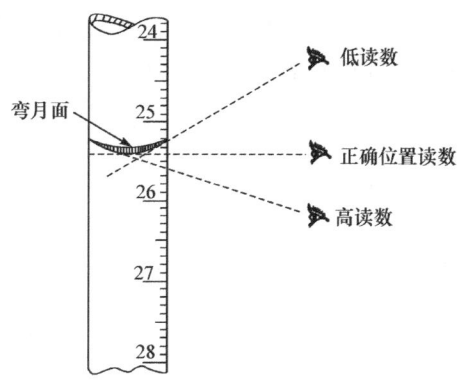

图 1-5　目光在不同位置得到的滴定管读数

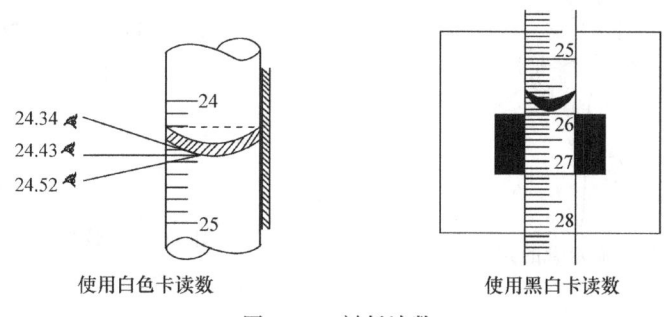

图 1-6　衬托读数

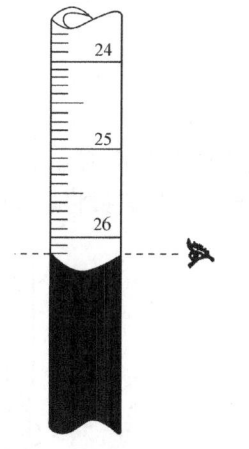

图 1-7　深色溶液的读数

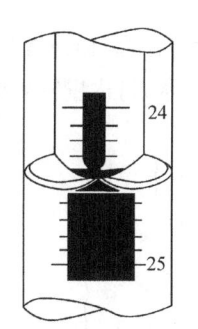

图 1-8　"蓝带"滴定管的读数

正确读数是 24.43mL

由于滴定管刻度不可能非常均匀,所以在同一实验的每次滴定中,溶液的体积应该控制在滴定管刻度的同一部位,如第一次滴定是在 0~30mL 的部位,那么第二次滴定也使用这个部位。这样由刻度不准确而引起的误差就可以抵消。**注意**:滴定时所用操作溶液的体积不能超过滴定管的容量。

4)滴定操作

使用酸式滴定管时(图 1-9),左手拇指在前,食指及中指在后,一起控制活塞。转动活塞时,手指微微弯曲,轻轻向里扣住,手心不要顶住活塞小头一端,以免顶出活塞使溶液溅漏。使用碱式滴定管时(图1-10),用左手的大拇指和食指捏挤玻璃珠所在部位稍上的橡皮管(注意不要捏挤玻璃珠的下部,如捏下部,则放手时管尖就会产生气泡),使之与玻璃珠之间形成一条可控制的缝隙,溶液即可流出。

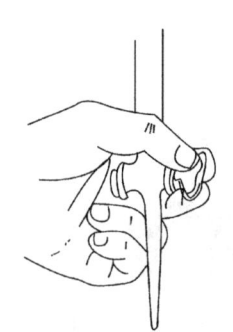

图1-9　酸式滴定管的拿法

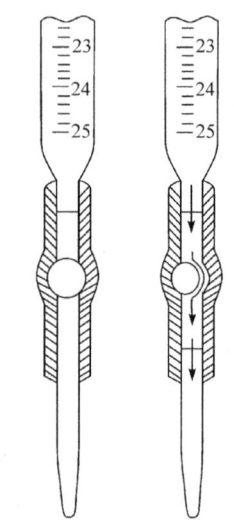

图1-10　碱式滴定管滴定操作

滴定时,按图1-11,左手控制溶液流量,右手拿住锥形瓶的瓶颈,并向同一方向做圆周运动旋摇,这样使滴下的溶液能较快地被分散进行化学反应。**注意**:溶液滴出速率不要太快,3～4滴/s;旋摇时不要使瓶内溶液溅出。在接近终点时,必须用少量蒸馏水吹洗锥形瓶内壁,使溅起的溶液流下,作用完全。同时,滴定速率要放慢,以防滴定过量,每次加入1滴或半滴溶液后,不断摇动,直至到达终点。

滴加1滴或半滴的方法是:使液滴悬挂管尖而不让液滴自由滴下,再用锥形瓶内壁将液滴碰下,然后用洗瓶吹入少量水,将内壁附着的溶液洗入瓶中,或用洗瓶直接将悬挂的液滴冲入瓶内。

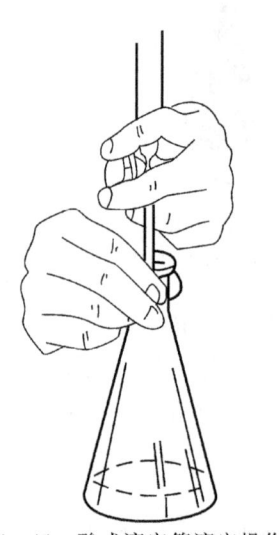

图1-11　酸式滴定管滴定操作

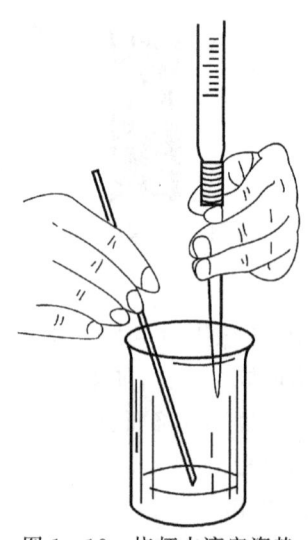

图1-12　烧杯中滴定姿势

在烧杯中滴定时,调节滴定管的高度,使滴定管的下端伸入烧杯内 1cm 左右。滴定管下端应在烧杯中心的左后方处,但不要靠内壁。右手持搅棒在右前方搅拌溶液。在左手滴加溶液的同时,右手应做圆周搅动,但不得接触烧杯壁和底(图 1-12)。在加半滴溶液时,用搅棒下端承接悬挂的半滴溶液,放入烧杯中混匀。**注意**:搅拌只能接触溶液,不要接触滴定管尖。

滴定结束后,滴定管中剩余的溶液应弃去,不得将其倒回原瓶,以免沾污整瓶溶液。随即洗净滴定管,然后用蒸馏水充满全管,并盖住管口,或用水洗净后倒置在滴定管架上。

1.1.2 容量瓶

容量瓶(又称量瓶)是一种细颈梨形的平底瓶(图 1-13),带有磨口塞或塑料塞。颈上有标线,表示在所指温度下当液体充满至标线时,液体体积恰好与瓶上所注明的体积相等。容量瓶一般用来配制标准溶液、试样溶液或定量的稀释溶液。

容量瓶在使用前先要检查其是否漏水。检查的方法是:放入自来水至标线附近,盖好瓶塞,瓶外水珠用布擦拭干净,用左手按住瓶塞,右手指顶住瓶底边缘,把瓶倒立 2min,观察瓶塞周围是否有水渗出。如果不漏,将瓶直立,把瓶塞转动约 180°后,再倒立试一次。检查两次很有必要,因为有时瓶塞与瓶口不是任何位置都密合。

配制溶液时,应将容量瓶洗净。用水冲洗后,如还不洁净,可倒入铬酸洗液摇动或浸泡,也可使用去污粉、洗洁精、肥皂洗涤。

如用固体物质配制溶液,应先将固体物质在烧杯中溶解后,再将溶液转移至容量瓶中。转移时,要使玻璃棒的下端靠近瓶颈内壁,使溶液沿玻璃棒流入瓶中(图 1-14),溶液全部流完后,将烧杯轻轻沿玻璃棒上提

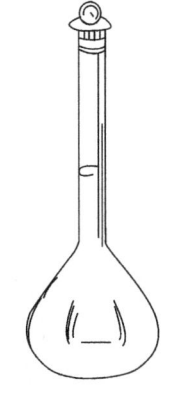

图 1-13 容量瓶

1~2cm,同时玻璃棒直立,使附着在玻璃棒与杯嘴之间的溶液流回到杯中,然后用蒸馏水洗涤烧杯 3 次。每次用洗瓶或滴管冲洗杯壁和玻璃棒,按同样方法将洗涤液一并转入容量瓶中。当加入蒸馏水至容量瓶容量的 2/3 时,沿水平方向轻轻摇动容量瓶,使溶液混匀。接近标线时,要慢慢滴加,直至溶液的弯月面与标线相切为止。盖好瓶塞,将容量瓶倒立,使瓶内气泡上升,并将溶液振荡数次,再倒转过来,使气泡再升到顶部,如此反复数次直至溶液混匀为止(图 1-15)。有时,可以把一干净漏斗放在容量瓶上,将已称样品倒入漏斗中(这时大部分已经

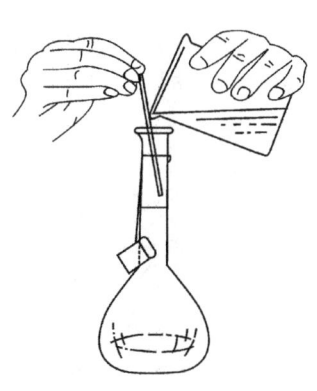

图 1-14 溶液转移入容量瓶

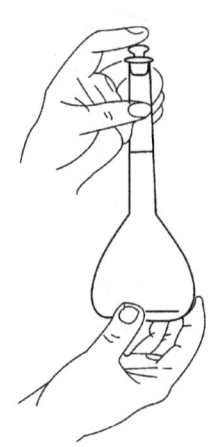

图 1-15 混匀操作

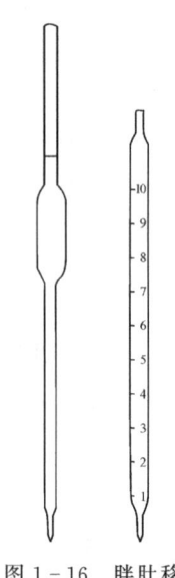

图1-16 胖肚移液管和刻度移液管

落入容量瓶中),再用洗瓶吹出少量蒸馏水,将残留在漏斗上的样品完全洗入容量瓶中。冲洗几次后,轻轻提起漏斗,再用洗瓶的水充分冲洗,然后如前操作。

容量瓶不能久储溶液,尤其是碱性溶液,它会侵蚀瓶塞使容量瓶无法打开。所以配制好溶液后,应将溶液倒入清洁干燥的试剂瓶中储存,容量瓶不能用火直接加热及烘烤。

容量瓶使用完毕应立即用水冲洗干净。如长期不用,磨口处应洗净擦干,并用纸片将磨口隔开。

1.1.3 移液管

移液管(又称吸管)用于准确移取一定体积的溶液。通常有两种形状,一种移液管中间有膨大部分,称为胖肚移液管(胖肚吸管),常用的有5mL、10mL、25mL、50mL等几种;另一种是直形的,管上有分刻度,称为刻度移液管(刻度吸管),常用的有1mL、2mL、5mL、10mL等多种(图1-16)。移液管使用前应吸取洗液洗涤。若污染严重,则可放在高型玻璃筒或大量筒内用洗液浸泡。

使用时,洗净的移液管要用被吸取的溶液洗涤3次,以除去管内残留的水分。为此,可倒少许溶液于一洁净而干燥的小烧杯中,用移液管吸取少量溶液,将管放平转动,使溶液流过管内标线下所有的内壁,然后使管直立将溶液由尖嘴口放出。

吸取溶液时,一般可以用左手拿洗耳球,右手把移液管插入溶液中吸取(图1-17)。当溶液吸至标线以上时,马上用右手食指按住管口,取出,用滤纸擦干下端,然后稍松食指,使液面平稳下降,直至溶液的弯月面与标线相切,立即按紧食指,将移液管垂直放入接收溶液的容器中,管尖与容器壁接触(图1-18),放松食指,使溶液自由流出。流完后再等15s,残留于管尖的液体不必吹出,因为在校正移液管时未把这部分液体体积计算在内。移液管使用后,应立即洗净放在移液管架上。

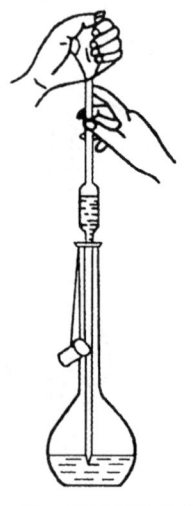

图1-17 移液管吸取液体

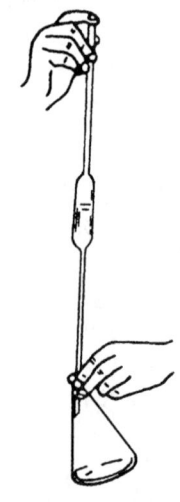

图1-18 从移液管放出液体

使用刻度移液管时,一般可将溶液吸至最上边刻度处,然后将溶液放出至适当刻度,两刻度之差即为放出溶液的体积。

1.1.4 碘量瓶、称量瓶、试剂瓶

1. 碘量瓶

滴定通常都在锥形瓶中进行,而溴酸钾法、碘量法(滴定碘法)等需在碘量瓶中进行反应和滴定。

碘量瓶是带有磨口玻璃塞和水槽的锥形瓶(图1-19),喇叭形瓶口与瓶塞之间形成一圈水槽,槽中加纯水可形成水封,防止瓶中溶液反应生成的气体(Br_2、I_2等)逸失。反应一定时间后,打开瓶塞水即流下并可冲洗瓶塞和瓶壁,接着进行滴定。

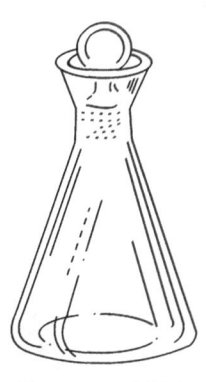

图1-19 碘量瓶

2. 称量瓶

为了防止称量物在称量过程中吸收空气中水分和二氧化碳而改变其组分,可以将它们放在平底有盖的瓶——称量瓶(图1-20)中来称量。称量瓶口及盖子的边缘是磨砂的。使用前要洗净,烘干,然后再放称量物。

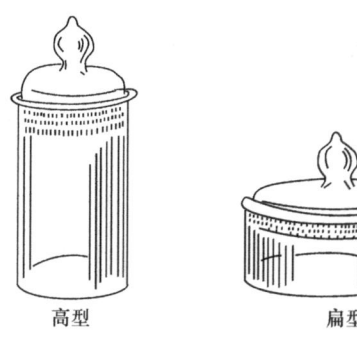

图1-20 称量瓶

3. 试剂瓶

储存溶液的试剂瓶一般用带有玻璃塞的细口瓶。有些试剂如$KMnO_4$、$AgNO_3$等溶液,见光易分解,应保存在棕色的试剂瓶中。储放苛性碱溶液的试剂瓶,应该用橡皮塞,如用玻璃塞则放置时间稍久,就会因玻璃被碱腐蚀使塞与瓶紧紧地黏合在一起而无法开启。试剂瓶只能储存而不能配制溶液,特别是不可用来稀释浓硫酸和溶解苛性碱,否则由于其产生大量的热而将瓶炸裂。应注意,**试剂瓶是绝对不能加热的**。试剂配好以后,应立即贴上标签,注明名称、纯度、浓度及配制日期。长期保存时,瓶口上倒置一个小烧杯以防灰尘侵入。

1.1.5 干燥器

干燥器(又称保干器)是进行定量分析时不可缺少的一种器皿,是一种用厚玻璃制成的用于保持物品干燥的器皿(图1-21),内盛干燥剂,使物品不受外界水分的影响,常用于放置坩埚或称量瓶。干燥器内有一带孔的白瓷板,孔上可以架坩埚,其他地方可放置称量瓶等。白瓷板下面放干燥剂,但不要放得太多,否则会沾污放在白瓷板上的物品。

干燥剂的种类很多,有无水氯化钙、变色硅胶、无水硫酸钙、高氯酸镁等,浓硫酸浸润的浮石也是较好的干燥剂。各种干燥剂都具有一定的蒸气压,因此在干燥器内并非绝对干燥,只是湿度较低而已。

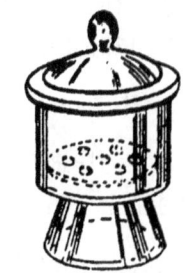

图1-21 干燥器

干燥器盖边的磨砂部分应涂上一层薄薄的凡士林,这样可以使盖

子密合而不漏气。由于涂有凡士林,开启干燥器时,应同时用拇指按住其盖,以防滑落而打碎。

搬动干燥器时用双手拿稳并紧紧握住盖子(图1-22),打开盖子时(图1-23),用左手抵住干燥器身,右手把盖子往后拉或往前推开。一般不应完全打开,开到能放入器皿为度。关闭时将盖子往前推或往后拉使其密合,不要将打开的盖子放到其他地方去。

图1-22 搬移干燥器

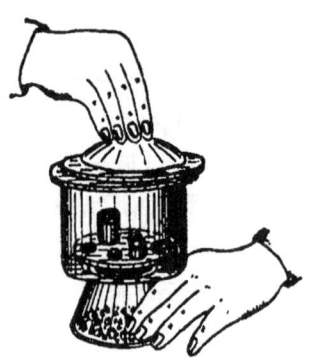

图1-23 打开干燥器

(中国药科大学 严拯宇)

实验1.2 重量分析基本操作

重量分析包括挥发法、萃取法、沉淀法,以沉淀法应用最为广泛。在此仅介绍沉淀法的基本操作。

1.2.1 沉淀的制备

1. 沉淀的条件

样品溶液的浓度,pH,沉淀剂的浓度和用量,沉淀剂加入的速率,各种试剂加入的次序,沉淀时溶液的温度等条件要按实验操作步骤严格控制。

2. 加沉淀剂

将样品于烧杯中溶解并稀释到一定浓度,加沉淀剂应沿烧杯内壁或沿玻璃棒加入,小心操作勿使溶液溅出损失。若需缓缓加入沉淀剂时,可用滴管逐滴加入并搅拌。搅拌时勿使玻璃棒碰击烧杯壁或触击烧杯底以防碰破烧杯。若需在热溶液中进行沉淀,最好在水浴上加热。用煤气灯加热时要控制温度,防止溶液暴沸,以免溶液溅失。

3. 陈化

沉淀完毕进行陈化时,将烧杯用表面皿盖好,防止灰尘落入,放置过夜或在石棉网上加热近沸 30min～1h。

4. 检查沉淀是否完全

沉淀完毕或陈化完毕后,沿烧杯内壁加入少量沉淀剂,若上层清液出现浑浊或沉淀,说明沉淀不完全,需补加适量沉淀剂使沉淀完全。

1.2.2 沉淀的过滤

1. 漏斗及选择

玻璃漏斗(图1-24)常用于过滤需进行灼烧的沉淀。可根据滤纸的大小选择合适的漏斗,放入的滤纸应比漏斗沿低约1cm,不可高出漏斗;微孔玻璃漏斗或微孔玻璃坩埚也称玻砂坩埚,用于减压抽滤法过滤在180℃以下干燥而不需灼烧的沉淀(图1-25)。玻砂坩埚的规格及用途见表1-1。

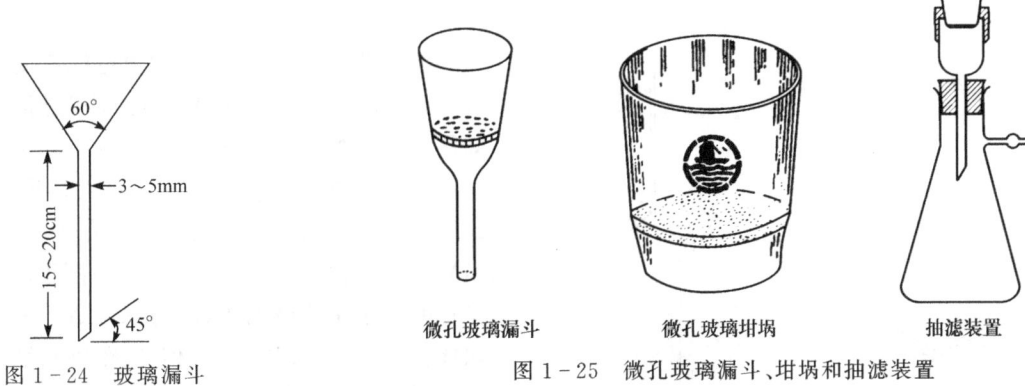

图1-24 玻璃漏斗

图1-25 微孔玻璃漏斗、坩埚和抽滤装置

表1-1 玻砂坩埚的规格和用途

坩埚滤孔编号	滤孔平均大小/μm	用途
1	80~120	过滤粗颗粒沉淀
2	40~80	过滤较粗颗粒沉淀
3	15~40	过滤一般晶形沉淀及滤除杂质
4	5~15	过滤细颗粒沉淀
5	2~5	过滤极细颗粒沉淀
6	<2	滤除细菌

2. 滤纸及过滤

重量分析的滤纸称为定量滤纸或无灰滤纸(灰分在0.1mg以下或质量已知),分快速、中速、慢速滤纸,直径有7cm、9cm、11cm三种,可根据沉淀量及沉淀的性质选取合适滤纸。例如,微晶形沉淀多用7cm致密滤纸过滤,蓬松的胶状沉淀要用较大的、疏松的滤纸过滤。

(1) 滤纸的折叠及安放。如图1-26所示,将选好的滤纸沿直径方向对折成半圆,再根据漏斗角度的大小折叠,若漏斗顶角恰为60°,则滤纸折成90°。若漏斗顶角不是60°,则在滤纸第二次对折时应错开一些,使折成的角度与漏斗的角度一致。折好的滤纸,一个半边为三层,另一个半边为单层,为使滤纸三层部分紧贴漏斗内壁,可将滤纸外层的上角撕下一小块,并留作擦拭沉淀用。

将折好的滤纸放在洁净的漏斗中,用手按紧使之密合,然后用蒸馏水或即将过滤的溶液润湿,再用手或玻璃棒按压滤纸,将留在滤纸与漏斗壁之间的气泡赶出,使滤纸紧贴漏斗壁,并使

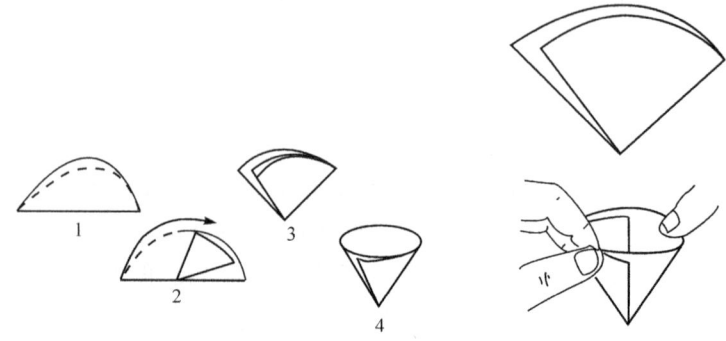

图 1-26 滤纸的折叠及安放

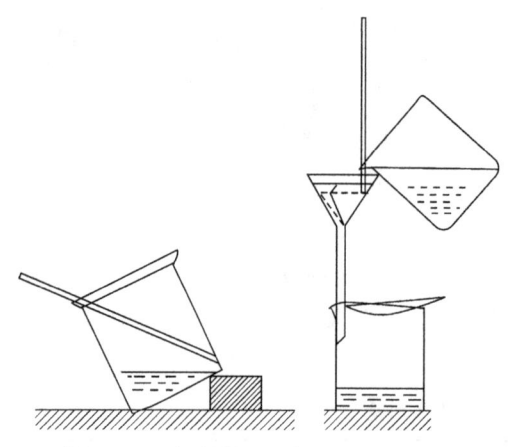

图 1-27 倾斜静置和倾注法过滤操作

水充满漏斗颈形成水柱,以加快过滤速度。

(2) 过滤。通常采用"倾注法"过滤,操作如图 1-27 所示。将漏斗放在漏斗架上,漏斗下面放一烧杯,漏斗颈下端应在烧杯沿下 3~4cm,并与烧杯壁紧靠。过滤前,先将沉淀倾斜静置,然后将沉淀上部的清液小心倾于滤纸上,操作时一手拿住玻璃棒,使与滤纸近于垂直,玻璃棒位于三层滤纸上方,但不要和滤纸接触。另一只手拿住盛沉淀的烧杯,烧杯嘴靠住玻璃棒,慢慢将烧杯倾斜,使上层清液沿着玻璃棒流入滤纸中,随着溶液的流注,漏斗中液体的体积增加,直至滤液达到滤纸高度的 2/3 处,停止倾注,切勿注满滤纸上缘。停止倾注时,可沿玻璃棒将烧杯嘴往上提一小段,扶正烧杯,在扶正烧杯以前不可将烧杯嘴离开玻璃棒,并注意勿让沾在玻璃棒上的液滴或沉淀损失,把玻璃棒放回烧杯内,但勿使玻璃棒靠在烧杯嘴部。

3. 沉淀的洗涤及转移

洗涤沉淀一般采用倾注法,按"少量多次"的原则进行,以得到好的洗涤效果。洗涤时,将少量洗涤液(以淹没沉淀为度)注入滤除母液的沉淀中,充分搅拌,静止分层后倾注上清液经滤纸过滤。**注意:**必须在上清液尽量倒完后,再加新的洗涤液。经过 3~4 次倾注洗涤后,将沉淀转移到滤纸上,进行最后的洗涤。

在烧杯中加少量洗涤液,其量应不超过滤纸体积的 2/3,用玻璃棒将沉淀充分搅起,立即将沉淀混悬液一次倾入滤纸中。这一转移操作最易引起沉淀损失,要十分小心。然后用洗瓶吹洗烧杯内壁,冲下玻璃棒和烧杯壁上的沉淀,再充分搅起沉淀进行倾注转移,经数次操作可将沉淀全部转移到滤纸上。但玻璃棒和烧杯内壁可能总附着少量沉淀,为使沉淀转移干净,可用撕下的滤纸角(或沉淀帚,图 1-28)擦拭玻璃棒后,将滤纸角放入烧杯中,用玻璃棒推动滤纸角使附着在烧杯内壁的沉淀松动。然后把滤纸角放入漏斗中,如图 1-29 所示方法将沉淀转移到滤纸中,用左手拿住烧杯,玻璃棒横放在烧杯上,使玻璃棒下端靠在烧杯嘴的凹部略伸出一些。以食指按住玻璃棒,烧杯嘴向着漏斗倾斜,玻璃棒下端指向滤纸三层部分,右手持洗瓶(无洗瓶可用滴管),用吹出的液流冲洗烧杯内壁。这时烧杯内残存的沉淀便随液流沿玻璃棒流入滤纸中。**注意**:不要使洗涤液过多以防超过滤纸高度,造成沉淀的损失。

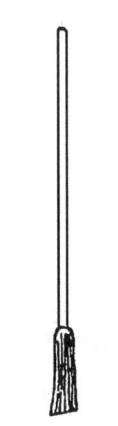

图 1-28 沉淀帚

图 1-29 沉淀转移操作

沉淀全部转入滤纸后,需在滤纸上进行最后洗涤,以除尽全部杂质。操作时,用洗瓶自上而下螺旋式进行冲洗,如图 1-30 所示,这样可将沉淀集中于滤纸的底部。在滤纸上洗涤时,也要等前次洗涤液流尽后,再冲加第二次洗涤液,这样经多次洗涤(约 10 次),直至检查无杂质为止。

图 1-30 在滤纸上洗涤沉淀

4. 沉淀的干燥与灼烧

(1) 瓷坩埚的准备。瓷坩埚洗净并加热烘干后,将坩埚盖盖上,但应留有空隙,放入高温电炉(马弗炉)内慢慢升温,直至与以后的灼烧沉淀的温度一致,恒温 30min。打开电炉门稍冷后,用微热的坩埚钳取出放在石棉网上,冷到用手背靠近坩埚只有微热感觉时,将坩埚移入干燥器中。要用手握住干燥器,不时地将盖微微推开,以放出热空气,然后再盖好干燥器,冷却 30min 后,取出称量。再将坩埚按上述同样方法灼烧,冷却称量,直至质量恒定。也可将坩埚放在泥三角上(图1-31),下面用煤气灯逐步升温灼烧。空坩埚一般灼烧 10~15min。

注意:应防止温度突升或突降而使坩埚破裂,每次在干燥器中冷却的时间应尽可能相同。在天平上称量的时间应尽可能短,否则不易达到恒定质量。坩埚钳嘴要保持清洁,用后将弯嘴向上放在台面上(图1-32),不许将弯嘴向下放。

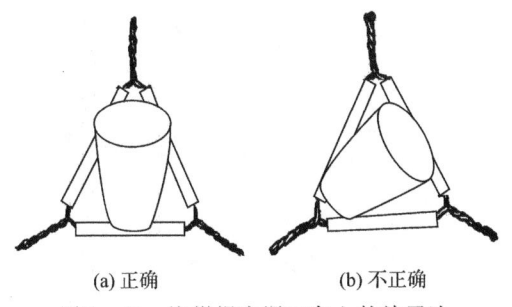

(a) 正确　　(b) 不正确

图 1-31 瓷坩埚在泥三角上的放置法

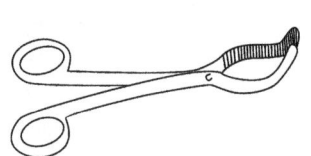

图 1-32 坩埚钳的放置

（2）沉淀的包卷。用玻璃棒将滤纸三层部分挑起，用洁净的手指取出带有沉淀的滤纸，按图 1-33 所示方法包卷。先将滤纸折成半圆形，再沿右端相距约为半径 1/3 处，把滤纸自右向左折起，并沿着与直径平行的直线把滤纸上边向下折起来，最后自右向左将滤纸卷成小包。

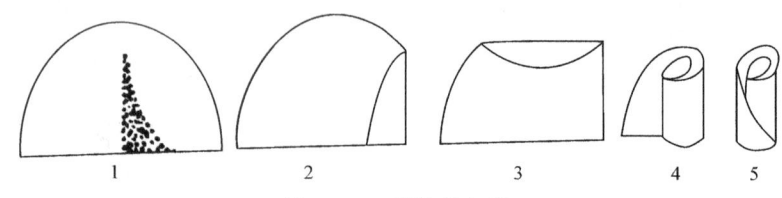

图 1-33 沉淀的包卷

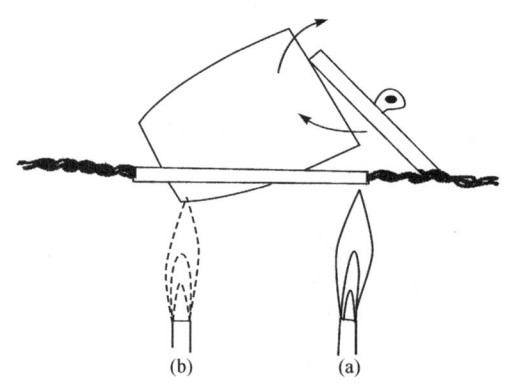

图 1-34 沉淀在坩埚中干燥(a)和灼烧(b)

（3）沉淀的干燥。把包卷好的沉淀放入已恒定质量的空坩埚中，滤纸层数较多的一面向上，以利滤纸的灰化。将坩埚斜放在泥三角上，坩埚盖半掩坩埚口，用煤气灯小火在坩埚盖下方加热，如图 1-34 所示，利用热空气对流将滤纸和沉淀烘干。干燥过程中，加热不可太急，否则坩埚遇水容易破裂，同时沉淀中的水分也会因猛烈气化而将沉淀冲出。包好的沉淀也可在恒温箱中干燥。

（4）沉淀的炭化、灰化、灼烧。沉淀干燥后，将火焰移至坩埚底部，小火加热，使滤纸慢慢炭化。注意不要使滤纸着火燃烧，更不可使火焰进入坩埚内部，以免燃烧使沉淀微粒飞散损失。若滤纸着火，应迅速移去火焰，并盖上坩埚盖，使火焰自动熄灭（切勿用嘴吹熄，以防沉淀散失），然后继续炭化，直至不再冒烟为止。

滤纸全部炭化后，可加大火焰，并不时用坩埚钳旋转坩埚至炭黑全部烧掉，完全灰化为止。

灰化后将坩埚竖直，加大火焰灼烧一定时间（如 $BaSO_4$ 沉淀约 15min，Al_2O_3 沉淀约 30min），逐渐减小火焰，最后熄灭。让坩埚在空气中稍冷，至用手背靠近坩埚有微热感觉时，移入干燥器中，冷却 30min，称量。再重复灼烧、冷却、称量，直至质量恒定为止。

若用马弗炉灼烧沉淀，应在灰化后才能放入炉内灼烧，需用特制的长柄坩埚钳将坩埚放入炉内，并加盖，以防污物落入。恒温加热一定时间后，先将电源关闭，然后打开炉门，再将坩埚移至炉口稍冷，取出后放在石棉网上，在空气中冷至微热时移入干燥器中，冷却至室温，称量，直至质量恒定。

（中国药科大学　严拯宇）

第 2 章　分析天平与称量

实验 2.1　称 量 练 习

2.1.1　目的与要求

(1) 学会正确使用分析天平。
(2) 熟悉直接称量和减重称量的方法。

2.1.2　方法提要

使用双盘电光天平，1g 以上的砝码由砝码盒中取加，900～100mg 的砝码由加码器外圈转加，90～10mg 的砝码由加码器内圈转加，10mg 以下质量由光幕标尺读取，读准至 0.1mg。

使用单盘电光自动天平，100mg 以上砝码由加码器加放，100mg 以下质量由光幕标尺读取，读准至 0.1mg。

使用电子分析天平，校准后将称量物放盘上直接由读数屏幕读数，读准至 0.1mg。

2.1.3　仪器

分析天平，砝码，软毛刷，称量瓶，称量用样品等。

2.1.4　实验步骤

1. 检查天平

观察天平各部件是否处于正常状态，检查天平的水平与清洁情况、砝码盒中的砝码有无短缺，调节天平零点并进行记录。

2. 直接称量练习

(1) 称量称量瓶的质量。从干燥器中取一称量瓶，放在天平盘上，称其质量并进行记录。重复称量 2～3 次，求出平均值。

(2) 称量瓶盖的质量。将瓶盖放在天平盘上(瓶体放回干燥器中)，称其质量并进行记录。重复称量 2～3 次，求出平均值。

(3) 称量瓶体的质量。将瓶体放在天平盘上(瓶盖放回干燥器中)，称其质量并进行记录。重复称量 2～3 次，求出平均值。

计算瓶盖加瓶体质量之和，并与称量瓶称得的质量比较。

3. 减重法称量练习

(1) 检查天平零点并记录。
(2) 取一空称量瓶 A，称量并记录。
(3) 取一装有样品的称量瓶 B，称量并记录。

(4) 将瓶 B 内的样品粉末轻轻地倒入空瓶 A 内约 0.5g(勿撒落瓶外)。称量瓶 B 的质量并记录。

(5) 称量倒入样品粉末后瓶 A 的质量并记录。

(6) 按 2.1.5 节注意事项给出的报告格式示例,计算并填入实验结果,按两种方法计算得到的转移粉末的质量之差要小于 0.5mg。再重复以上称量步骤一次。

2.1.5 注意事项

(1) 实验前应认真预习第 20 章分析天平的有关内容。实验时严格遵守使用天平的操作规则。

(2) 称量时按质量从大到小的顺序加减砝码。

(3) 减重法第二次称量结束后,检查一下天平零点,如零点发生漂移应进行校正。

(4) 天平使用结束后,认真检查天平的电源、升降旋钮、加码器及天平盘内的砝码是否复原,并在天平使用登记本上登记。

(5) 减重称量法的报告格式如下所示。

天平编号:201 - 9　　　　　　　　　　　　　　　实验日期:20××/××/××

实验次数	第一次	第二次
天平零点	0.0000	0.0000
瓶 A+粉末	18.7654	18.7638
瓶 A	18.2132	18.2128
m_A	0.5522	0.5510
瓶 B+粉末	17.8968	17.8606
瓶 B	17.3444	17.3101
m_B	0.5524	0.5505
$\|m_A - m_B\|$	0.0002	0.0005

2.1.6 思考题

(1) 什么是天平的零点和停点?

(2) 在天平盘上取放被称物或砝码时,为什么必须关好天平升降旋钮?

(3) 减重法称量时为什么其零点的校正可不必像直接称量法那么严格?

(4) 本实验中瓶 A 的增重和瓶 B 的失重为什么理论上应该相符?如果不相符,其原因可能是什么?

(中国药科大学　陈　蓉)

实验 2.2　天平性能的检查

2.2.1 目的与要求

学习分析天平的基本性能指标及其检查方法,并从检查结果判断天平是否合格。

2.2.2 方法提要

分析天平的灵敏度是指在天平的一侧增加 1mg 砝码时,指针在刻度标牌上所增加偏转的格数。增加偏转格数越多,则天平灵敏度越高。灵敏度的单位是格/mg,其倒数称为感量或分度值,其单位是 mg/格。分度值的大小反映了天平的精度。

同一物体在天平上称量数次,所得结果并不一定相同,这一现象称为天平的示值变动性。国家规定分析天平的示值变动性不应超过 0.2mg。

2.2.3 仪器

分析天平,砝码,软毛刷。

2.2.4 操作步骤

1. 外观检查

检查砝码是否齐全,各砝码位置是否无误,环码的数目,是否正挂在环码钩上以及读数器是否指零。

观察天平是否处于休止状态(即天平梁被架起,不再摆动),天平的吊耳位置是否正常。

观察天平是否处于水平位置,如不水平,可调节天平箱前下方两个天平底脚的螺丝,使水平仪的水泡位于正中,或悬锤的尖端对准底座上的锥尖。

天平盘上如有灰尘,应用软毛刷轻刷干净。

2. 分度值的测定

调节好天平的零点后,转动读数盘使之指示 10mg 质量,观察光幕读数,读数在(100±1)格范围内(即 10.0mg±0.1mg)均属合格,即符合 0.1mg/格。在天平有 20g 载重下,再测一次分度值,其结果在(100±1)格范围内,即属合格。

3. 示值变动性的测定

测定天平的零点 L_0,在天平的左右两盘上均加 10g(或 20g)砝码测定天平的停点 L,连续数次(4～8 次)测定天平零点和停点,计算示值变动性。

$$空天平盘的示值变动性 = (L_{0最大值} - L_{0最小值}) \times 空盘分度值$$
$$载重天平的示值变动性 = (L_{最大值} - L_{最小值}) \times 载重分度值$$

2.2.5 注意事项

(1) 分析天平是精密仪器,务必小心使用。实验前,应认真预习第 20 章分析天平及实验 2.1 中注意事项的有关内容。实验时,严格遵守使用天平的操作规则。

(2) 如使用单盘天平或全自动机械加码天平,其操作步骤参照半自动分析天平的方法进行。

(3) 实验结束后,应认真检查天平的电源、升降旋钮和砝码是否复原,并在检查后按规定进行登记。

2.2.6 思考题

(1) 天平的分度值大小由哪些因素决定?
(2) 分度值和示值变动性两者有何关系?
(3) 为什么分度值过大或过小都不好?

(中国药科大学　陈　蓉)

第 3 章 酸碱滴定法及非水滴定法

实验 3.1 滴定分析操作练习

3.1.1 目的与要求

(1) 学习滴定仪器的洗涤方法。
(2) 掌握滴定管、移液管及容量瓶的操作技术。
(3) 学习观察与判断滴定终点。
(4) 学会配制铬酸洗液及其使用方法。

3.1.2 方法提要

在滴定分析中,准确地测量溶液的体积是获得良好分析结果的重要前提之一。为此,必须学会正确使用滴定仪器。按照滴定分析仪器的操作规程,进行滴定操作及移液管、容量瓶使用练习。

3.1.3 仪器与试剂

仪器:滴定管,移液管,容量瓶。

试剂:$K_2Cr_2O_7$,HCl 溶液(0.1mol/L),NaOH 溶液(0.1mol/L),甲基橙指示剂,酚酞指示剂,溴甲酚绿-甲基红混合指示剂。

3.1.4 操作步骤

(1) 滴定管、容量瓶、移液管的洗涤方法,按滴定分析基本操作进行。

(2) 取 $K_2Cr_2O_7$ 固体少许,置小烧杯中,加水约 20mL,搅拌使溶解后,按操作规程,定量转移到 250mL 容量瓶中,稀释至刻度,摇匀。

(3) 用 25mL 移液管,吸取常水(自来水、河水、井水等),放入 250mL 容量瓶中。吸取、放入 10 次,直至熟练。

(4) 用量筒取常水 25mL 置锥形瓶中,加入 NaOH 溶液(0.1mol/L)2mL,加甲基橙指示剂 1 滴,用酸式滴定管盛 HCl 溶液(0.1mol/L)滴定,终点颜色由黄色至橙色。再加入 NaOH 溶液(0.1mol/L)数滴,再滴定至终点,反复练习观察终点,直至操作熟练。注意练习掌握 1/2 滴、1/4 滴的操作。

(5) 用量筒取常水 25mL 置 250mL 锥形瓶中,加标准酸液 2mL,酚酞 2 滴,用碱式滴定管盛装 NaOH(0.1mol/L)溶液滴定,终点颜色从无色至浅粉色。再从酸管放几滴酸液,反复滴定,注意观察终点的颜色。

(6) 用量筒取常水 25mL 置 250mL 锥形瓶中,加碱液(0.1mol/L)2mL,加混合指示剂(溴甲酚绿-甲基红)5 滴,溶液呈绿色,用酸滴定至呈紫色,加热煮沸 2min(又恢复至绿色),冷却后,再用酸滴定至紫色为终点。

(7) 用量筒取常水 25mL 置 250mL 烧杯中,加碱液(0.1mol/L)2mL,加甲基橙指示剂 1

滴,用酸滴定至终点。边滴定边用玻璃棒搅拌溶液。

3.1.5 思考题

(1) 衡量玻璃仪器洗净的标志是什么？为什么要达到这一要求？
(2) 滴定管和移液管使用前如何处理？为什么？与锥形瓶的处理有何不同？
(3) 用移液管量取溶液时,要领是什么？放完液体后为什么要停留15s？最后遗留在管口内部的少量溶液是否应吹出？
(4) 实验中所用的锥形瓶是否需用待测溶液洗涤三遍？洗涤后是否需要烘干？
(5) 滴定管尖端存在气泡对滴定有什么影响？应如何排除？
(6) 酸式滴定管的活塞应怎样涂凡士林？

（中国药科大学　严拯宇）

实验3.2　容量仪器的校正

3.2.1 目的与要求

(1) 理解容量仪器校正的必要性。
(2) 了解容量仪器校正的意义,学会容量仪器校正的方法。
(3) 了解相对校正的意义,初步掌握移液管与容量瓶的校正。

3.2.2 方法提要

容量仪器的容积并不一定与它所标示的值完全一致,就是说,刻度不一定十分准确。因此在实验工作前,尤其对于准确度要求较高的工作,必须予以校正。

测量液体体积的基本单位是升(L)。1L是指在真空中,1kg质量的水在最大密度(3.98℃)时所占的体积。换句话说,就是在3.98℃和真空中称量所得的水的质量(g),在数值上等于它的体积(mL)。

但是,在实际工作中,容器中的水的质量是在室温下和空气中称量的。因此必须考虑如下三个方面的影响。

1. 由于空气浮力使质量改变的校正

在空气中称量时,由于空气浮力减少的质量等于水所排除的空气的质量。同理,砝码也是如此。但因砝码的密度比水的密度大,当两者质量相等时,砝码的体积较小因而所减少的质量也较小。因此,水的真实质量 m_v 应为在空气中所称得的质量 m_a 加上一个校正数 A,其值等于水所排去的空气和砝码所排去的空气的质量差

$$A = d_a \left(\frac{m_a}{d_水} - \frac{m_a}{d_w} \right) \tag{3-1}$$

式中:d_a、$d_水$ 和 d_w 分别为空气、水和砝码的密度。可见在空气中称得水为 m_ag 时,在真空中应为(m_a+A)g,它在3.98℃时占有的体积为(m_a+A)mL。

2. 由于水的密度随温度而改变的校正

称量水时,水温一般都高于3.98℃。由于在此情况下水的密度随温度升高而减小,所以

同质量的水在较高温度时占有较大的体积。或者说,它的实际体积(mL)比它的实际质量(g)大些。设这一校正数为B,则质量为m[即(m_a+A)g]的水在$t℃$时所占的体积应等于(m_a+A+B)mL。B的数值可按照下式从不同温度下水的密度值计算

$$B=\frac{m_v}{d_t}-m_v$$

式中:d_t为水在$t℃$时的密度。这样,水在$t℃$时的体积应等于(m_a+A+B)mL。

3. 由于玻璃容器本身容积随温度而改变的校正

随温度的变化,不仅水的体积改变,而且玻璃容器本身的容积也在改变。为了统一,一般规定以20℃为测量玻璃容器容积的标准温度。不在20℃校正时,就要加上校正值C,其数值可按式(3-2)计算

$$C=V_t(20-t)\times 0.000\,025 \tag{3-2}$$

式中:V_t为容器在$t℃$时的容积;0.000 025为玻璃的体积膨胀系数。因此容器在20℃时的真实容积应等于$(m_a+A+B+C)$mL。

通过上述三项校正,即可计算出某一温度时需称多少克的水(在空气中,用黄铜砝码)才能使它所占的体积恰好等于20℃时该容器所指的容积。

为了便于计算,将20℃容量为1L的玻璃容器,在不同温度时所应盛水的质量列于表3-1。

表3-1 不同温度下1L水的质量

温度/℃	1L水在空气中的质量/g（用黄铜砝码称量）	温度/℃	1L水在空气中的质量/g（用黄铜砝码称量）
10	998.39	21	997.00
11	998.32	22	996.80
12	998.23	23	996.60
13	998.14	24	996.38
14	998.04	25	996.17
15	997.93	26	995.93
16	997.80	27	995.69
17	997.66	28	995.44
18	997.51	29	995.18
19	997.35	30	994.91
20	997.18		

应用表3-1来校正容量仪器是很方便的。例如,在15℃时,欲称取在20℃时容器容量恰为1L的水,其值应为997.93g;反之,也能将水的质量换算成体积。

3.2.3 操作步骤

1. 滴定管的校正

将蒸馏水装入已洗净的滴定管中,调节水的弯月面至零刻度处,然后按照滴定速率放出一

定体积的水到已称量的小锥形瓶(最好是有玻璃塞的)中,再称量,两次质量之差即为水的质量。然后用实验温度时 1mL 水的质量(从表 3-1 查得)来除水的质量,即可得滴定管真实体积。

按国家计量局规定,常量滴定管分五段进行校正。现举一实验数据为例列于表 3-2 供参考。

表 3-2 50mL 滴定管的校正表

滴定管 容积/mL	瓶和水的 质量/g	空瓶质量 /g	水的质量 /g	真实容积 /mL	校正值 /mL
0.00~10.00	44.74	34.80	9.94	9.97	−0.03
0.00~20.00	64.64	44.74	19.90	19.95	−0.05
0.00~30.00	94.49	64.64	29.85	29.92	−0.08
0.00~40.00	74.77	34.90	39.87	39.97	−0.04
0.00~50.00	84.73	34.88	49.85	49.98	−0.03

校正时水的温度为 18℃,1.00mL 水为 0.997 51g。

校正时需要注意:

(1) 称量时称准到 0.01g 即可。

(2) 最好使用同一容器从头做到尾,要尽量减少倾空次数;每次倾空后,容器外面不可有水,瓶口内残留的水也要用滤纸吸干;从滴定管往容器中放水时,尽可能不要沾湿瓶口,也不要溅失。这些都是为了减小误差。

2. 移液管的校正

将移液管洗净,吸取蒸馏水至标线以上,调节水的弯月面至标线,按前述的使用方法将水放入已称量的锥形瓶中,再称量。两次质量之差为量出水的质量。从表 3-1 查得该实验温度时每毫升水的质量,除水的质量,即得移液管的真实体积。

3. 容量瓶的校正

将洗净的容量瓶倒置空干,并使之自然干燥,称量空瓶。注入蒸馏水至标线,注意瓶颈内壁标线以上不能挂有水滴,再称量。两次质量之差即为瓶中水的质量。从表 3-1 中查得该实验温度时每毫升水的质量,除水的质量,即得容量瓶的真实体积。

4. 容量瓶与移液管的相对校正

用 25mL 移液管吸取蒸馏水,放入洗净且沥干的 100mL 容量瓶中,共放 5 次,观察容量瓶中弯月面下缘是否与刻度线相切。若不相切,记下弯月面下缘的位置。再重复上述操作,连续两次实验结果相符后,作出新标记。使用时,将溶液稀释至新标记处。用这支移液管从这个容量瓶中吸取一管溶液,就是全部溶液体积的 1/4。

3.2.4 注意事项

(1) 校正容量仪器所用水应预先放在天平室,使其与天平室的温度达到平衡。

(2) 容量瓶等待校正的容器应预先洗净沥干。

(3) 用分析天平称量盛水的锥形瓶时,应暂时将天平箱中的硅胶取出,称完后再把硅胶放回天平箱内。

3.2.5 思考题

(1) 影响容量仪器校正的主要因素有哪些?
(2) 校正滴定管时,为什么每次放出的水都要从 0.00 刻度线开始?
(3) 100mL 容量瓶,如果与标线相差 0.40mL,则此体积的相对误差是多少?如分析试样时,称取试样 0.5000g,溶解后定量转入容量瓶中,移取 25.00mL 测定,则称量差值是多少?称样的相对误差是多少?
(4) 校正容量仪器为什么要求使用蒸馏水而不用自来水?为什么要测水温?
(5) 为什么容量仪器都按 20℃ 的体积进行刻度标记?
(6) 为什么校正容量仪器时的操作方法与使用方法必须一致?
(7) 为什么校正 50mL 或 25mL 滴定管及 25mL 移液管时要准至 1mg?

(中国药科大学 严拯宇)

实验 3.3 HCl 标准溶液(0.1mol/L)的配制与标定

3.3.1 目的与要求

(1) 掌握用 Na_2CO_3 作基准物质标定盐酸溶液的原理及方法。
(2) 正确判断溴甲酚绿-甲基红混合指示剂滴定终点。

3.3.2 方法提要

(1) 市售盐酸为无色透明的氯化氢水溶液,HCl 含量 36%~38%(质量分数),相对密度约 1.18,因此 HCl 溶液(0.1mol/L)需用间接法配制。
(2) 标定酸用的基准物质很多,我们采用无水 Na_2CO_3 为基准物质,用溴甲酚绿-甲基红混合指示剂指示终点,终点时颜色由绿色转变为暗紫色。

用 Na_2CO_3 标定时滴定反应为

$$Na_2CO_3 + 2HCl \longrightarrow 2NaCl + H_2CO_3 \qquad M_{Na_2CO_3} = 106.0 \text{g/mol}$$
$$\hookrightarrow H_2O + CO_2 \uparrow$$

3.3.3 试剂

浓盐酸,无水 Na_2CO_3 基准物。
溴甲酚绿-甲基红混合指示剂:0.2%甲基红乙醇溶液与 0.1%溴甲酚绿乙醇溶液(1:3)混合即得。

1. HCl 溶液(0.1mol/L)的配制

用小量筒量取浓 HCl 9mL,倒入一洁净具有玻璃塞的试剂瓶中,加蒸馏水稀释至 1000mL,振摇混匀。

2. HCl 溶液(0.1mol/L)的标定

取在 270～300℃ 干燥至恒量的基准物无水 Na_2CO_3 约 0.12g，精密称定。加蒸馏水 50mL 溶解后，加溴甲酚绿-甲基红混合指示剂 10 滴，用 HCl 溶液(0.1 mol/L)滴定至溶液由绿色转变为紫红色，煮沸 2min，冷却至室温，继续滴定至溶液由绿色变为暗紫色。记下读数，按下式计算 HCl 的浓度

$$c_{HCl} = \frac{m_{Na_2CO_3}}{V_{HCl} \times \dfrac{M_{Na_2CO_3}}{2000}}$$

3. HCl 溶液(0.1mol/L)的标定(比较法)

从碱式滴定管中准确放取 NaOH 溶液(0.1mol/L)25.00mL 于锥形瓶中，加入 0.1% 甲基橙指示剂 1 滴，用待标定的 HCl 溶液(0.1mol/L)滴定至溶液由黄色恰变为橙色，即为终点，记下读数。重复操作 2 次。

$$c_{HCl} = \frac{c_{NaOH} \times V_{NaOH}}{V_{HCl}}$$

3.3.4 注意事项

（1）Na_2CO_3 易吸水，称量要快。

（2）近终点时，由于形成缓冲体系，pH 变化不大，终点不敏锐，需加热煮沸溶液 2min(或旋摇 2min)。

（3）正确使用酸式滴定管，如检查是否漏滴、气泡的排除、近终点如何控制 1 滴和半滴的操作。

3.3.5 实验报告示例

1. 原始记录

1) Na_2CO_3 质量

	Ⅰ	Ⅱ	Ⅲ	Ⅳ	Ⅴ
$m_1=$	16.2375	$m_2=$16.1041	$m_3=$15.9774	$m_4=$15.8423	$m_5=$15.7045
$m_2=$	16.1041	$m_3=$15.9774	$m_4=$15.8423	$m_5=$15.7045	$m_6=$15.5741
	0.1334	0.1267	0.1351	0.1378	0.1304

2) 消耗 HCl 溶液的体积

	Ⅰ	Ⅱ	Ⅲ	Ⅳ	Ⅴ
HCl 最终读数	24.01	22.85	24.30	24.75	23.51
HCl 最初读数	0.00	0.00	0.00	0.00	0.01
	24.01	22.85	24.30	24.75	23.50

2. 实验报告示例

HCl 溶液(0.1mol/L)的标定。

日期：2000.9.6　天平号：302　基准物：Na_2CO_3　$M_{Na_2CO_3}=106.0 g/mol$

计算公式
$$c_{HCl}=\frac{m_{Na_2CO_3}}{V_{HCl}\times\dfrac{M_{Na_2CO_3}}{2000}}$$

称量	Ⅰ	Ⅱ	Ⅲ	Ⅳ	Ⅴ
瓶＋基准物质量/g	16.2375	16.1041	15.9774	15.8423	15.7045
倒出后质量/g	16.1041	15.9774	15.8423	15.7045	15.5741
基准物质量/g	0.1334	0.1267	0.1351	0.1378	0.1304
标定					
HCl 最终读数	24.01	22.85	24.30	24.75	23.51
HCl 最初读数	0.00	0.00	0.00	0.00	0.01
消耗的体积/mL	24.01	22.85	24.30	24.75	23.50
c_{HCl}/(mol/L)	0.1049	0.1047	0.1048	0.1051	0.1047
$\overline{c}_{HCl}$/(mol/L)			0.1048		
标准偏差 S_X			1.6×10^{-4}		
相对标准差 RSD			0.16%		

3.3.6　思考题

(1) 配制 HCl 溶液(0.1mol/L)1000mL，需取浓 HCl 9mL 是怎样计算来的？

(2) 实验中所用锥形瓶是否需要烘干？加入蒸馏水的量是否需要准确？

(3) 用 Na_2CO_3 标定 HCl 溶液，滴定至近终点时，为什么需将溶液煮沸？煮沸后为什么又要冷却后再滴至终点？

(4) 用 Na_2CO_3 为基准物质标定 HCl 溶液的浓度，一般应消耗 HCl 溶液(0.1mol/L)约 22mL，则应称取 Na_2CO_3 多少克？

(5) 用 Na_2CO_3 标定 HCl 溶液，溴甲酚绿-甲基红混合指示剂指示终点的原理是什么？有什么优点？

（中国药科大学　严拯宇）

实验 3.4　药用硼砂的含量测定

3.4.1　目的与要求

(1) 掌握用中和法测定硼砂含量的原理和操作。

(2) 掌握甲基红指示剂的滴定终点。

3.4.2　方法提要

硼砂是四硼酸的钠盐，因为硼酸是弱酸($K_a=6.4\times10^{-10}$)，所以可用 HCl 标准溶液直接滴定，其反应为

$$Na_2B_4O_7+2HCl+5H_2O\longrightarrow 4H_3BO_3+2NaCl \qquad M_{硼砂}=381.4 g/mol$$

滴定至化学计量点时为 H_3BO_3 的水溶液,此时溶液的 pH 可根据生成硼酸的浓度及它的解离常数来计算。设用 HCl 溶液(0.1mol/L)滴定 $Na_2B_4O_7$ 溶液(0.05mol/L),化学计量点时溶液稀释一倍浓度应为 0.025mol/L,因此化学计量点时 $c_{H_3BO_3}=4\times 0.025=0.1(mol/L)$,则

$$[H^+]=\sqrt{K_a c}=\sqrt{6.4\times 10^{-10}\times 0.1}=8\times 10^{-6} \qquad pH=-\lg(8\times 10^{-6})=5.1$$

应选用甲基红(变色范围 4.4~6.2)作指示剂。

3.4.3 试剂

甲基红指示剂,硼砂($Na_2B_4O_7 \cdot 10H_2O$)样品。

3.4.4 操作步骤

取硼砂样品约 0.5g,精密称定,加蒸馏水 50mL 溶解后,加甲基红指示剂 2 滴,用 HCl 溶液(0.1mol/L)滴定至由黄色变为橙色即为终点。

硼砂的质量分数可按下式计算

$$w_{Na_2B_4O_7 \cdot 10H_2O} = \frac{c_{HCl}\times V_{HCl}\times \dfrac{M_{Na_2B_4O_7 \cdot 10H_2O}}{2000}}{m_s}\times 100\%$$

3.4.5 注意事项

(1) 硼砂量大,不易溶解,必要时可在电炉上加热使之溶解,冷却后再滴定。
(2) 滴定终点应为橙色,若偏红,则滴定过量,结果偏高。

3.4.6 思考题

(1) 硼砂和硼酸的混合物样品,你将怎样设计分析方案?
(2) 用 HCl(0.1mol/L)滴定硼砂的实验中,能用甲基橙指示终点吗?若用酚酞作指示剂会产生多大误差?
(3) 若硼砂部分风化,则测定结果偏高还是偏低,为什么?
(4) 称取硼砂样品约 0.5g 是如何决定的?如倒出过多,其质量达 0.6125g,是否需重称?
(5) 硼砂是强碱弱酸盐,可用 HCl 标准溶液直接滴定,乙酸钠也是强碱弱酸盐,能否用 HCl 标准溶液直接滴定?为什么?

(中国药科大学 严拯宇)

实验 3.5 药用 NaOH 的含量测定

3.5.1 目的与要求

(1) 掌握双指示剂法测定 NaOH 和 Na_2CO_3 混合物中个别组分含量的原理和方法。
(2) 熟悉移液管和容量瓶的使用。
(3) 熟练掌握碱式滴定管的滴定操作和滴定终点的判定。
(4) 熟练地用减重法称取固体物质。

3.5.2 方法提要

NaOH易吸收空气中的CO_2使一部分NaOH变成Na_2CO_3,即形成NaOH和Na_2CO_3的混合物。此混合物用HCl标准溶液滴定。在溶液中先加入酚酞指示剂,当酚酞变色时,NaOH全部被HCl中和,而Na_2CO_3只被滴定到$NaHCO_3$,即只中和了一半,设这时共用去HCl体积为V_1 mL;在此溶液中再加入甲基橙指示剂,继续滴定至甲基橙变色,$NaHCO_3$进一步被中和为H_2CO_3,此时消耗的HCl体积为V_2 mL,则Na_2CO_3消耗的体积为$2V_2$,总碱量所消耗的HCl体积为V_1+V_2。据此,即可分别测得总碱量和Na_2CO_3的含量。

3.5.3 试剂

HCl溶液(0.1mol/L),酚酞指示剂,甲基橙指示剂,药用NaOH。

3.5.4 操作步骤

迅速地精密称取药用NaOH约0.35g于50mL小烧杯中,加少量蒸馏水溶解后,定量转移至100mL容量瓶中,加水稀释至刻度,摇匀。

精密吸取25.00mL样品溶液于250mL锥形瓶中,加25mL蒸馏水及2滴酚酞指示剂,以HCl溶液(0.1mol/L)滴至酚酞的红色消失为止,记下所用HCl溶液(0.1mol/L)的体积(V_1);再加入2滴甲基橙指示剂,继续用HCl溶液(0.1mol/L)滴定至黄色变为橙色(V_2)。根据前后消耗HCl溶液(0.1mol/L)的体积,计算供试品中的总碱量;并根据加甲基橙指示剂后消耗HCl溶液(0.1mol/L)的体积,算出供试品中Na_2CO_3的含量,即得。按下式分别求出总碱量(以NaOH计算)和Na_2CO_3的质量分数

$$w_{总碱量}=\frac{c_{HCl}\times(V_1+V_2)\times\dfrac{M_{NaOH}}{1000}}{m_s\times\dfrac{25}{100}}\times100\%$$

$$w_{Na_2CO_3}=\frac{c_{HCl}\times 2V_2\times\dfrac{M_{Na_2CO_3}}{2000}}{m_s\times\dfrac{25}{100}}\times100\%$$

注:样品溶液含有大量OH^-,滴定前不应久置空气中,否则容易吸收CO_2使NaOH的量减少,而Na_2CO_3的量增多。

3.5.5 注意事项

(1) 本实验以酚酞为指示剂,终点时红色褪去,不易判断,要细心观察。
(2) 近终点时,要充分旋摇,以防止形成CO_2的过饱和溶液而使终点提前。

3.5.6 思考题

(1) 吸取样品溶液及配制样品溶液时,移液管和容量瓶是否要烘干?
(2) 用HCl标准溶液滴定至酚酞变色时,如超过终点是否可用碱标准溶液回滴?试说明原因。

(3) 计算本实验两个终点的 pH,说明分别选用酚酞、甲基橙作指示剂的原因。
(4) 试说明总碱量和 Na_2CO_3 质量分数计算式的原理。
(5) 根据操作步骤,样品质量约 0.35g 是怎样求得的?

(中国药科大学　严拯宇)

实验 3.6　NaOH 标准溶液(0.1mol/L)的配制与标定

3.6.1　目的与要求

(1) 学会配制标准溶液和用基准物质来标定标准溶液浓度的方法。
(2) 掌握滴定操作和滴定终点的判断。

3.6.2　方法提要

NaOH 容易吸收空气中的 CO_2,使配得的溶液中含有少量 Na_2CO_3,反应式为

$$2NaOH + CO_2 \longrightarrow Na_2CO_3 + H_2O$$

经过标定的含有碳酸盐的标准碱溶液,用来测定酸含量时,若使用与标定时相同的指示剂,则含碳酸盐对测定结果并无影响。若标定与测定不是用相同的指示剂,则将发生一定的误差,因此应配制不含碳酸盐的标准碱溶液。

配制不含 Na_2CO_3 的标准 NaOH 溶液的方法很多,最常见的是用 NaOH 的饱和水溶液(120∶100)配制。Na_2CO_3 在饱和 NaOH 溶液中不溶解,待 Na_2CO_3 沉淀沉下后,量取一定量上层澄清溶液,稀释至所需浓度,即可得到不含 Na_2CO_3 的 NaOH 溶液,饱和 NaOH 溶液质量分数约为 52%,相对密度约为 1.56。配制 1000mL NaOH 溶液(0.1mol/L)应取饱和溶液 5.6mL。用来配制 NaOH 溶液的水应加热煮沸放冷,以除去其中的 CO_2。

标定碱溶液用的基准物质很多,如草酸($H_2C_2O_4 \cdot 2H_2O$)、苯甲酸(C_6H_5COOH)、氨基磺酸(NH_2SO_3H)、邻苯二甲酸氢钾($HOOCC_6H_4COOK$)等。目前常用的是邻苯二甲酸氢钾,其滴定反应如下

邻苯二甲酸氢钾 + NaOH ⟶ 邻苯二甲酸钾钠 + H_2O

式中:$M_{KHC_8H_4O_4} = 204.2$ g/mol。

化学计量点时由于共轭碱的生成,溶液呈微碱性,应采用酚酞为指示剂。

3.6.3　仪器与试剂

仪器:50mL 碱式滴定管,250mL 锥形瓶,250mL 烧杯。
试剂:邻苯二甲酸氢钾基准物质,NaOH 饱和水溶液,0.1%酚酞指示剂。

3.6.4　操作步骤

1. 配制

(1) NaOH 饱和水溶液的配制。取 NaOH 约 120g,加蒸馏水 100mL,振摇使溶液成饱和

溶液。冷却后，置塑料瓶中，静置数日，作储备液。

(2) NaOH 溶液(0.1mol/L)的配制。量取 NaOH 的饱和水溶液 5.6mL，加新煮沸过的冷蒸馏水至 1000mL，摇匀。或直接称取 NaOH 4.4g，加新煮沸过的冷蒸馏水至 1000mL，摇匀。

2. NaOH 溶液(0.1mol/L)的标定

精密称取在 105~110℃ 干燥至恒定质量的基准物邻苯二甲酸氢钾约 0.5g，加新煮沸过的冷蒸馏水 50mL，小心摇动，使其溶解，加酚酞指示剂 2 滴，用 NaOH 溶液(0.1mol/L)滴定至溶液呈浅红色，30s 不褪色为终点。记录耗用的 NaOH 溶液的体积。

根据邻苯二甲酸氢钾的质量和所用 NaOH 溶液的体积按下式计算 NaOH 标准溶液的浓度。

$$c_{NaOH} = \frac{m_{KHC_8H_4O_4}}{V_{NaOH} \times \dfrac{M_{KHC_8H_4O_4}}{1000}}$$

3.6.5 注意事项

(1) 固体 NaOH 应在表面皿或小烧杯中称量，不能在纸上称量。
(2) 滴定之前，应检查滴定管管尖是否有气泡，如有气泡，应予以排除。
(3) 使用碱式滴定管滴定时，应捏挤玻璃珠的上半部分。

3.6.6 思考题

(1) 配制标准碱溶液时，用架盘天平称取固体 NaOH 是否会影响溶液浓度的准确度？能否用纸称取固体 NaOH？为什么？
(2) 为什么 NaOH 标准溶液要用标定法配制而不用直接法配制？
(3) 配制 NaOH 标准溶液和溶解邻苯二甲酸氢钾时，为什么要求用新煮沸冷却的蒸馏水？
(4) 盛 NaOH 的瓶子为什么不能用玻璃塞？为什么每次取出 NaOH 溶液后必须用橡胶塞立即塞紧？
(5) 滴定管内气泡未除尽，对滴定结果有何影响？使用碱式滴定管时应捏挤玻璃珠的哪一部分？
(6) 本实验除用酚酞外，还可以选用什么指示剂指示终点？
(7) 本实验为什么用邻苯二甲酸氢钾作基准物质？对基准物质的选用有什么要求？
(8) 基准物邻苯二甲酸氢钾干燥时，温度高于 125℃，致使基准物中有少部分变成酸酐，则使用此基准物标定 NaOH 溶液时，其浓度会如何？

（中国药科大学　严拯宇）

Experiment 3.7　Preparation and Standardization of Sodium Hydroxide Solution

3.7.1　Purpose and Requirement

This experiment is designed to introduce the students to the preparation and standardization of solutions with primary standard substance and it also illustrates the titration using a burette and the determination of the end point of a titration.

3.7.2 Principle

Sodium hydroxide absorbs water and carbon dioxide in the air and it is customary to prepare sodium hydroxide of approximately desired concentration and then standardize the solution against a primary standard substance. Potassium biphthalate is most commonly used to standardize sodium hydroxide solution for its readily available in purity of 99.95%, nonhygroscopic and it has a high equivalent weight, 204.2g/mol. The equation of this titration is as follows:

$$\text{C}_6\text{H}_4(\text{COOH})(\text{COOK}) + \text{NaOH} \longrightarrow \text{C}_6\text{H}_4(\text{COONa})(\text{COOK}) + \text{H}_2\text{O}$$

3.7.3 Apparatus and Reagents

Apparatus: burette (25mL), conical flask (250mL), cylinder (100mL), beaker (400mL), reagent bottle (500mL), rubber bysma.

Reagents: solid sodium hydroxide (A.R.), phenolphthalein indicator, 0.1% alcoholic solution.

3.7.4 Procedures

1. Preparation of 0.1mol/L sodium hydroxide solution

Shake sodium hydroxide with water to make a saturated solution, cool, transfer to a polyvinyl plastic bottle and allow to stand for several days. Dilute 2.8mL respectively of the saturated and clarified sodium hydroxide solution with freshly boiled and cooled water to 500mL, and mix well.

2. Standardization of 0.1mol/L sodium hydroxide solution

Weight accurately about 0.45g of potassium biphthalate primary standard, previously dried to constant weight at 105℃ into three clean, numbered pyrexs, add 50mL of freshly boiled and cooled water and shake thoroughly. Add 2 drops of phenolphthalein and titrate with sodium hydroxide (0.1mol/L) to a pink end point, which should persist not less than thirty seconds or so.

Then calculate the concentration of standard sodium hydroxide solution as the following equation:

$$c_{\text{NaOH}} = \frac{m_{\text{KHC}_8\text{H}_4\text{O}_4}}{V_{\text{NaOH}} \times \dfrac{M_{\text{KHC}_8\text{H}_4\text{O}_4}}{1000}} \qquad M_{\text{KHC}_8\text{H}_4\text{O}_4} = 204.2 \text{g/mol}$$

3.7.5 Notes

(1) Weight sodium hydroxide in a beaker instead of on a piece of paper.

(2) Put a label on each reagent bottle on which are written name of the reagent, date of preparation, user, concentration, etc.

(3) Rinse the burette with sodium hydroxide three times before filling the burette with sodium hydroxide.

(4) Get rid of air bubbles from the tip of the burette if there is any.

(5) Adjust liquid level to zero point before each titration.

3.7.6 Questions

(1) Why must not sodium hydroxide be weight on a piece of paper? Dose it affect the accuracy weight sodium hydroxide on a platform balance?

(2) Why is it important to rinse the burette with sodium hydroxide before titration? Is it necessary to dry and rinse beakers with standard solution before titration? Why?

(3) Is it necessary for the accuracy of the water to dissolve the standard substance?

(4) Why should not the glass-stoppers be used for the bottles or the burettes filled with sodium hydroxide solution?

(5) Can methyl orange be applied as an indicator in this titration?

(6) Why is it necessary to adjust liquid level to zero point before each titration?

(7) Why air bubbles must be purged from tip of the burette?

(中国药科大学　陈　蓉)

Experiment 3.8　Assay of Aspirin

3.8.1　Purpose and Requirement

This experiment is design to assay of aspirin using the acid-base titration method introduced in the last experiment of standardization of 0.1mol/L NaOH. It is also important to illustrate the usage of the burette and the judgment of the end point of a titration.

3.8.2　Principle

Now that you have a solution of 0.1mol/L NaOH for which you know the concentration to 4 significant figures, you can use it to assess the purity of the aspirin you get this week. Aspirin is an acid, and reacts with sodium hydroxide. The activity follows the method used by hospital analysts to check the purity of aspirin samples using an acid-base titration. The equation for the reaction is:

Aspirin has low solubility in water. It can be titrated by sodium hydroxide in ethanol instead of in water. The ending point is alkaline so phenolphthalein indicator is applied.

3.8.3 Apparatus and Reagents

Apparatus: burette (25mL), flask (250mL).

Reagents: aspirin, sodium hydroxide solution (0.1mol/L), phenolphthalein solution (0.1% alcoholic solution).

3.8.4 Procedures

1. Preparation of the 95% industrial denatured ethanol

Get 40mL of 95% ethanol in a flask and add eight drops of phenolphthalein solution as indicator. Titrate carefully the solution to the first persistent faint pink color with 0.1mol/L sodium hydroxide solution.

2. Assay

Place about three aspirin samples of 0.4g, accurately weighted, each into flasks. Dissolve each aspirin samples in 10mL of 95% industrial denatured ethanol. Titrate each solution quickly with 0.1mol/L sodium hydroxide solution to the first persistent faint pink color.

Then calculate the content of aspirin as the following equation:

$$w_{C_9H_8O_4} = \frac{c_{NaOH} \times V_{NaOH} \times \frac{M_{C_9H_8O_4}}{1000}}{m_s} \times 100\%$$

3.8.5 Notes

(1) NaOH is caustic! Keep it off your skin and out of your eyes!

(2) This analysis only applies to aspirin being added as the active ingredient to various medicines. Tablets containing aspirin usually have other ingredients and the method described here may not be suitable.

(3) Why must 95% industrial ethanol used in this analysis be denatured by phenolphthalein indicator?

(4) The color of the solution at the end point should last no less than 30 seconds.

3.8.6 Questions

How do you know what apparatus and reagents to use?

1. Burette

What volume of 0.1mol/L sodium hydroxide solution is required to react completely with 0.400g aspirin? Why would a 25mL burette be the burette of choice?

2. Concentration of sodium hydroxide solution

In the context of the assay, 0.1mol/L sodium hydroxide solution really means 0.100mol/L sodium hydroxide solution. Explain why.

You do not need to use 0.100mol/L sodium hydroxide, but whatever you do use, you must know is concentration to four significant figures. How would you modify the assay if you were using 0.1121mol/L sodium hydroxide solution?

3. Mass of sample

It is quite difficult to weigh 0.4000g accurately. It is much easier to weigh accurately about 0.3600~0.4400g. This means you weigh between 0.360g and 0.440g of sample to the nearest 0.0001g.

Assume that you want to get two titrations from a 25mL burette containing 0.1051mol/L sodium hydroxide solution. What mass of aspirin would you need for a titration of 22mL(allowing you ample solution for a second sample)? What instructions would you give in the assay?

（中国药科大学　陈　蓉）

实验3.9　乙酸的含量测定

3.9.1　目的与要求

（1）掌握用中和法测定液体乙酸的含量(即100mL HAc 溶液中含 HAc 多少克)。
（2）进一步熟悉移液管的使用。

3.9.2　方法提要

乙酸属弱酸类,其 $K_a=1.75\times10^{-5}$,故可用标准碱直接滴定,其滴定反应为
$$HAc+NaOH \rightleftharpoons NaAc+H_2O \qquad M_{HAc}=60.05\text{g/mol}$$
化学计量点时,由于生成共轭碱(Ac^-),溶液呈微碱性,应选用碱性区域变色的指示剂。本实验选用酚酞作指示剂。

3.9.3　仪器与试剂

仪器:250mL 锥形瓶,25mL 移液管,碱式滴定管。
试剂:NaOH 溶液(0.1mol/L),0.1%酚酞指示剂。

3.9.4　操作步骤

用移液管吸取 HAc 样品 25.00mL 于锥形瓶中,加蒸馏水 25mL,加酚酞指示剂 2 滴,用 NaOH 溶液 0.1mol/L 滴定至显淡红色,30s 不褪色即为终点。

【附注】
（1）乙酸样品的配制。取浓乙酸(17mol/L)59mL 加蒸馏水至 1000mL,混匀即得。

(2) 本实验要求。计算乙酸样品 100mL 中含有 HAc 的质量。乙酸样品每 100mL 含有 HAc 的质量,可按下式计算

$$m_{HAc} = \frac{c_{NaOH} \times V_{NaOH} \times \dfrac{M_{HAc}}{1000}}{25} \times 100$$

3.9.5 思考题

(1) 取乙酸样品的小烧杯、移液管为什么要用乙酸样品淋洗三遍后,才能准确吸取样品?

(2) 将准确吸取的 25.00mL 乙酸样品置 250mL 锥形瓶中,此锥形瓶事先要不要用乙酸样品淋洗三遍?为什么?

(中国药科大学 严拯宇;南京医科大学 魏芳弟)

实验 3.10 草酸的含量测定

3.10.1 目的与要求

(1) 掌握酸碱滴定法测定草酸含量的基本原理。
(2) 掌握容量瓶的正确使用。

3.10.2 方法提要

$H_2C_2O_4$ 为有机弱酸,其 $K_{a_1} = 5.9 \times 10^{-2}$,$K_{a_2} = 6.5 \times 10^{-5}$。常量组分分析时,$cK_{a_1} > 10^{-8}$,$cK_{a_2} > 10^{-8}$,$K_{a_1}/K_{a_2} < 10^4$,可在水溶液中一次性滴定其两步解离的 H^+。化学计量点时,由于生成 $Na_2C_2O_4$,使溶液呈微碱性,应选用碱性区域变色的指示剂。本实验选用酚酞作指示剂。

3.10.3 仪器与试剂

仪器:万分之一天平,电炉,50mL 烧杯,100mL 容量瓶,20mL 移液管,250mL 锥形瓶,25mL 碱式滴定管。

试剂:草酸($H_2C_2O_4 \cdot 2H_2O$),NaOH 标准溶液(0.1mol/L),0.1% 酚酞指示剂(60%乙醇)。

3.10.4 操作步骤

取样品 0.63g,精密称定,置 50mL 烧杯中,用新煮沸放冷的蒸馏水溶解,定量转移至 100mL 容量瓶中,稀释至刻度,摇匀。精密吸取上述溶液 20mL 于 250mL 锥形瓶中,加蒸馏水 25mL,加酚酞指示剂 2 滴,用 NaOH 标准溶液滴定至显淡红色,30s 不褪色即为终点。

按下式计算 $H_2C_2O_4 \cdot 2H_2O$ 的含量

$$w_{H_2C_2O_4 \cdot 2H_2O} = \frac{\dfrac{1}{2} \times c_{NaOH} \times V_{NaOH} \times \dfrac{M_{H_2C_2O_4 \cdot 2H_2O}}{1000}}{m_s \times \dfrac{20}{100}} \times 100\%$$

式中:$M_{H_2C_2O_4 \cdot 2H_2O} = 126.07$g/mol。

3.10.5 思考题

(1) 为什么采用新煮沸放冷的蒸馏水溶解草酸？如果直接用蒸馏水溶解，对测定结果有何影响？

(2) 以酚酞为指示剂，若终点淡红色30s后褪去，是否说明还没滴定到终点？为什么？

（南京医科大学　魏芳弟）

实验 3.11　混合酸($HCl + H_3PO_4$)的含量测定

3.11.1　目的与要求

(1) 掌握双指示剂法测定 HCl 和 H_3PO_4 混合物中个别组分含量的原理和方法。

(2) 熟悉移液管的使用。

3.11.2　方法提要

HCl 和 H_3PO_4 混合溶液，用 $NaOH$ 标准溶液滴定。取一份溶液加入甲基红指示剂，当甲基红变色时，HCl 全部被 $NaOH$ 中和，而 H_3PO_4 只被滴定到 NaH_2PO_4，即只中和了一半，设这时共去 $NaOH$ 体积为 V_1 mL；取另一份溶液加入百里酚酞指示剂，滴定至百里酚酞变色时，此时 HCl 全部被中和，而 H_3PO_4 被中和为 Na_2HPO_4，共消耗 $NaOH$ 体积为 V_2 mL，据此 HCl 消耗 $NaOH$ 体积为 $V_2 - 2(V_2 - V_1)$，H_3PO_4 消耗 $NaOH$ 体积为 $2(V_2 - V_1)$，由此可分别测得总酸量、HCl 及 H_3PO_4 的含量。

3.11.3　试剂

$NaOH$ 溶液(0.1mol/L)，甲基红指示剂，百里酚酞指示剂。

混合酸：$HCl + H_3PO_4$(10.5mL + 5.8mL)加蒸馏水至 1000mL。

3.11.4　操作步骤

精密量取混合酸 10.00mL 于 250mL 锥形瓶中，加蒸馏水 30mL，甲基红指示剂 2 滴，用 $NaOH$ 溶液(0.1mol/L)滴定至橙色为终点，消耗 V_1 mL。再精密量取本品 10.00mL，置另一锥形瓶中，加蒸馏水 30mL，百里酚酞指示剂 8 滴，用 $NaOH$ 溶液(0.1mol/L)滴定至浅蓝色为终点，消耗 V_2 mL。供试样中总酸量、HCl 及 H_3PO_4 的含量(g/100mL)可分别按下列公式计算

$$m_{总酸} = \frac{c_{NaOH} \times (V_2)_{NaOH} \times \frac{M_{HCl}}{1000}}{10.00} \times 100$$

$$m_{HCl} = \frac{c_{NaOH} \times (2V_1 - V_2)_{NaOH} \times \frac{M_{HCl}}{1000}}{10.00} \times 100$$

$$m_{H_3PO_4} = \frac{c_{NaOH} \times 2(V_2 - V_1)_{NaOH} \times \dfrac{M_{H_3PO_4}}{2000}}{10.00} \times 100$$

3.11.5 思考题

(1) 试说明总酸量、HCl 及 H_3PO_4 含量计算式的原理。
(2) 本实验如采用连续滴定法,应如何进行?并列出含量计算式。
(3) 写出本实验中选用指示剂的根据是什么?

(南京医科大学　魏芳弟)

实验 3.12　高氯酸标准溶液(0.1mol/L)的配制与标定

3.12.1　目的与要求

(1) 掌握非水溶液酸碱滴定的原理及操作。
(2) 掌握高氯酸标准溶液的配制、标定的方法及原理。

3.12.2　方法提要

常见的酸在冰醋酸中以高氯酸的酸性最强,故常用高氯酸的冰醋酸溶液作标准溶液。

邻苯二甲酸氢钾在冰醋酸中显碱性,以其为基准物,用结晶紫为指示剂,被高氯酸溶液滴定。根据基准物的质量,滴定所消耗的高氯酸溶液的体积,计算出高氯酸溶液的浓度(mol/L)。

用邻苯二甲酸氢钾标定时的滴定反应为

邻苯二甲酸氢钾 + $HClO_4$ ⟶ 邻苯二甲酸 + $KClO_4$

生成的 $KClO_4$ 不溶于冰醋酸溶液,故有沉淀产生。

3.12.3　操作步骤

1. 标准溶液的配制

取无水冰醋酸 750mL,加入高氯酸(70%~72%)8.5mL,摇匀,在室温下缓缓滴加乙酸酐 23mL。边加边摇,加完后再振摇均匀,放冷。加无水冰醋酸至 1000mL,摇匀,放置 24h。若所测供试品易乙酰化,则需用水分测定法测定高氯酸标准溶液的含水量,再用水和乙酸酐调节高氯酸标准溶液的含水量为 0.01%~0.02%。

2. 标定

取在 105℃ 干燥至恒定质量的基准邻苯二甲酸氢钾约 0.16g,精密称定,加无水冰醋酸 20mL 使溶解,加结晶紫指示剂 1 滴,用高氯酸标准溶液缓缓滴定至蓝色,并将滴定的结果用空白实验校正。根据高氯酸标准溶液的消耗量与邻苯二甲酸氢钾的取用量,算出高氯酸标准

溶液的浓度(mol/L)，即

$$c_{HClO_4} = \frac{m_{KHC_8H_4O_4}}{V_{HClO_4} \times \dfrac{M_{KHC_8H_4O_4}}{1000}}$$

式中：V_{HClO_4} 为空白校正后的体积；$M_{KHC_8H_4O_4} = 204.2 \text{g/mol}$。

3.12.4 注意事项

（1）配制高氯酸冰醋酸溶液时，不能将乙酸酐直接加入高氯酸中，应先用冰醋酸将高氯酸稀释后再缓缓加入乙酸酐。

（2）使用的仪器应先洗净烘干。

（3）高氯酸、冰醋酸均能腐蚀皮肤、刺激黏膜，应注意防护。

（4）冰醋酸有挥发性，故标准溶液应置棕色瓶中密闭保存。

（5）高氯酸标准溶液的体积，随室温的变化而改变。因此在标定及样品测定时的室温均应注意，必要时应修正标准溶液的浓度。

（6）结晶紫为指示剂，其终点变化为紫→蓝紫→纯蓝。应正确观察终点的颜色，必要时可采用空白对照或电位法对照。

（7）冰醋酸的体积膨胀系数较大，其体积随温度改变较大，故测定时与标定的温度超过10℃，则应重新标定；若未超过10℃，则可根据下式将高氯酸的浓度加以校正。

$$c_1 = \frac{c_0}{1 + 0.0011(t_1 - t_0)}$$

（8）高氯酸的冰醋酸溶液，当室温低于16℃时会结冰而影响使用，可改用乙酸酐-乙酸（9∶1）的混合溶剂配制高氯酸溶液，它不仅可防止结冰，且吸湿性小，使用1年浓度改变也很小。有时，也可在冰醋酸中加入10%～15%丙酸以防冻。

3.12.5 思考题

（1）向高氯酸冰醋酸溶液中加入的乙酸酐量应如何计算？为什么乙酸酐不能直接加入高氯酸溶液中？

（2）为什么邻苯二甲酸氢钾既可标定碱(NaOH)，又可标定酸($HClO_4$ 的冰醋酸溶液)？

（3）做空白实验的目的是什么？怎么做空白实验？

（4）在非水酸碱滴定中，若容器、试剂含有微量水分，对测定结果有什么影响？

（5）冰醋酸对于 $HClO_4$、H_2SO_4、HCl 及 HNO_3 是什么溶剂？水对这四种酸是什么溶剂？

（中国药科大学　严拯宇）

Experiment 3.13　Preparation and Standardization of Perchloric Acid

3.13.1　Purpose and Requirement

(1) Master the principle and operation of acid-base titration in nonaqueous solvent.

(2) Understand the method of preparing perchloric acid.

(3) Comprehend the end point of crystal violet indicator.

3.13.2 Principle

Perchloric acid has the strongest acidity in acetic acid glacial. So for the titration in nonaqueous solvent, perchloric acid in acetic acid glacial is preferred as standard solution. Both perchloric acid and acetic acid glacial contain water, therefore an amount of acetic anhydride is added to abstract water.

When perchloric acid is standardized, potassium biphthalate is used as primary standard substance and crystal violet is used as an indicator. The following equation can be used to denote reaction of titration

$$\text{C}_6\text{H}_4(\text{COOK})(\text{COOH}) + \text{HClO}_4 \longrightarrow \text{C}_6\text{H}_4(\text{COOH})(\text{COOH}) + \text{KClO}_4$$

Since thyronorman can not be dissolved in the solvent of acetic acid glacial-acetic anhydride, precipitate is produced.

The following equation can be used for calculation

$$c_{\text{HClO}_4} = \frac{m_{\text{KHC}_8\text{H}_4\text{O}_4}}{V_{\text{HClO}_4} \times \dfrac{M_{\text{KHC}_8\text{H}_4\text{O}_4}}{1000}} \qquad M_{\text{KHC}_8\text{H}_4\text{O}_4} = 204.2 \text{g/mol}$$

3.13.3 Apparatus and Reagents

Apparatus: microburette (10mL), conical flask (50mL), graduate (10mL), graduated cylinder (100mL).

Potassium biphthalate primary standard, previously dried to constant weight at 105℃; perchloric acid: A.R., 70%~72% (g/g), specific gravity 1.75; acetic anhydride: A.R., 97%, specific gravity 1.08; crystal violet IS: acetic acid glacial 0.5%.

3.13.4 Procedures

1. Preparation

To 750mL of add an amount of acetic anhydride equivalent to 5.22mL per gram of water present. Add 8.5mL of perchloric acid (70%~72% g/g) and mix well. Add 23mL of acetic anhydride dropwise with shake, cool and dilute with dehydrated acetic acid glacial to 1000mL, mix well and allow to stand for 24 hours. If the reaction is susceptible to acetylation, the water content of perchloric acid should be determined, and adjusted to 0.01%~0.02% by the addition of water or acetic anhydride.

2. Standardization

Weight accurately about 0.16g of primary standard, previously dried to constant weight at 105℃, and dissolved in 10mL of solvent of acetic acid glacial-acetic anhydride (4:1). Add 1 drop of crystal violet IS and titrate slowly with perchloric acid (0.1mol/L) to a blue end point. Perform a blank determination and make any necessary correction.

3.13.5 Notes

(1) When preparing perchloric acid in acetic acid glacial, acetic anhydride can not be added into perchloric acid directly (Why?). Dilute perchloric acid with acetic acid glacial and add acetic anhydride slowly.

(2) Microburette should be cleanly washed and inverted to dry previously.

(3) Since perchloric acid and acetic acid glacial can corrode skin, pay attention to protect.

(4) Perchloric acid should be preserved in well-closed amber coloured glass bottle.

(5) Write down the room temperature.

(6) Vacuum grease should be used to lubricate the stopcock plug instead of vaseline.

(7) The usage of microburette and reading of scales (It is measured according to 8mL when estimating).

(8) Wash the inside of conical flask with a little of solvent near the end point.

(9) Cover a dry beaker on the top of burette after adding perchloric acid.

(10) Recycle the solvent after completing experiment.

3.13.6 Questions

(1) How many mL of perchloric acid (0.1mL) should be used when weight about 0.16g of potassium biphthalate primary standard? Which burette should be used?

(2) Why can potassium biphthalate standardize both base (NaOH) and acid (perchloric acid in acetic acid glacial)?

(3) Why must blank determination be done?

(4) What solvent is acetic acid glacial as far as perchloric acid, hydrochloric acid and nitric acid? What about water?

(5) What effect will there be on the result of standardization?

(6) Which questions should we pay attention to when preparing perchloric acid?

（中国药科大学　严拯宇）

实验3.14　水杨酸钠的含量测定

3.14.1　目的与要求

（1）掌握有机酸碱金属盐的非水滴定方法。
（2）掌握结晶紫指示剂滴定终点的颜色变化。

3.14.2　方法提要

水杨酸钠是有机酸的碱金属盐，在水溶液中碱性较弱，不能直接进行酸碱滴定。但是可以选择适当的溶剂，使其碱性增强，再用高氯酸标准溶液进行滴定，其滴定反应为

$$C_7H_5O_3Na + HAc \rightleftharpoons C_7H_5O_3H + Ac^- + Na^+$$
$$HClO_4 + HAc \rightleftharpoons H_2Ac^+ + ClO_4^-$$
$$H_2Ac^+ + Ac^- \rightleftharpoons 2HAc$$

总反应 $\qquad HClO_4 + C_7H_5O_3Na \rightleftharpoons C_7H_5O_3H + ClO_4^- + Na^+$

反应在乙酸酐-冰醋酸混合溶剂中进行,以增强水杨酸钠的碱度,用结晶紫为指示剂,用高氯酸标准溶液滴定到蓝绿色。

3.14.3 操作步骤

精密称取 105℃ 干燥的水杨酸钠约 0.13g,置于 50mL 干燥的锥形瓶中,加乙酸酐-冰醋酸 (1:4) 混合溶剂 10mL 使溶解,加结晶紫指示剂 1 滴。用高氯酸标准溶液(0.1mol/L)滴定至蓝绿色。滴定结果用空白实验校正。

结果的计算

$$w_{C_7H_5O_3Na} = \frac{c_{HClO_4} \times (V_{样} - V_{空白}) \dfrac{M_{C_7H_5O_3Na}}{1000}}{m_s} \times 100\%$$

式中:$M_{C_7H_5O_3Na} = 160.1 \text{g/mol}$。

3.14.4 注意事项

(1) 使用仪器均需预先洗净干燥。
(2) 注意测定时的室温,若与标定时室温相差较大时(一般相差 2℃ 以上),需加以校正。
(3) 注意节约使用有机溶剂。

3.14.5 思考题

(1) 乙酸钠在水溶液中为一弱碱,是否可用盐酸标准溶液直接滴定? 能否用非水酸碱滴定法测定其含量? 若能测定,试设计一简单的操作步骤。
(2) 若标定和样品测定时的室温相差较大,标准溶液的浓度应如何校正?(冰醋酸的体积膨胀系数为 0.0011)
(3) 若试样为苯甲酸钠,在本实验条件下能否进行测定? 为什么?
(4) 以结晶紫为指示剂,为什么测定邻苯二甲酸氢钾时,终点颜色为蓝色,而测定水杨酸钠时,终点颜色为蓝绿色?

(中国药科大学 严拯宇)

实验 3.15 盐酸苯海拉明含量测定

3.15.1 目的与要求

(1) 巩固非水酸碱滴定法的原理及其应用。
(2) 掌握用非水滴定法测定盐酸苯海拉明含量的原理和操作。

3.15.2 方法提要

有机碱的氢卤酸盐的酸性较强,不能用高氯酸标准溶液直接滴定。因此,加入过量的乙酸汞,使其与氢卤酸生成难解离的卤化汞,苯海拉明则可成为乙酸盐而被滴定,其滴定反应为

$$2B \cdot HX + HgAc_2 \longrightarrow 2B \cdot HAc + HgX_2 \downarrow$$

$$B \cdot HAc + HClO_4 \rightleftharpoons B \cdot HClO_4 + HAc$$

反应式中的 B·HX 代表

$$\left[\begin{array}{c} H \\ C-O-CH_2CH_2N(CH_3)_2 \\ \end{array} \right] HCl$$

(两个苯基连在C上)

3.15.3 操作步骤

取本品约 0.2g,精密称定,加冰醋酸 20mL 与乙酸酐 4mL 溶解后,再加乙酸汞试液 4mL 与结晶紫指示剂 1 滴,用高氯酸标准溶液(0.1mol/L)滴定,至溶液显蓝绿色,并将滴定结果用空白实验校正。

计算公式

$$w_{C_{17}H_{21}NO \cdot HCl} = \frac{c_{HClO_4} \cdot V_{HClO_4} \times \dfrac{M_{C_{17}H_{21}NO \cdot HCl}}{1000}}{m_s} \times 100\%$$

式中:$M_{C_{17}H_{21}NO \cdot HCl} = 291.8 \text{g/mol}$。

3.15.4 注意事项

(1) 因为被滴定的药物碱性较弱,故结晶紫的终点指示颜色为蓝绿色,必要时可用电位法对照。

(2) 为排除 HX 对滴定的干扰,故乙酸汞应过量。

3.15.5 思考题

(1) 在本实验中加入乙酸汞的目的是什么?

(2) 根据苯海拉明的结构式,能否用冰醋酸为溶剂,以高氯酸标准溶液直接滴定?为什么?

(中国药科大学 严拯宇)

实验 3.16 盐酸麻黄碱的含量测定

3.16.1 目的与要求

掌握有机碱的氢卤酸盐的测定原理及方法。

3.16.2 方法提要

有机碱的氢卤酸盐的酸性较强,不能用高氯酸直接滴定,加入过量的乙酸汞使与其生成难

解离的卤化汞,有机碱则成为可滴定的乙酸盐。若以 B·HX 代表盐酸麻黄碱,其反应如下

$$2B·HX + HgAc_2 \longrightarrow 2B·HAc + HgX_2$$

$$B·HAc + HClO_4 \longrightarrow B·HClO_4 + HAc$$

反应式中的 B·HX 代表

$$\left[\underset{OH\ NHCH_3}{\underset{|\ \ \ \ \ \ |}{C_6H_5-\overset{H}{\underset{|}{C}}-\overset{H}{\underset{|}{C}}-CH_3}} \right] HCl$$

3.16.3 操作步骤

取本品约 0.15g,精密称定,加冰醋酸 10mL 加热溶解后,加乙酸汞试液 4mL 与结晶紫指示剂 1 滴,用高氯酸标准溶液(0.1mol/L)滴定至溶液显蓝绿色,并将滴定的结果用空白实验校正。计算公式为

$$w_{C_{10}H_{16}ON·HCl} = \frac{c_{HClO_4}(V_{样} - V_{空白}) \dfrac{M_{C_{10}H_{16}ON·HCl}}{1000}}{m_s} \times 100\%$$

3.16.4 注意事项

(1) 使用仪器应预先洗净烘干。
(2) 对终点的观察必须注意其变色过程,近终点时滴定速率要适当。
(3) 注意标定时与测定时的室温的差值,必要时对已标定的标准溶液浓度加以校正。

3.16.5 思考题

(1) 加入乙酸汞的目的是什么?
(2) 样品若含结晶水,应如何处理?

(中国药科大学　严拯宇)

第4章 络合滴定法

实验 4.1　0.05mol/L EDTA 标准溶液的配制与标定

4.1.1　目的与要求

（1）掌握 EDTA 标准溶液配制和标定的方法。
（2）熟悉铬黑 T 指示剂滴定终点的判断。

4.1.2　方法提要

EDTA 标准溶液常用乙二胺四乙酸的二钠盐配制，因其不易得到纯品，故标准溶液用间接法配制。以 ZnO 为基准物质标定其浓度，滴定是在 pH＝10 的条件下进行的，以铬黑 T 为指示剂，终点时颜色由紫红色变为纯蓝色。滴定过程中反应为

$$Zn^{2+} + HIn^{2-} \rightleftharpoons ZnIn^- + H^+$$
$$Zn^{2+} + H_2Y^{2-} \rightleftharpoons ZnY^{2-} + 2H^+$$

终点时
$$ZnIn^- + H_2Y^{2-} \rightleftharpoons ZnY^{2-} + HIn^{2-} + H^+$$
　　　　　　紫红色　　　　　　　　　　　　　　纯蓝色

4.1.3　仪器与试剂

仪器：酸式滴定管，100mL 容量瓶，20mL 移液管，250mL 锥形瓶，50mL 烧杯，10mL 量筒。

试剂：A.R.级乙二胺四乙酸二钠盐（$Na_2H_2Y \cdot 2H_2O$）；ZnO 基准物，在 800℃灼烧至恒定质量；3mol/L HCl；甲基红指示剂，0.1％的 60％乙醇溶液；氨试液，40mL 浓氨水加水至 100mL；$NH_3 \cdot H_2O-NH_4Cl$ 缓冲液（pH＝10），取 54g NH_4Cl 溶于水中，加浓氨水 350mL，用水稀释至 1L；铬黑 T 指示剂；0.5％三乙醇胺溶液。

4.1.4　操作步骤

1. EDTA 标准溶液（0.05mol/L）的配制

取 EDTA·2Na·$2H_2O$ 约 9.5g，加蒸馏水 500mL 使其溶解，摇匀，储存在硬质玻璃瓶中。

2. EDTA 标准溶液的标定

精密称取已在 800℃灼烧至恒定质量的基准物质 ZnO 约 0.45g 至一小烧杯中，加稀盐酸（3mol/L）10mL，搅拌使其溶解，并定量转移至 100mL 容量瓶中，加水稀释至刻度，摇匀。用 20mL 移液管吸取 20mL 液体至锥形瓶中，加甲基红指示剂 1 滴，用氨试液调至微黄色，再加蒸馏水 25mL，加 $NH_3 \cdot H_2O-NH_4Cl$ 缓冲液（pH＝10）10mL；加铬黑 T 指示剂数滴，摇匀，用 EDTA 标准溶液滴定至溶液由酒红色变为纯蓝色。结果计算如下

$$c_{EDTA} = \frac{m_{ZnO} \times \frac{20}{100}}{V_{EDTA} \times \frac{M_{ZnO}}{1000}}$$

式中：$M_{ZnO} = 81.38 \text{g/mol}$。

4.1.5 注意事项

(1) EDTA·2Na 盐溶解慢，可加热促溶或放置过夜。
(2) EDTA 标准溶液应储于硬质玻璃瓶中，如聚乙烯塑料瓶储存更好。
(3) 样品加稀盐酸溶解，务必使 ZnO 完全溶解方可定量转移。
(4) 络合反应速率较慢，故滴定速率不宜太快。

4.1.6 思考题

(1) 为什么在滴定时要加 $NH_3 \cdot H_2O\text{-}NH_4Cl$ 缓冲液？
(2) 为什么 ZnO 溶解后要加甲基红指示剂以氨试液调节至微黄色？

（中国药科大学 何 华）

实验 4.2 水硬度的测定

4.2.1 目的与要求

(1) 了解络合量法测定水硬度的原理及方法。
(2) 掌握水硬度测定的方法。

4.2.2 方法提要

常水（自来水、河水、井水等）含有较多的钙盐、镁盐，所以常水都是硬水，锅炉使用的常水都需进行水的硬度测定。

测定原理：取一定的水样，调节 pH=10，以铬黑 T 为指示剂，用 EDTA 标准溶液（0.01mol/L）滴定 Ca^{2+}、Mg^{2+} 的总量，即可计算水的硬度。反应式为

$$Mg^{2+} + HIn^{2-} \rightleftharpoons MgIn^- + H^+$$
纯蓝色　　　酒红色

$$\begin{cases} Ca^{2+} \\ Mg^{2+} \end{cases} + H_2Y^{2-} \rightleftharpoons \begin{matrix} CaY^{2-} \\ MgY^{2-} \end{matrix} + 2H^+$$

终点时　　　$MgIn^- + H_2Y^{2-} \rightleftharpoons MgY^{2-} + HIn^{2-} + H^+$
酒红色　　　　　　　　纯蓝色

表示硬度常用两种方法：

(1) 将测得的 Ca^{2+}、Mg^{2+} 总量折算成 $CaCO_3$ 的质量，以每升水中含有 $CaCO_3$ 的毫克数表示硬度，1mg/L 可写作 1ppm[①]。

[①] ppm 为非法定计量单位，$1ppm = 10^{-6}$。

(2) 将测得的 Ca^{2+}、Mg^{2+} 总量折算成 CaO 的质量,以每升水中含有 10mg CaO 为 1 度,来表示水的硬度。

4.2.3 仪器与试剂

仪器:酸式滴定管,100mL 量筒,250mL 锥形瓶。

试剂:0.01mol/L EDTA 标准溶液,$NH_3 \cdot H_2O$-NH_4Cl 缓冲液(pH=10),水样,铬黑 T 指示剂。

4.2.4 操作步骤

1. EDTA 标准溶液(0.01mol/L)的配制

精密量取 0.05mol/L 的 EDTA 标准溶液 20mL,置于 100mL 的容量瓶中,加蒸馏水稀释至刻度,摇匀。

2. 水硬度的测定

量取水样 100mL 置于锥形瓶中,加 $NH_3 \cdot H_2O$-NH_4Cl 缓冲液(pH=10)5mL,铬黑 T 指示剂 5 滴,用 EDTA 标准溶液(0.01mol/L)滴定至溶液由酒红色变为纯蓝色,即为终点。

4.2.5 注意事项

(1) 应注意水样采集时间、方式、容器等。
(2) 当水的硬度较大时,在 pH=10 会析出 $MgCO_3$、$CaCO_3$ 沉淀,使溶液变浑。

$$HCO_3^- + Ca^{2+} + OH^- \longrightarrow CaCO_3 \downarrow + H_2O$$

在这种情况下,滴定至终点时,常出现返回现象,使终点难以确定,滴定的重复性差,为了防止 Ca^{2+}、Mg^{2+} 沉淀,可按以下步骤进行:量取水样 100mL 置于锥形瓶中,投入一小块刚果红试纸,用盐酸(6mol/L)酸化至试纸变蓝色,振摇 2min,然后如前所述加缓冲液和指示剂,用 EDTA 标准溶液(0.01mol/L)滴定。

4.2.6 思考题

为什么后一操作步骤可以防止 Ca^{2+}、Mg^{2+} 的沉淀?

(中国药科大学　何　华)

实验 4.3　明矾中铝含量的测定

4.3.1 目的与要求

(1) 掌握络合滴定法中返滴定的原理和计算。
(2) 掌握 EDTA 加热返滴定法测定铝的原理和步骤。

4.3.2 方法提要

明矾[$KAl(SO_4)_2 \cdot 12H_2O$]中 Al 的测定,可采用 EDTA 络合滴定法。

由于 Al^{3+} 易形成一系列多核羟基络合物,这些多核羟基络合物与 EDTA 络合缓慢,且 Al^{3+} 对二甲酚橙指示剂有封闭作用,故通常采用返滴定法测定铝。加入定量且过量的 EDTA 标准溶液,先调节溶液 pH 为 3～4,煮沸几分钟,使 Al^{3+} 与 EDTA 络合反应完全。冷却后,再调节溶液 pH=5～6,以二甲酚橙为指示剂,用 Zn^{2+} 标准溶液滴定至溶液由黄色变为紫红色,即为终点。

$$Al^{3+} + H_2Y^{2-} \rightleftharpoons AlY^- + 2H^+$$
$$Zn^{2+} + H_2Y^{2-} \rightleftharpoons ZnY^{2-} + 2H^+$$

很多金属离子都干扰 Al 的测定,可根据实际情况采取适当措施消除干扰。

需要注意的是,返滴定法测定铝缺乏选择性,所有能与 EDTA 形成稳定络合物的离子都干扰测定。对于像合金、硅酸盐、水泥和炉渣等复杂试样中铝,往往采用置换滴定法以提高选择性,即在用 Zn^{2+} 标准溶液返滴定过量的 EDTA 后,加入过量的 NH_4F,加热至沸,使 Al^{3+} 与 F^- 之间发生置换反应,释放出与 Al^{3+} 物质的量相等的 H_2Y^{2-} (EDTA):

$$AlY^- + 6F^- + 2H^+ \rightleftharpoons AlF_6^{3-} + H_2Y^{2-}$$

再用 Zn^{2+} 标准溶液滴定释放出来的 EDTA 而求得铝的含量。

4.3.3 仪器与试剂

仪器:酸式滴定管,锥形瓶(250mL),容量瓶(100mL),移液管,电炉等。

试剂:稀 HCl 3mol/L;A.R. 级乙二胺四乙酸二钠盐($Na_2H_2Y \cdot 2H_2O$);ZnO 基准物,在 800℃灼烧至恒量;甲基红指示剂,0.1%的 60%乙醇溶液;氨试液,40mL 浓氨水加水至 100mL;$NH_3 \cdot H_2O$-NH_4Cl 缓冲液(pH=10),取 54g NH_4Cl 溶于水中,加浓氨水 350mL,用水稀释至 1L;铬黑 T 指示剂;20%六次甲基四胺溶液;0.2%二甲酚橙指示剂;A.R. 级 $ZnSO_4$,明矾试样。

4.3.4 操作步骤

1. EDTA 标准溶液(0.05mol/L)的配制与标定

见实验 4.1.4。

2. $ZnSO_4$ 标准溶液(0.05mol/L)的配制与标定

取 A.R. 级 $ZnSO_4$ 约 15g,精密称定,加稀盐酸 10mL 与适量蒸馏水溶解,稀释到 1L,摇匀,即得。

精密量取 25mL 上述溶液,加甲基红指示剂 1 滴,滴加氨试液至溶液呈微黄色,再加蒸馏水 25mL,$NH_3 \cdot H_2O$-NH_4Cl 缓冲液 10mL 与铬黑 T 指示剂数滴,然后用标准 EDTA 溶液滴定至溶液由紫红色变为纯蓝色,即得。结果计算:

$$c_{ZnSO_4} = \frac{c_{EDTA} \times V_{EDTA}}{V_{ZnSO_4}}$$

3. 明矾试样的测定

取明矾试样[$KAl(SO_4)_2 \cdot 12H_2O$]1.4g,精密称定,置于 50mL 烧杯中,用适量蒸馏水溶解后转移至 100mL 容量瓶中,稀释至刻度线,摇匀。用移液管吸取 25.00mL 于 250mL 锥形瓶中,加蒸馏水 25mL,沸水浴中加热 10min,冷至室温,分别加水 100mL,20% 六次甲基四胺溶液 5mL,0.2% 二甲酚橙指示剂 4 滴,然后精密加入 0.05mol/L $ZnSO_4$ 溶液滴定至溶液由黄色变为橙色,即为终点。根据所消耗的 $ZnSO_4$ 溶液体积,计算所测明矾中铝的含量。结果计算:

$$w_{KAl(SO_4)_2 \cdot 12H_2O} = \frac{[c_{EDTA} \times V_{EDTA} - c_{ZnSO_4} \times V_{ZnSO_4}] \times \dfrac{M_{KAl(SO_4)_2 \cdot 12H_2O}}{1000}}{m_s \times \dfrac{25}{100}} \times 100\%$$

式中:$M_{KAl(SO_4)_2 \cdot 12H_2O} = 474.4 g/mol$;$m_s$ 为明矾称样质量。

4.3.5 注意事项

(1) 样品溶于水后,会因缓慢溶解而显浑浊,但在加入过量 EDTA 溶液加热后,即可溶解,故不影响测定。

(2) 加热促进 Al^{3+} 与 EDTA 的络合反应加速,一般在沸水浴中加热 3min 络合程度可达 99%,为了尽量使反应完全,可加热 10min。

(3) 在 pH<6 时,游离二甲酚橙呈黄色,滴定至 $ZnSO_4$ 稍微过量时,Zn^{2+} 与部分二甲酚橙络合成红紫色,黄色与红紫色组成橙色,故滴定至橙色即为终点。

(4) 要控制溶液的酸度为 pH 5~6,pH<4 时络合不完全,pH>7 时则生成 $Al(OH)_3$ 沉淀,控制酸度可用 HAc-NaAc 缓冲液或六次甲基四胺溶液。

4.3.6 思考题

用 EDTA 测定铝盐的含量,为什么要用间接法进行?允许的最低 pH 为多少?能用铬黑 T 为指示剂吗?

(中国药科大学 何 华)

第5章 氧化还原滴定法

实验 5.1 I_2 标准溶液（0.05mol/L）的配制与标定

5.1.1 目的与要求

（1）掌握碘标准溶液的配制方法和注意事项。
（2）了解直接碘量法的操作过程。

5.1.2 方法提要

用升华法制得的纯碘，可以直接用于配制标准溶液。但由于碘在室温时的升华压为41.33Pa，称量时易引起损失；另外，碘蒸气对天平零件具有一定的腐蚀作用，故碘标准溶液多采用间接法配制。碘在纯水中的溶解度很小，通常都是利用 I_2 与 I^- 生成 I_3^- 的反应，配制成有过量碘化钾存在的碘溶液。I_3^- 的形成增大了碘的溶解度也减小了碘的挥发损失。

由于光照和受热都能促使溶液中 I^- 的氧化。所以，配好的含有碘化钾的碘标准溶液必须放在棕色瓶中，置于暗处保存。

通常用 As_2O_3 直接标定 I_2 溶液的浓度。也可先标出 $Na_2S_2O_3$ 溶液浓度，然后再用 $Na_2S_2O_3$ 溶液标定 I_2 溶液的浓度。

As_2O_3 不易溶于水，通常先用 NaOH 溶解，以得到 Na_3AsO_3，反应式为

$$As_2O_3 + 6NaOH \Longleftrightarrow 2Na_3AsO_3 + 3H_2O$$

然后再用 H_2SO_4 中和过量的 NaOH。AsO_3^{3-} 和 I_2 之间的反应为

$$AsO_3^{3-} + I_2 + H_2O \Longleftrightarrow AsO_4^{3-} + 2I^- + 2H^+$$

反应生成 H^+。在碱性溶液中 I_2 氧化 AsO_3^{3-} 反应可达完全，但又不能在强碱性溶液中进行滴定，标定在 $NaHCO_3$ 溶液中进行，溶液的 pH 约为 8。

由反应可知，1mol 的 As_2O_3 生成 2mol Na_3AsO_3，1mol AsO_3^{3-} 与 1mol 的 I_2 等计量反应，所以 As_2O_3 与 I_2 化学计量反应的物质的量比为 1∶2。

5.1.3 操作步骤

1. I_2 溶液的配制

取 I_2 13g，加 KI 溶液（36g KI 溶于 30mL 水中），溶解后，加浓盐酸 3 滴与蒸馏水 1000mL，盛棕色瓶中，摇匀，用垂熔玻璃滤器过滤。

2. I_2 溶液的标定

（1）用 As_2O_3 标定。取在 105℃ 干燥至恒定质量的基准物 As_2O_3 约 0.2g，精密称定。加 NaOH 溶液（1mol/L）4mL，使溶解，加蒸馏水 20mL，酚酞指示剂 1 滴，滴加 H_2SO_4 液（1mol/L）至粉红色褪去。然后再加 $NaHCO_3$ 2g，蒸馏水 30mL 与淀粉指示剂 2mL，用碘液滴定至溶液显浅紫色。

按下式计算 I_2 溶液浓度

$$c_{I_2} = \frac{m_{As_2O_3} \times 2}{V_{I_2} \times \dfrac{M_{As_2O_3}}{1000}}$$

式中：$M_{As_2O_3} = 197.82 \text{g/mol}$。

（2）用 $Na_2S_2O_3$ 溶液标定。准确量取 I_2 溶液 25mL，加蒸馏水 100mL 及 HCl 溶液（4mol/L）5mL，用 $Na_2S_2O_3$ 溶液（0.1mol/L）滴定，近终点时加淀粉指示剂 2mL，继续滴定，蓝色消失。根据 $Na_2S_2O_3$ 溶液消耗的体积算出 I_2 溶液的物质的量浓度。

标定操作平行重复 3 次，相对偏差不超过 0.2%。

5.1.4 注意事项

（1）配制碘标准溶液时加入浓盐酸的目的有两个。其一是为了把 KI 试剂中可能含有的 KIO_3 杂质在标定前通过下列反应还原为 I_2

$$IO_3^- + 5I^- + 6H^+ \rightleftharpoons 3I_2 + 3H_2O$$

以免影响以后的测定。其二是因为在配制硫代硫酸钠标准溶液时加入了少量的碳酸钠，在碘溶液中加入盐酸，保证滴定反应不致在碱性环境中进行。

（2）碘溶液对橡胶有腐蚀作用，必须放在酸式滴定管中滴定。

（3）碘在稀碘化钾溶液中的溶解速率缓慢，故通常将其溶于浓碘化钾溶液中，待完全溶解后再行稀释。

5.1.5 思考题

（1）配制 I_2 标准溶液时为什么加 KI？将称得的 I_2 和 KI 一起加水到一定体积是否可以？

（2）用 As_2O_3 标定 I_2 溶液时，为什么加 NaOH、H_2SO_4 和 $NaHCO_3$？

（3）I_2 标准溶液为深棕色，装入滴定管中弯月面看不清楚，应如何读数？

（4）配制 I_2 溶液时，为什么要加入 3 滴浓盐酸？

（福建中医药大学　李　琦）

实验 5.2　$Na_2S_2O_3$ 标准溶液（0.1mol/L）的配制与标定

5.2.1 目的与要求

（1）掌握 $Na_2S_2O_3$ 标准溶液的配制方法和注意事项。

（2）学习使用碘量瓶和正确判断淀粉指示剂指示的终点。

（3）了解置换碘量法的过程、原理，并掌握用基准物 $K_2Cr_2O_7$ 标定 $Na_2S_2O_3$ 溶液浓度的方法。

（4）学习固定质量称量法。

5.2.2 方法提要

硫代硫酸钠标准溶液通常用 $Na_2S_2O_3 \cdot 5H_2O$ 配制，由于 $Na_2S_2O_3$ 遇酸即迅速分解产生 S，配制时若水中含 CO_2 较多，则 pH 偏低，容易使配制的 $Na_2S_2O_3$ 变浑浊。另外，水中若有微生物也能够慢慢分解 $Na_2S_2O_3$。因此,配制 $Na_2S_2O_3$ 通常用新煮沸放冷的蒸馏水,并先在水中加入少量 Na_2CO_3,然后再把 $Na_2S_2O_3$ 溶于其中。

标定 $Na_2S_2O_3$ 溶液可用 $KBrO_3$、KIO_3、$K_2Cr_2O_7$、$KMnO_4$ 等氧化剂,以 $K_2Cr_2O_7$ 用得最多。标定时采用置换滴定法,使 $K_2Cr_2O_7$ 先与过量 KI 作用,再用欲标定浓度的 $Na_2S_2O_3$ 溶液滴定析出的 I_2。

第一步反应为

$$Cr_2O_7^{2-} + 14H^+ + 6I^- \rightleftharpoons 3I_2 + 2Cr^{3+} + 7H_2O$$

在酸度较低时此反应完成较慢,若酸度太强又有使 KI 被空气氧化成 I_2 的危险,因此必须注意酸度的控制并避光放置 10min,此反应才能定量完成。

第二步反应为

$$2S_2O_3^{2-} + I_2 \rightleftharpoons S_4O_6^{2-} + 2I^-$$

第一步反应析出的 I_2 用 $Na_2S_2O_3$ 溶液滴定,以淀粉溶液作指示剂。淀粉溶液在有 I^- 存在时,能与 I_2 分子形成蓝色可溶性吸附化合物,使溶液呈蓝色。达到终点时,溶液中的 I_2 全部与 $Na_2S_2O_3$ 作用,则蓝色消失。但开始 I_2 太多,被淀粉吸附得过牢,不易被完全夺出,并且也难以观察终点,因此必须在滴定至近终点时方可加入淀粉溶液。

$Na_2S_2O_3$ 与 I_2 的反应只能在中性或弱酸性溶液中进行,因为在碱性溶液中会发生下面的副反应

$$S_2O_3^{2-} + 4I_2 + 10OH^- \rightleftharpoons 2SO_4^{2-} + 8I^- + 5H_2O$$

而在酸性溶液中 $Na_2S_2O_3$ 又易分解

$$S_2O_3^{2-} + 2H^+ \rightleftharpoons S\downarrow + SO_2\uparrow + H_2O$$

所以进行滴定以前溶液应加以稀释,一为降低酸度,二为使终点时溶液中的 Cr^{3+} 不致颜色太深,影响终点观察。另外 KI 浓度不可过大,否则 I_2 与淀粉所显颜色偏红紫,也不利于观察终点。

5.2.3 操作步骤

1. $Na_2S_2O_3$ 溶液的配制

在 1000mL 含有 0.2g Na_2CO_3 的新煮沸放冷的蒸馏水中加入 $Na_2S_2O_3 \cdot 5H_2O$ 26g,使完全溶解,放置 2 周后再标定。

2. $Na_2S_2O_3$ 溶液的标定

(1) 用固定质量称量法称取在 120℃ 干燥至恒定质量的基准物 $K_2Cr_2O_7$ 1.2258g 于小烧杯中,加水使溶解,定量转移到 250mL 容量瓶中,加水至刻度,混匀,备用。

(2) 用移液管量取 25.00mL $K_2Cr_2O_7$ 溶液于碘量瓶中,加 KI 2g,蒸馏水 15mL,HCl 溶液(4mol/L)5mL,密塞,摇匀,水封,在暗处放置 10min。

(3) 加蒸馏水 50mL 稀释,用 $Na_2S_2O_3$ 溶液滴定至近终点,加淀粉指示剂 2mL,继续滴定至蓝色消失而显亮绿色,即达终点。

(4) 重复标定 3 次,相对偏差不能超过 0.2%。

为防止反应产物 I_2 的挥发损失,平行实验的碘化钾试剂不要在同一时间加入,做一份加一份。

(5) 结果计算

$$c_{Na_2S_2O_3} = \frac{6 \times (cV)_{K_2Cr_2O_7}}{V_{Na_2S_2O_3}} = \frac{6 \times 0.1000 \times 25.00}{V_{Na_2S_2O_3}}$$

5.2.4 注意事项

(1) $K_2Cr_2O_7$ 与 KI 反应进行较慢，在稀溶液中更慢，故在加水稀释前，应放置 10min，使反应完全。
(2) 滴定前，溶液要加水稀释。
(3) 酸度影响滴定，应保持在 0.2~0.4mol/L 的范围。
(4) KI 要过量，但浓度不能超过 2%~4%，因为 I^- 太浓，淀粉指示剂的颜色转变不灵敏。
(5) 终点有回褪现象，如果不是很快变蓝，可认为是由于空气中氧的氧化作用造成，不影响结果；如果很快变蓝，说明 $K_2Cr_2O_7$ 与 KI 反应不完全。
(6) 近终点，即当溶液为绿中带点棕色时，才可加指示剂。
(7) 滴定开始时要掌握慢摇快滴，但近终点时，要慢滴，并用力振摇，防止吸附。

5.2.5 思考题

(1) 配制 $Na_2S_2O_3$ 溶液时为什么要提前 2 周配制？为什么用新煮沸放冷的蒸馏水？为什么要加入 Na_2CO_3？
(2) 标定 $Na_2S_2O_3$ 标准溶液时为什么要在一定的酸度范围？酸度过高或过低有何影响？为什么滴定前要先放置 10min？为什么先加 50mL 水稀释后再滴定？
(3) KI 为什么必须过量？其作用是什么？
(4) 如何防止 I_2 的挥发和空气氧化 I^-？
(5) 称取 $K_2Cr_2O_7$ 基准物 1.2258g 是怎么计算出来的？
(6) 为什么在滴定至近终点时才加入淀粉指示剂？过早加入会出现什么现象？
(7) 为什么要求使用碱式滴定管进行 $Na_2S_2O_3$ 溶液的滴定？

(福建中医药大学　李　琦)

实验 5.3　维生素 C 含量的测定(直接碘量法)

5.3.1 目的与要求

(1) 了解直接碘量法的过程及测定维生素 C 含量的操作步骤。
(2) 进一步掌握碘量法操作。

5.3.2 方法提要

I_2 是弱氧化剂，$\varphi^\ominus=0.535V$。因此，能用直接碘量法测定的物质都属于强还原剂，维生素 C 就是这类物质。维生素 C 结构中的烯二醇基能被 I_2 定量氧化成二酮基。

此反应在弱酸溶液中进行得相当完全。在中性或碱性溶液中,维生素 C 易受空气中的氧气氧化,所以实验在稀乙酸介质中完成。

5.3.3 操作步骤

取维生素 C 约 0.2g,精密称定。加新煮沸放冷的蒸馏水 100mL 与稀 HAc 10mL 的混合液,使溶解。加淀粉指示剂 1mL,立即用碘溶液(0.05mol/L)滴定至溶液显持续的蓝色。

按下式计算维生素 C 的含量

$$w_{维生素C} = \frac{c_{I_2} \times V_{I_2} \times \frac{M_{C_6H_8O_6}}{1000}}{m_s} \times 100\%$$

式中: $M_{C_6H_8O_6} = 176.12$ g/mol。

5.3.4 注意事项

(1) 维生素 C 的滴定反应多在酸性溶液(HAc、H_2SO_4、偏磷酸等)中进行,因在酸性介质中维生素 C 受空气中氧的氧化速率稍慢,较为稳定,但样品溶于稀酸后,仍需立即进行滴定。

(2) 维生素 C 在有水或潮湿的情况下易分解成糠醛。

5.3.5 思考题

(1) 为什么维生素 C 含量可以用直接碘量法测定?
(2) 如果需要应如何干燥维生素 C 样品?
(3) 溶样时为什么用新煮沸并放冷的蒸馏水?
(4) 维生素 C 本身就是一个酸,为什么测定时还要加酸?

(福建中医药大学　李　琦)

实验 5.4　铜盐的含量测定(置换碘量法)

5.4.1 目的与要求

(1) 熟悉置换碘量法测定铜的原理。
(2) 巩固碘量法操作。

5.4.2 方法提要

测定铜盐的依据是在乙酸酸性溶液中,利用过量的 KI 将 Cu^{2+} 还原成 CuI 沉淀,同时定量地置换出 I_2。反应式如下

$$2Cu^{2+} + 4I^- \rightleftharpoons 2CuI\downarrow + I_2$$

生成的 I_2 与过量的 I^- 形成配离子,即

$$I_2 + I^- \rightleftharpoons I_3^-$$

实际反应为

$$2Cu^{2+} + 5I^- \rightleftharpoons 2CuI\downarrow + I_3^-$$

所以,I^- 在这里不仅是 Cu^{2+} 的还原剂,还是反应产物 I_2 的配位剂。上述反应虽是一个可逆的

反应,但在过量 I^- 存在下,反应可以定量向右进行。

反应要求在弱酸性介质中进行,在碱性溶液中发生 I_2 的歧化反应,即

$$I_2 + 2OH^- \rightleftharpoons I^- + IO^- + H_2O$$

$$3IO^- \rightleftharpoons IO_3^- + 2I^-$$

除此副反应外,在碱性溶液中 Cu^{2+} 的水解作用使 Cu^{2+} 与 I^- 的反应速率变慢。但若酸性过强,也会发生空气氧化 I^- 形成 I_2 的反应,即

$$4I^- + O_2 + 4H^+ \rightleftharpoons 2I_2 + 2H_2O$$

置换出来的 I_2,以淀粉为指示剂,用 $Na_2S_2O_3$ 标准溶液滴定,滴定反应为

$$2S_2O_3^{2-} + I_2 \rightleftharpoons S_4O_6^{2-} + 2I^-$$

此滴定反应要求在中性或弱酸性介质中进行,如果介质酸性过强,滴定剂发生分解反应为

$$S_2O_3^{2-} + 2H^+ \rightleftharpoons SO_2\uparrow + S\downarrow + H_2O$$

如果介质呈碱性,滴定时发生如下副反应

$$S_2O_3^{2-} + 4I_2 + 10OH^- \rightleftharpoons 2SO_4^{2-} + 8I^- + 5H_2O$$

综上所述,利用置换碘量法测铜时,控制溶液 pH 3.5~4 为宜,可采用乙酸-乙酸钠或氟氢化铵(NH_4HF_2)缓冲液控制介质的 pH。

从上述讨论可知,铜盐含量测定中有关反应物化学计量的物质的量比为

$$n_{Na_2S_2O_3} : n_{I_2} : n_{Cu^{2+}} = 2 : 1 : 2$$

因此消耗 $Na_2S_2O_3$ 的物质的量也就等于未知物中铜的物质的量。

5.4.3 操作步骤

取 $CuSO_4 \cdot 5H_2O$ 约 0.5g,精密称定,置碘量瓶中,加蒸馏水 50mL,溶解后,加乙酸 4mL,碘化钾 2g,用 $Na_2S_2O_3$ 标准溶液(0.1mol/L)滴定。至近终点时,加淀粉指示剂 2mL,继续滴定至蓝色消失。

按下式计算硫酸铜的含量

$$w_{CuSO_4 \cdot 5H_2O} = \frac{c_{Na_2S_2O_3} \times V_{Na_2S_2O_3} \times \dfrac{M_{CuSO_4 \cdot 5H_2O}}{1000}}{m_s} \times 100\%$$

式中:$M_{CuSO_4 \cdot 5H_2O} = 249.71$ g/mol。

5.4.4 注意事项

(1) Cu^{2+} 与 I^- 作用生成的 CuI 沉淀强烈吸附 I_2,故要求加入 KI 后,应立即滴定;滴定时,要充分摇动锥形瓶中的溶液和沉淀,促使吸附在 CuI 沉淀上的 I_2 解吸下来,否则淀粉指示剂的蓝色会提前消失。而蓝色消失的溶液经摇动后,又出现蓝色即"回蓝"现象。如在终点前附近,加入 KSCN 试剂把 CuI 转化为对 I_2 吸附弱的 CuSCN 沉淀,释放出吸附的 I_2,可显著地改善指示剂的性能。

(2) 碘量法要注意的两个重要误差的来源:一是 I_2 的挥发;二是 I^- 被空气氧化。实验中应采取适当的措施减少或排除这两种误差。

(3) 溶液中溶解的氧对硫代硫酸钠有氧化作用

$$2Na_2S_2O_3 + O_2 \rightleftharpoons 2Na_2SO_4 + 2S\downarrow$$

此反应速率较慢,少量 Cu^{2+} 等杂质会加速此反应。

5.4.5 思考题

(1) 操作中为什么要加 HAc？

(2) I_2 易挥发，在操作过程中应如何防止 I_2 挥发所带来的误差？

（福建中医药大学　李　琦）

实验 5.5　葡萄糖的含量测定（间接碘量法）

5.5.1 目的与要求

(1) 学习间接碘量法中剩余回滴法的操作。

(2) 进行空白实验的练习。

(3) 掌握用间接碘量法测定葡萄糖的原理和方法。

5.5.2 方法提要

碘与氢氧化钠作用生成次碘酸钠

$$I_2 + 2NaOH \rightleftharpoons NaIO + NaI + H_2O$$

NaIO 在碱性介质中可把葡萄糖氧化成葡萄糖酸盐，反应式为

$$CH_2OH(CHOH)_4CHO + NaIO + NaOH \rightleftharpoons CH_2OH(CHOH)_4COONa + NaI + H_2O$$

剩余的 NaIO 在碱性溶液中转变成 $NaIO_3$ 和 NaI，反应式为

$$3NaIO \rightleftharpoons NaIO_3 + 2NaI$$

当酸化溶液时，$NaIO_3$ 又恢复成 I_2，反应式为

$$NaIO_3 + 5NaI + 3H_2SO_4 \rightleftharpoons 3I_2 + 3Na_2SO_4 + 3H_2O$$

析出的 I_2，即剩余的 I_2，可以用 $Na_2S_2O_3$ 标准溶液滴定，反应式为

$$I_2 + 2Na_2S_2O_3 \rightleftharpoons Na_2S_4O_6 + 2NaI$$

根据以上反应可知，有关反应物间化学计量的物质的量比为

$$n_{Na_2S_2O_3} : n_{I_2} : n_{NaIO} : n_{CH_2OH(CHOH)_4CHO} = 2 : 1 : 1 : 1$$

从用去的硫代硫酸钠标准溶液求得剩余 I_2 溶液的体积，进而计算葡萄糖的含量。

5.5.3 实验步骤

取样品约 0.1g，精密称定，置 250mL 碘量瓶中，加蒸馏水 30mL 使溶解。加入已知浓度的 I_2 溶液(0.05mol/L)25.00mL，在不断摇动下滴加 NaOH 溶液(0.1mol/L)40mL。密塞，暗置 10min。取出后加入 H_2SO_4 溶液(0.5mol/L)6mL，摇匀，用 $Na_2S_2O_3$ 标准溶液(0.1mol/L)回滴剩余的 I_2。接近终点时加入 2mL 淀粉指示剂，继续滴定到溶液蓝色消失，即达终点。

同时做空白实验。计算葡萄糖的含量。

$$w_{葡萄糖} = \frac{c_{Na_2S_2O_3}[V_{Na_2S_2O_3}(空白) - V_{Na_2S_2O_3}(回滴)] \times \dfrac{M_{C_6H_{12}O_6 \cdot H_2O}}{2 \times 1000}}{m_s} \times 100\%$$

式中：$M_{C_6H_{12}O_6 \cdot H_2O} = 198.2 \text{g/mol}$。

5.5.4 注意事项

NaOH 的滴加速率不宜过快,否则过量的 NaIO 来不及与葡萄糖作用,本身发生歧化反应,生成不与葡萄糖作用的 $NaIO_3$ 而导致葡萄糖氧化不完全,使结果偏低。

5.5.5 思考题

(1) 样品称取时量是如何确定的?
(2) 怎样判断接近滴定终点?如何判断滴定终点?
(3) 葡萄糖与碘(I_2)化学反应的物质的量比是多少?

(福建中医药大学　李　琦)

实验 5.6　$KMnO_4$ 标准溶液(0.02mol/L)的配制与标定

5.6.1 目的与要求

(1) 掌握 $KMnO_4$ 标准溶液的配制方法和保存方法。
(2) 掌握用 $Na_2C_2O_4$ 标定 $KMnO_4$ 溶液浓度的方法和注意事项。
(3) 练习使用自身指示剂。

5.6.2 方法提要

$KMnO_4$ 为一强氧化剂,在酸性溶液中按下式发生反应

$$MnO_4^- + 8H^+ + 5e^- \rightleftharpoons Mn^{2+} + 4H_2O$$

通常,滴定溶液中 H^+ 的浓度要保持在 1~2mol/L。

纯的 $KMnO_4$ 相当稳定。但试剂中含有的少量 MnO_2 及其他杂质,实验用水中的微量还原性物质,都会引起从配制的溶液中析出 MnO_2 或 $MnO(OH)_2$ 的沉淀。这些四价锰的物质会进一步促使 $KMnO_4$ 溶液的分解。为了得到稳定的 $KMnO_4$ 溶液,需将溶液中析出的四价锰的沉淀物质用玻璃漏斗过滤掉。

标定 $KMnO_4$ 溶液的基准物有 As_2O_3、纯铁丝等,实验室常用草酸或草酸盐进行标定。标定反应为

$$2MnO_4^- + 5C_2O_4^{2-} + 16H^+ \rightleftharpoons 2Mn^{2+} + 10CO_2\uparrow + 8H_2O$$

由于 $KMnO_4$ 和 $Na_2C_2O_4$ 反应较慢,故开始滴定时加入的 $KMnO_4$ 不能立即褪色,但一经反应生成 Mn^{2+} 后,Mn^{2+} 对反应有催化作用,反应速率加快。滴定中加热滴定溶液以提高反应速率。

当溶液中 MnO_4^- 浓度约为 2×10^{-6} mol/L 时,人眼即可观察到粉红色。故用 $KMnO_4$ 作滴定剂进行滴定时,通常不附加其他指示剂,利用粉红色的出现指示终点。

5.6.3 操作步骤

1. $KMnO_4$ 标准溶液(0.02mol/L)的配制

称取 $KMnO_4$ 3.2~3.9g,溶于 1000mL 新煮沸放冷的蒸馏水中,混匀,置棕色玻璃瓶内,

于暗处放置 7~10d,用垂熔玻璃漏斗过滤,保存于另一棕色玻璃瓶中。

2. $KMnO_4$ 标准溶液(0.02mol/L)的标定

精密称取于 105℃ 干燥至恒定质量的 $Na_2C_2O_4$ 基准物 0.15~0.2g(平行 3 份),置 400mL 烧杯中,加新鲜蒸馏水 250mL 与浓硫酸 10mL,搅拌使溶解。迅速自滴定管中加入 $KMnO_4$ 标准溶液约 25mL,待褪色后,加热至 65℃ 继续滴定至溶液显微粉红色并保持半分钟不褪色。当滴定终止时,溶液温度应不低于 55℃。

计算公式为

$$c_{KMnO_4} = \frac{m_{Na_2C_2O_4}}{V_{KMnO_4} \times \frac{5 \times M_{Na_2C_2O_4}}{2 \times 1000}}$$

式中:$M_{Na_2C_2O_4} = 134.00 \text{g/mol}$。

5.6.4 注意事项

(1) 滴定完成时,溶液温度应不低于 55℃,否则因反应速率较慢会影响终点的观察与准确性。操作中加热可使反应加快,但不应加热至沸腾,更不能直火加热,否则可能引起部分 $H_2C_2O_4$ 的分解。

$$H_2C_2O_4 \rightleftharpoons CO_2 + CO + H_2O$$

(2) Mn^{2+} 的自催化机理可能是

$$Mn^{7+} + Mn^{2+} \longrightarrow Mn^{6+} + Mn^{3+}$$
$$Mn^{6+} + Mn^{2+} \longrightarrow 2Mn^{4+}$$
$$Mn^{4+} + Mn^{2+} \longrightarrow 2Mn^{3+}$$

Mn^{3+} 与 $C_2O_4^{2-}$ 生成络合物,如 $MnC_2O_4^+$、$Mn(C_2O_4)_2^-$ 等,这类络合物自动分解成 Mn^{2+} 和 CO_2 最终产物。例如

$$MnC_2O_4^+ \longrightarrow Mn^{2+} + CO_2\uparrow + \cdot CO_2^-$$
$$Mn^{3+} + \cdot CO_2^- \longrightarrow Mn^{2+} + CO_2\uparrow$$

如果标定前溶液中没有加入 Mn^{2+},滴定生成的 Mn^{2+} 即起到自身催化剂的作用。接近终点时,溶液中 $C_2O_4^{2-}$ 浓度急剧降低,反应速率也随之变慢。

(3) $KMnO_4$ 溶液在保存时,受到热和光的辐射将发生分解。

$$4MnO_4^- + 2H_2O \rightleftharpoons 4MnO_2\downarrow + 3O_2\uparrow + 4OH^-$$

分解产物 MnO_2 会加速上面的分解反应,所以配好的溶液应放在棕色瓶中,置于冷暗处保存。

(4) $KMnO_4$ 在酸性介质中是强氧化剂,滴定到达终点的粉红色溶液在空气中放置时,由于和空气中的还原性气体或灰尘作用能引起褪色现象。

5.6.5 思考题

(1) 为什么用 H_2SO_4 使溶液呈酸性?用 HCl 或 HNO_3 可以吗?

(2) 在配制 $KMnO_4$ 标准溶液时,应注意哪些问题?为什么?

(3) $KMnO_4$ 滴定时,为何要求接近终点时放慢滴定速率?

(4) 滴定到终点的粉红色溶液为何在空气中放置过久会褪色?

(皖南医学院　王伟军)

实验 5.7　过氧化氢的含量测定

5.7.1　目的与要求

（1）熟悉用 $KMnO_4$ 标准溶液测定 H_2O_2 含量的方法。
（2）掌握液体样品的取样方法。

5.7.2　方法提要

在酸性溶液中，H_2O_2 遇氧化性比它更强的 $KMnO_4$，则按下式被氧化

$$2MnO_4^- + 5H_2O_2 + 6H^+ \rightleftharpoons 2Mn^{2+} + 5O_2 + 8H_2O$$

过氧化氢的水溶液俗称双氧水。纯的过氧化氢是淡蓝色黏稠液体，能以任何比例与水混合。市场上买到的通常是它的 30% 的水溶液，稀释后方可滴定。上述滴定反应滴定开始时比较慢，由于反应产物 Mn^{2+} 起自催化作用，故随 Mn^{2+} 的生成，反应逐渐加快。但当滴定接近终点时，由于溶液中 H_2O_2 浓度很低，反应速率也比较慢。

市售 H_2O_2 中常含有少量乙酰苯胺或尿素等作为稳定剂，它们也有还原性，妨碍测定。在这种情况下，以采用碘量法为宜。

5.7.3　操作步骤

1. 含 30% H_2O_2 的样品

量取样品 1mL，置于储有 5mL 蒸馏水并已称定质量带磨口塞的小锥形瓶中，精密称量，然后定量地转移至 100mL 容量瓶中，加水稀释至刻度，摇匀。精密吸取 10mL，置 250mL 锥形瓶中，加 H_2SO_4(1mol/L)20mL，用 $KMnO_4$ 标准溶液(0.02mol/L)滴定至显微红色即达终点。

计算公式为

$$w_{H_2O_2} = \frac{c_{KMnO_4} \times V_{KMnO_4} \times \dfrac{M_{H_2O_2} \times 5}{2 \times 1000}}{m_s \times \dfrac{10}{100}} \times 100\%$$

式中：$M_{H_2O_2} = 34.02$g/mol。

2. 含 3% H_2O_2 的样品

精密量取样品 1.00mL，置于储有蒸馏水 20mL 的锥形瓶中，加 H_2SO_4(1mol/L)20mL，用 $KMnO_4$ 标准溶液(0.02mol/L)滴定至微显红色，即达终点。

计算公式为

$$\rho_{H_2O_2} = \frac{c_{KMnO_4} \times V_{KMnO_4} \times \dfrac{M_{H_2O_2} \times 5}{2 \times 1000}}{V_s} \times 100\%$$

5.7.4　注意事项

（1）滴定开始时，滴定速率不能太快。如果加入的滴定剂过多，来不及反应，MnO_4^- 在酸

性介质中将按下式分解

$$4MnO_4^- + 12H^+ \rightleftharpoons 4Mn^{2+} + 5O_2\uparrow + 6H_2O$$

(2) 过氧化氢溶液有很强的腐蚀性，防止溅洒到皮肤或衣物上。

5.7.5 思考题

(1) 除 $KMnO_4$ 法外，还有什么方法可以测定 H_2O_2 含量？

(2) 若用碘量法测定时应怎样做？这种方法有什么优点？

（皖南医学院　王伟军）

第6章 沉淀滴定法与重量分析法

实验 6.1 氯化钠注射液的含量测定

6.1.1 目的与要求

(1) 掌握沉淀滴定法中以荧光黄为指示剂判断滴定终点。
(2) 掌握准确判断滴定终点的方法。

6.1.2 方法提要

以 $AgNO_3$ 标准溶液滴定 Cl^- 时,可用荧光黄吸附指示剂来指示滴定终点。荧光黄指示剂是一种有机弱酸,用 HFI 表示,它在溶液中解离出黄绿色的 FI^- 阴离子

$$HFI \rightleftharpoons H^+ + FI^-$$

在化学计量点前,溶液中有剩余的 Cl^- 存在,AgCl 沉淀吸附 Cl^- 而带负电荷,因此荧光黄阴离子留在溶液中呈黄绿色。滴定进行到化学计量点后,AgCl 沉淀吸附 Ag^+ 而带正电荷,这时溶液中 FI^- 被吸附,溶液变为微红色,指示终点到达。

$$\underset{\text{黄绿色}}{(AgCl)Cl^-} + FI^- \xrightarrow{\text{终点前}}\xrightarrow{\text{终点时}} \underset{\text{微红色}}{(AgCl)Ag^+ \cdot FI^-}$$

6.1.3 操作步骤

1. 0.1mol/L $AgNO_3$ 溶液的配制

称取 8.5g $AgNO_3$ 溶解于 500mL 不含 Cl^- 的蒸馏水中,将溶液转入棕色试剂瓶中,置暗处保存,以防光照分解。

2. $AgNO_3$ 溶液的标定

准确称取 0.5~0.65g NaCl 基准物于小烧杯中,用蒸馏水溶解后,转入 100mL 容量瓶中,稀释至刻度,摇匀。用移液管移取 25.00mL NaCl 溶液注入 250mL 锥形瓶中,加入 25mL 水,用移液管加入 1mL K_2CrO_4 溶液,在不断摇动下,用 $AgNO_3$ 溶液滴定至呈现砖红色,即为终点。根据所消耗 $AgNO_3$ 的体积和 NaCl 的质量,按下式计算 $AgNO_3$ 的浓度。

$$c_{AgNO_3} = \frac{m_{NaCl}}{V_{AgNO_3} \times \frac{M_{NaCl}}{1000}}$$

式中:$M_{NaCl} = 58.44 \text{g/mol}$。

3. 试样分析

精密量取氯化钠注射液本品 10mL,加水 40mL、2%糊精溶液 5mL、2.5%硼砂溶液 2mL、

在摇动下用 $AgNO_3$ 溶液避光滴定,近终点时加 5~8 滴荧光黄指示剂,继续滴定至乳液呈微红色。按下式计算注射液中氯化钠的含量。

$$w_{NaCl} = \frac{C \times V \times 10^{-3} \times \frac{M_{NaCl}}{1000}}{10.00} \times 100\%$$

式中:$M_{NaCl} = 58.44 g/mol$。

6.1.4 注意事项

实验完毕后,将装 $AgNO_3$ 溶液的滴定管先用蒸馏水冲洗 2~3 次后,再用自来水洗净,以免 AgCl 残留于管内。

6.1.5 思考题

(1) 加入糊精有什么作用?
(2) 为什么要在近终点时加荧光黄指示剂?如在滴定前加入有何影响?
(3) 使用吸附指示剂时应考虑哪些因素?

(哈尔滨医科大学　梁　迪)

实验 6.2　氯化物中氯含量的测定(铁铵矾指示剂法)

6.2.1 目的与要求

(1) 学习 NH_4SCN 标准溶液的配制和标定。
(2) 掌握用铁铵矾指示剂法返滴定氯化物中氯含量的原理和方法。

6.2.2 方法提要

在含 Cl^- 的酸性试液中,加入一定过量的 Ag^+ 标准溶液,定量生成 AgCl 沉淀后,过量 Ag^+ 以铁铵矾为指示剂,用 NH_4SCN 标准溶液回滴,由 $Fe(SCN)^{2+}$ 络离子的红色指示滴定终点。主要反应为

$$Ag^+ + Cl^- \Longrightarrow AgCl\downarrow(白色) \quad K_{sp} = 1.8 \times 10^{-10}$$
$$Ag^+ + SCN^- \Longrightarrow AgSCN\downarrow(白色) \quad K_{sp} = 1.0 \times 10^{-12}$$
$$Fe^{3+} + SCN^- \Longrightarrow Fe(SCN)^{2+}(红色) \quad K_1 = 138$$

指示剂用量大小对滴定有影响,一般控制 Fe^{3+} 浓度为 0.015mol/L 为宜。

滴定时,控制氢离子浓度为 0.1~1mol/L,剧烈摇动溶液,并加入硝基苯(**有毒!**)或石油醚保护 AgCl 沉淀,使其与溶液隔开,防止 AgCl 沉淀与 SCN^- 发生交换反应而消耗滴定剂。

测定时,能与 SCN^- 生成沉淀,或生成络合物,或能氧化 SCN^- 的物质均有干扰。PO_4^{3-}、AsO_4^{3-}、CrO_4^{2-} 等离子,由于酸效应的作用而不影响测定。

6.2.3 操作步骤

1. NH_4SCN 溶液的标定

用移液管移取 $AgNO_3$ 标准溶液 25.00mL 于 250mL 锥形瓶中,加入 5mL(1:1)HNO_3,

铁铵矾指示剂 1.0mL，然后用 NH_4SCN 溶液滴定。滴定时，剧烈振荡溶液，当滴至溶液颜色为淡红色稳定不变时即为终点。平行标定 3 份。计算 NH_4SCN 溶液浓度。

2. 试样分析

准确称取约 2g NaCl 试样于 50mL 烧杯中，加水溶解后，转入 250mL 容量瓶中，稀释至刻度，摇匀。

用移液管移取 25.00mL 试样溶液于 250mL 锥形瓶中，加 25mL 水、5mL(1:1)HNO_3，由滴定管加入 $AgNO_3$ 标准溶液至过量 5～10mL(加入 $AgNO_3$ 溶液时，生成白色 AgCl 沉淀，接近计量点时，AgCl 要凝聚，振荡溶液，再让其静置片刻，使沉淀沉降，然后加入几滴 $AgNO_3$ 到清液层。如不生成沉淀，说明 $AgNO_3$ 已过量，这时，再适当过量 5～10mL $AgNO_3$ 即可)。然后，加入 2mL 硝基苯，用橡皮塞塞住瓶口，剧烈振荡半分钟，使 AgCl 沉淀进入硝基苯层而与溶液隔开。再加入铁铵矾指示剂 1.0mL，用 NH_4SCN 标准溶液滴至出现淡红色的 $Fe(SCN)^{2+}$ 络合物稳定不变时即为终点。平行测定 3 份。计算 NaCl 试样中氯的含量。

6.2.4 思考题

(1) 福尔哈德法测氯时，为什么要加入石油醚或硝基苯？当用此法测定 Br^-、I^- 时，还需加入石油醚或硝基苯吗？

(2) 试讨论酸度对福尔哈德法测定卤素离子含量时的影响。

(3) 本实验为什么用 HNO_3 酸化？可否用 HCl 溶液或 H_2SO_4 酸化？为什么？

(哈尔滨医科大学　宋小丹)

实验 6.3　胆酸的含量测定

6.3.1 目的与要求

(1) 掌握炽灼残渣检查法的基本原理。
(2) 熟悉炽灼残渣检查法的操作过程。

6.3.2 方法提要

样品的炭化，是炽灼残渣检查法的关键操作，样品开始炭化时，注意缓缓加热，避免样品骤然升温而膨胀逸出，引起样品损失而造成结果不准确。首先将坩埚斜置于电炉上(如用酒精灯或煤气灯加热，需将坩埚斜置于泥三角上)，先将周围小心加热，使样品逐渐炭化，以免样品溅出坩埚外，待样品完全熔融后，再逐渐升高温度。切不可高温直接加热坩埚底部，使样品全部受热而引起暴沸，待样品完全炭化呈黑色并不再冒烟后，取下坩埚放冷至室温。

炭化物放冷至室温后，加硫酸 0.5～1mL 使其湿润，硫酸最好滴加，并使炭化样品全部湿润，然后在电炉上缓慢升高温度，加热至硫酸蒸气完全除尽，白烟完全消失，取下坩埚放冷至室温。这里所用硫酸应注意纯度，否则应做空白实验。

6.3.3 操作步骤

1. 空坩埚恒定质量

取坩埚置于高温炉内，将盖子斜盖在坩埚上，经加热至 700～800℃ 炽灼 30～60min，停止加热,待高温炉温度冷却至300℃左右,取出坩埚,置适宜的干燥器内,盖好坩埚盖,放冷至室温,精密称定坩埚质量(准确至0.1mg)。再在同样条件下重复操作,直至质量恒定,备用。

2. 称量

取胆酸1.0~1.2g置已炽灼至恒定质量的坩埚内,精密称定。

3. 炭化

将盛有胆酸的坩埚置电炉上缓缓灼烧,炽灼至胆酸全部炭化呈黑色,并不冒浓烟,放冷至室温。

4. 灰化

滴加硫酸0.5~1mL,使炭化物全部湿润,继续在电炉上加热至硫酸蒸气除尽,白烟完全消失,将坩埚置高温炉内,坩埚盖斜盖于坩埚上,在700~800℃炽灼60min,使胆酸完全灰化。

5. 恒定质量

停止加热,待高温炉温度冷却至300℃左右,取出坩埚,置适宜的干燥器内,盖好坩埚盖,放冷至室温,精密称定坩埚质量(准确至0.1mg)。再在同样条件下重复操作,直至质量恒定。

6.3.4 思考题

(1) 在灰化过程中应该要注意的问题。
(2) 计算测定结果的精密度,估计测得结果的准确度,分析有关的影响因素。

6.3.5 实验报告数据与计算示例

项目	Ⅰ	Ⅱ	Ⅲ
空坩埚恒定质量/g	12.1247	11.5471	12.8136
	12.1248	11.5470	12.8136
(称量瓶+样品)质量/g	9.4453	9.1412	9.7448
称量瓶质量/g	8.3412	7.9448	7.5543
样品质量/g	1.1041	1.1964	1.1905
灼烧后恒定质量	13.2398	12.7373	13.9945
(坩埚+胆酸)质量/g	13.2399	12.7374	13.9946
胆酸质量/g	13.2399	12.7374	13.9946
	12.1247	11.5470	12.8136
	1.0929	1.1904	1.1810

计算式为

$$w_{胆酸} = \frac{m_{胆酸}}{m_s} \times 100\%$$

结果:

项目	Ⅰ	Ⅱ	Ⅲ
$w_{胆酸}$/%	98.99	99.50	99.20
平均值/%		99.23	
相对平均偏差/%		0.19	

(哈尔滨医科大学　梁　迪)

实验6.4　氯化钡结晶水的测定

6.4.1　目的与要求

(1) 通过实验进一步巩固分析天平的使用。
(2) 掌握间接重量法测定水分的原理和方法。

6.4.2　方法提要

干燥失重法常用于固体试样中水分、结晶水或其他易挥发组分的含量测定。将试样放入电热干燥箱中进行常压加热,提高了试样内部水的蒸气压,而环境空气由于含水量并未增加,其水汽分压也未增加,结果使环境的相对湿度大大降低。试样中的水分就向外扩散,达到干燥脱水的目的。$BaCl_2 \cdot 2H_2O$ 包藏水很少,在一般情况下两分子结晶水较稳定,于100℃易失去结晶水,无水物不挥发也不变质,故干燥温度可高于100℃。在105~110℃加热可有效地脱除 $BaCl_2 \cdot 2H_2O$ 样品中的结晶水。

6.4.3　操作步骤

取直径约3cm的扁形称量瓶2~3个,洗净,放电热干燥箱中105℃干燥后,置干燥器中放冷至室温(20min),称量。再烘,放冷,称量。至连续两次称量之差不大于0.3mg。

以分析试剂(或二级试剂)$BaCl_2 \cdot 2H_2O$ 为样品,在研钵中研成粗粉,分别精密称取2~3份试样,每份约1g,置已恒定质量的称量瓶中,平铺于器皿底部。将称量瓶盖斜放于瓶口。置电热干燥箱中105℃干燥1h(也可150~200℃干燥半小时)。盖好称量瓶盖,并移至干燥器中,放置20min,冷至室温,称定质量。再重复如上操作,直至连续两次称量差值不超过0.3mg。计算含水量。

理论含水量为14.75%(2×18.015/244.27),测得值应在14.75%±0.05%范围。

6.4.4　思考题

(1) 什么是恒定质量?恒定质量为什么要在相同条件下进行?
(2) 样品为什么要研碎?是否研得越细越好?
(3) 加热干燥后的称量瓶和样品,在称量前为什么必须放在干燥器中冷却?冷却不充分对称量结果会产生什么影响?

6.4.5 实验报告数据与计算示例

项目	I	II	III
空称量瓶质量/g	20.0241 20.0240	17.2232 17.2233	18.8541 18.8540
(称量瓶+样品)质量/g	21.1088	18.1947	19.9072
干燥恒定质量/g	20.9495 20.9484 20.9482	18.0518 18.0519	19.7518 19.7516
样品质量/g	21.1088 20.0240 1.0848	18.1947 17.2232 0.9715	19.9072 18.8540 1.0532
失重/g	21.10088 20.9482 0.1606	18.1947 18.0518 0.1429	19.9072 19.7516 0.1556

计算式为

$$结晶水含量 = \frac{失重}{样品质量} \times 100\%$$

结果：

项目	I	II	III
含水量/%	14.80	14.71	14.77
平均值/%		14.76	
相对平均偏差/%		0.2	

(哈尔滨医科大学　宋小丹)

实验6.5　硫酸钠的含量测定

6.5.1　目的与要求

(1) 掌握沉淀重量法的基本操作。
(2) 了解晶形沉淀的沉淀条件。

6.5.2　方法提要

在 HCl 酸性溶液中，用 $BaCl_2$ 作为沉淀剂使硫酸盐成 $BaSO_4$ 晶形沉淀析出。经洗涤灼烧后称定 $BaSO_4$ 质量，换算成样品中 Na_2SO_4 含量。$BaSO_4$ 溶解度受温度影响较小(25℃时 100mL 中溶解 0.25mg，100℃时 0.4mg)，可用热水洗涤沉淀。

HCl 酸性可防止 CO_3^{2-}、PO_4^{3-} 等与 Ba^{2+} 沉淀。但酸可增大 $BaSO_4$ 的溶解度(0.1mol/L HCl 中为 1mg/100mL，0.5mol/L HCl 中为 4.7mg/100mL)，故以 0.05mol/L HCl 浓度为宜。又有过量 Ba^{2+} 的同离子效应存在，所以溶解度损失可忽略不计。Cl^-、NO_3^-、ClO_3^- 等阴

离子能形成钡盐与 $BaSO_4$ 共沉淀，H^+、K^+、Na^+、Ca^{2+} 等可与 SO_4^{2-} 参与共沉淀，所以应在热稀溶液中进行沉淀。共沉淀中的包藏水含量可达千分之几，应通过 500℃ 以上灼烧除去。灼烧时需防滤纸炭化对沉淀的还原作用，应在空气流通下灼烧并防止滤纸着火。

$$BaSO_4 + 4C \longrightarrow BaS + 4CO$$

以 SO_4^{2-} 为沉淀剂加入 Ba^{2+} 溶液的沉淀方式可引入较大的共沉淀误差。

6.5.3 操作步骤

取样品约 0.4g（或其他可溶性硫酸盐，含硫量约 90mg），精密称定。置烧杯中，加水溶解，加盐酸 1mL，用水稀释至约 200mL，石棉网上加热至近沸。另行准备加热近沸的 $BaCl_2$ 溶液（0.1mol/L）30~35mL，不断搅拌样品溶液，缓缓滴入 $BaCl_2$ 的热溶液，直至不再产生沉淀，再稍加过量。盖上表面皿继续加热陈化半小时，停止加热，静置放冷。

用致密滤纸以倾泻法过滤。用洁净容器接收滤液，检查证实无沉淀穿滤现象。杯内沉淀用少量热蒸馏水倾泻法洗涤 3~4 次后，将沉淀用少量水移入滤器，并擦扫冲洗使沉淀全部移入滤纸内。滤纸上的沉淀，每次以少量水洗，直洗至滤液不显 Cl^- 反应。

将沉淀包裹于滤纸中，置已经恒定质量的坩埚中烘干，小火炭化，大火灼烧至黑炭全部被氧化，沉淀变白。竖直坩埚，红热灼烧 20min。稍冷，置于干燥器中 30min 后称量。再重复灼烧 10min，放冷称量，直至质量恒定。沉淀质量乘以 0.6086 即为 Na_2SO_4 的质量。

6.5.4 思考题

(1) 实验中在哪个步骤后检查沉淀是否完全？又在哪个步骤后检查洗涤是否完全？为什么？

(2) 结合实验说明形成晶形沉淀的条件有哪些？

(3) 小结使沉淀完全和沉淀纯净的措施。

(4) 计算测定结果的精密度，估计测得结果的准确度，分析有关的影响因素。

6.5.5 实验报告数据与计算示例

项目	Ⅰ	Ⅱ	Ⅲ
空坩埚恒定质量/g	12.1247	11.5471	12.8136
	12.1248	11.5470	12.8136
（称量瓶+样品）质量/g	8.7453	8.3412	7.9448
称量瓶质量/g	8.3412	7.9448	7.5543
样品质量/g	0.4041	0.3964	0.3905
灼烧后恒定质量 （坩埚+$BaSO_4$）质量/g	12.7822	12.1956	13.4502
	12.7820	12.1951	13.4501
		12.1952	
$BaSO_4$ 质量/g	12.7820	12.1951	13.4501
	12.1247	11.5470	12.8136
	0.6573	0.6481	0.6365

换算因数：$M_{Na_2SO_4}/M_{BaSO_4}=142.04/233.39=0.6086$。

计算式为

$$w_{Na_2SO_4}=\frac{m_{BaSO_4}\times 0.6086}{m_s}\times 100\%$$

结果：

项目	I	II	III
$w_{Na_2SO_4}/\%$	98.99	99.50	99.20
平均值/%		99.23	
相对平均偏差/%		0.19	

（哈尔滨医科大学　宋小丹）

实验 6.6　葡萄糖干燥失重的测定

6.6.1　目的与要求

（1）进一步巩固分析天平的使用。
（2）掌握干燥失重的测定原理和方法。
（3）明确恒定质量的意义。

6.6.2　方法提要

干燥失重法常用于固体试样中水分、结晶水或其他易挥发组分的含量测定。应用挥发重量法，将样品加热到一定的温度，使其中的水分及挥发性物质逸出后，根据减失的质量和取样量计算样品的干燥失重。

6.6.3　仪器与试剂

仪器：分析天平，扁形称量瓶，干燥器，恒温干燥箱。
试剂：葡萄糖。

6.6.4　操作步骤

1. 空称量瓶干燥恒定质量

将洗净的扁形称量瓶置恒温干燥箱中，打开瓶盖，放于称量瓶旁（或将瓶盖半开），于105℃进行干燥。取出称量瓶，加盖，置于干燥器中冷却（约30min）至室温，精密称定，直至质量恒定。

2. 试样干燥失重的测定

取葡萄糖试样（若试样结晶较大，应先捣碎成2mm以下的颗粒）约1g，置已恒量的称量瓶中，使样品平铺在称量瓶底部（厚度不超过5mm），加盖，精密称定。置干燥箱中，开瓶盖，逐渐升温,并于105℃干燥,直至恒量。平行测定2~3次。

3. 计算方法

根据试样干燥前后的质量,按下式计算试样的干燥失重

$$葡萄糖干燥失重(\%) = \frac{W-S}{W} \times 100\%$$

式中:W 为干燥前试样的质量(g);S 为干燥后试样的质量(g)。

6.6.5 实验报告数据与计算示例

平行测定次数	Ⅰ	Ⅱ
空称量瓶质量/g	20.0240	17.2232
干燥前试样的质量/g	21.5885	18.4274
干燥后试样的质量/g	21.4565	18.3255
样品干燥失重/g	0.1320	0.1019
葡萄糖干燥失重/%	8.437	8.462
平均值/%	8.450	
相对平均偏差/%	0.15	

6.6.6 注意事项

(1) 干燥至恒量,除另有规定外,是指在规定条件下连续两次干燥后称量的差异在0.3mg以下的质量。

(2) 样品在干燥器中每次冷却时间应相同。

(3) 称量要迅速,以免试样或称量瓶在空气中久置吸湿而不易达恒量。

(4) 扁形称量瓶烘干后,取出置于干燥器中冷却,切勿将盖子盖严,以防冷却后很难将它打开。

(5) 葡萄糖受热温度较高时可能融化于吸湿水及结晶水中,因此测定本品干燥失重时,宜先于较低温度(60℃左右)干燥一段时间,使大部分水分挥发后再在105℃下干燥至恒量。

6.6.7 思考题

(1) 什么是干燥失重?加热干燥适宜于哪些药物的测定?

(2) 什么是恒量?影响恒量的因素有哪些?恒量时,几次称量数据哪一次为实重?

(3) 粗样为什么要研碎?

(哈尔滨医科大学　宋小丹)

下篇

仪器分析

第7章 电位法与永停滴定法

实验7.1 用pH计测定溶液的pH

7.1.1 目的与要求

(1) 掌握用pH计测定溶液pH的方法。
(2) 通过实验,加深对用pH计测定溶液pH原理的理解。

7.1.2 方法提要

直接电位法测定溶液pH常用玻璃电极作指示电极(负极),饱和甘汞电极作参比电极(正极),浸入待测溶液中组成原电池:

(−)Ag,AgCl(s) | HCl(0.1mol/L) | 玻璃膜 | 待测溶液 ‖ KCl(饱和) | Hg_2Cl_2(s),Hg(+)

电池的电动势为

$$E = \varphi_+ - \varphi_- = \varphi_{甘} - \varphi_{玻}$$

$$= \varphi_{甘} - \left(K_{玻} - \frac{2.303RT}{F}\text{pH}\right)$$

$$= (\varphi_{甘} - K_{玻}) + \frac{2.303RT}{F}\text{pH}$$

$$= K + 0.059\text{pH}(25℃)$$

由上式可见,原电池的电动势(E)与溶液的pH呈线性关系,斜率为$2.303RT/F$,它是指溶液pH变化一个单位时,电池的电动势变化$2.303RT/F$(V)。pH计实际上是一个特殊的测量电位的装置,为了直接读出溶液的pH,pH计上选择开关旋钮除了mV挡外,还设有pH挡,pH计上相邻两个读数间隔相当于$2.303RT/F$(V)的电位。此值随温度的改变而改变,故pH计上都设有温度补偿旋钮,以消除温度对测定的影响。

由于K值受诸多不确定因素影响,难以准确测定或计算得到,因此在实际中,用pH计测定溶液pH采用"两次测量法",即先用一种标准缓冲溶液校准pH计(称为"定位"),然后再在相同条件下测待测溶液的pH,便可消除K值的影响,其原理是

$$E_S = K + \frac{2.303RT}{F}\text{pH}_S$$

$$E_X = K + \frac{2.303RT}{F}\text{pH}_X$$

两式相减,得

$$E_S - E_X = \frac{2.303RT}{F}(\text{pH}_S - \text{pH}_X)$$

$$\text{pH}_X = \text{pH}_S + \frac{E_X - E_S}{2.303RT/F}$$

$$pH_X = pH_S + \frac{E_X - E_S}{0.059} \quad (25℃)$$

在校准时,应选用与待测溶液的 pH 尽量接近的标准缓冲溶液,以消除残余液接电位所引起的测量误差。有时校准后,还要选用与校准时所用标准缓冲溶液的 pH 相差约 3 个单位的另一种标准缓冲溶液来检验。

7.1.3 仪器与试剂

仪器:pH 计(25 型、pHS-2 型、pHS-25 型、pHS-3C 型等),pH 复合电极(E-201-C 型等)[或 pH 玻璃电极(221 型、231 型等)、饱和甘汞电极(222 型、232 型等)],温度计,烧杯(50mL 或 100mL),广泛 pH 试纸,点滴板,玻璃棒。

试剂:标准缓冲溶液,待测溶液。

7.1.4 操作步骤

1. 安装电极及 pH 计预热

先用电极夹固定好电极,然后将 pH 复合电极插头插入 pH 计测量电极插座上(或将 pH 玻璃电极、饱和甘汞电极的插头插入 pH 计相应的接口),旋紧。开 pH 计电源开关,选择开关旋钮调到 pH 挡,预热一段时间使仪器稳定。

2. 粗测待测溶液的 pH

用烧杯装入一定量的待测溶液,用玻璃棒蘸一点待测溶液,接触放在点滴板上的 pH 试纸,与比色卡对比颜色,粗测各待测溶液的 pH。

3. 消除温度对测定的影响

测量标准缓冲溶液的温度,调温度补偿旋钮至该温度。把斜率调节旋钮顺时针旋到底。

4. pH 计的校准、检验

(1)校准。将电极插入某种标准缓冲溶液中,轻摇烧杯使溶液均匀,调定位旋钮,使 pH 计显示的读数与该温度时标准缓冲溶液的准确 pH(表 7-1)相一致。

(2)检验。将电极插入另一种标准缓冲溶液(与校准时所用标准缓冲溶液的 pH 相差约 3 个单位)中,轻摇烧杯使溶液均匀,调斜率调节旋钮,使 pH 计显示的读数与该温度时该标准缓冲溶液的准确 pH(表 7-1)相一致。如调不到数值一致,则要看这两数值之间是否大于表 7-2 所规定的仪器示值准确性的误差范围,若超过误差范围,以后所测的待测溶液的 pH 需要校正,否则便无需校正。

5. 测定待测溶液的 pH

如果待测溶液的温度与标定时标准缓冲溶液的温度相同,将电极插入待测溶液中,轻摇烧杯使溶液均匀,用 pH 计测定待测溶液的 pH,读数 3 次。如果待测溶液的温度与标定时标准缓冲溶液的温度不同,调温度补偿旋钮,使指示在待测溶液的温度值上,再插入电极测定,轻摇均匀后读数。

表 7-1 标准缓冲溶液表

缓冲溶液 pH 温度/℃	草酸三氢钾标准缓冲液	25℃饱和酒石酸氢钾溶液	邻苯二甲酸氢钾标准缓冲液	混合磷酸盐标准缓冲液	硼砂标准缓冲液	25℃饱和氢氧化钙溶液
0	1.67	—	4.01	6.98	9.46	13.42
5	1.67	—	4.00	6.95	9.39	13.21
10	1.67	—	4.00	6.92	9.33	13.01
15	1.67	—	4.00	6.90	9.28	12.82
20	1.68	—	4.00	6.88	9.23	12.64
25	1.68	3.56	4.00	6.86	9.18	12.46
30	1.68	3.55	4.01	6.85	9.14	12.29
35	1.69	3.55	4.02	6.84	9.10	12.13
40	1.69	3.55	4.03	6.84	9.07	11.98
45	1.70	3.55	4.04	6.83	9.04	11.83

表 7-2 pH 计检定项目和要求

仪器级别	最小分度值	示值准确性			示值重复性	刻度正确性 $\Delta pH_L/3pH$	温度补偿正确性 $\Delta pH_T/3pH$
		pH<3	3<pH<10	pH>10			
0.02	0.02	±0.03	±0.02	±0.06	0.01	±0.01	±0.01
0.05	0.05	±0.05	±0.05	±0.08	0.03	±0.03	±0.03
0.1	0.1	±0.1	±0.1	±0.1	0.05	±0.05	±0.05

7.1.5 注意事项

(1) 玻璃电极下端的玻璃球很薄,所以切忌与硬物接触,一旦破裂,电极则完全失效。

(2) 玻璃电极使用前,应把玻璃球部位浸泡在蒸馏水中至少一昼夜。若在 50℃蒸馏水中保温 2h,冷却至室温后可当天使用。不用时也最好浸泡在蒸馏水中,供下次使用。

(3) 玻璃电极测定碱性溶液时,应尽量快测,对于 pH>9 的溶液的测定,应使用高碱玻璃电极。在测定胶体溶液、蛋白质或染料溶液后,玻璃电极宜用棉花或软纸蘸乙醚小心地轻轻擦拭,然后用酒精洗,最后用水洗。电极若沾有油污,应先浸入酒精中,其次移至乙醚或四氯化碳中,然后再移至酒精中,最后用水洗。

(4) 使用甘汞电极时,注意 KCl 溶液应浸没内部的小玻璃管下端,且在弯管内不能有气泡将溶液隔断,如有气泡应轻轻振荡除去。

(5) 饱和甘汞电极在使用时需将加液口的小橡皮塞及最下端的橡皮套取下,以保持足够大的电位差。饱和甘汞电极不用时,再套好小橡皮塞和橡皮套,存放于电极盒内。

(6) 甘汞电极内装饱和 KCl 溶液,并应有少许 KCl 结晶存在。注意不要使饱和 KCl 溶液放干,以防电极损坏。

(7) 安装电极时,应使甘汞电极下端较玻璃电极下端稍低 2~3mm,以防玻璃电极碰触杯底而破损。

(8) 校准仪器时应尽量选择与待测溶液 pH 接近的标准缓冲溶液,pH 相差不应超过 3 个单位。

(9) 校准仪器的标准溶液与待测溶液的温度相差不应大于1℃。

(10) 更换溶液测定,必须先用蒸馏水冲净电极,并用滤纸吸干其上面的水珠。

(11) 电极插入烧杯中的溶液后,待轻轻摇动烧杯使里面的溶液均匀后,才调定位旋钮或斜率调节旋钮,或直接读数。

(12) 仪器使用后,电源开关应在关处,量程选择开关应在"0"。

(13) 本仪器应置于干燥环境,并防止灰尘及腐蚀性气体侵入。

7.1.6 思考题

(1) 请从原理上说明 pH 计的温度补偿旋钮和定位旋钮的作用。

(2) pH 计为什么要用标准缓冲溶液进行校准?校准时应注意什么?校准后,能否再调动定位旋钮和斜率调节旋钮?

(3) pH 计能否测定有色溶液或浑浊溶液的 pH?

(4) pH 玻璃电极在使用前应如何处理?为什么?

(5) 应如何维护饱和甘汞电极?

(6) 用 pH 计测定溶液 pH 时,常用的标准缓冲溶液有哪些?使用时应注意什么?

【附一】 6 种常用的标准溶液的配制

(1) 草酸三氢钾[$KH_3(C_2O_4)_2 \cdot 2H_2O$]标准缓冲溶液(0.05mol/L)。称取在(54±3)℃干燥 4~5h 的草酸三氢钾 12.61g,溶于蒸馏水,并稀释至1L。

(2) 25℃饱和酒石酸氢钾溶液。在磨口玻璃瓶中装入蒸馏水和过量的酒石酸氢钾($KHC_4H_4O_6$)粉末(约 20g/L),温度控制在(25±5)℃,剧烈摇动 20~30min,溶液澄清后,用倾泻法取其清液备用[如果用于 0.02 级的 pH 计,饱和温度应控制在(25±3)℃]。

(3) 邻苯二甲酸氢钾($KHC_8H_8O_4$)标准缓冲溶液(0.05mol/L)。称取在(115±5)℃干燥 2~3h 的邻苯二甲酸氢钾 10.12g,溶于蒸馏水,并稀释至1L。

(4) pH 6.8 磷酸盐标准缓冲溶液。分别称取在(115±5)℃干燥 2~3h 的磷酸氢二钠(Na_2HPO_4)3.533g 和磷酸二氢钾(KH_2PO_4)3.387g,溶于预先煮沸过15~30min的冷却蒸馏水,并稀释至 1L。

(5) 硼砂标准缓冲溶液(0.01mol/L)。精密称取硼砂($Na_2B_4O_7 \cdot 10H_2O$)3.80g(**注意**:不能烘烤),溶于预先煮沸过 15~30min 的冷却蒸馏水,并稀释至 1L,装在聚乙烯塑料瓶中密闭保存。

(6) 25℃饱和氢氧化钙溶液(约 0.02mol/L)。在瓶中装入蒸馏水和过量的氢氧化钙粉末(约 10g/L)。温度控制在(25±5)℃,剧烈振摇 20~30min,迅速抽滤清液,置聚乙烯瓶中密闭保存。

标准缓冲液一般可保存使用 2~3 个月。但保存期间若发现浑浊、发霉、沉淀等现象时,便不能继续使用。

【附二】 pHS-2C 型酸度计测定溶液 pH 的方法

pHS-2C 型酸度计为数字显示与复合电极(玻璃电极与饱和甘汞电极复合)配套的酸度计。pHS-2C 型酸度计外形如图 7-1 所示。

(1) 电极安装。将仪器背后的短路插头拔去，把复合电极插在电极插座上，电极插入溶液中。

(2) 预热。将仪器分析开关置"pH"挡，接通电源，预热数分钟。

(3) 温度补偿。调节温度补偿旋钮，使所指示的温度与待测溶液的温度相同。

(4) pH 校正。分为一点与二点校正法。用一种或两种标准缓冲溶液校准仪器时，分别称为一点或二点校正法。分析准确度要求高时，用二点校正法，一般测量用一点校正法即可。用一点校正法时，标准缓冲溶液的 pH 应尽量与待测溶液的 pH 接近；用二点校正法时，待测溶液的 pH 应在两种标准缓冲溶液之间，并且以接近为好。

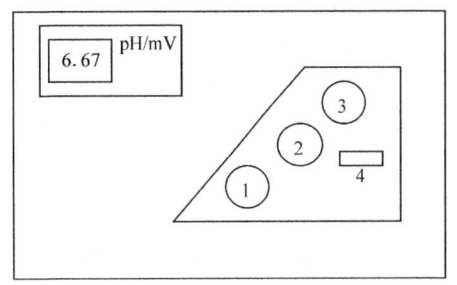

图 7-1　pHS-2C 型酸度计外形图
1. 温度调节钮；2. 斜率调节钮；
3. 定位钮；4. pH 电位选择开关

一点校正法　① 仪器斜率调节器置 100% 位置（顺时针旋到底）；② 将电极放入标准缓冲溶液中；③ 调节温度调节器，达标准缓冲溶液的温度；④ 待读数稳定后，该读数应为标准缓冲溶液的 pH，否则调节定位器，至读数正确为止；⑤ 清洗电极，并用滤纸吸干电极球泡表面的余水，以备下步测量。

(5) 样品溶液的 pH 测量。将电极插入待测溶液中，摇动溶液使之均匀，待读数稳定后读取 pH。

校准好仪器，并将复合电极浸泡于蒸馏水中，若温度不变，一般 24h 内无需重新校准。

(6) 测量完毕，按下电源按键，切断电源，将复合电极洗净，浸泡于蒸馏水中，备用。

【附三】　**25 型 pH 计测定溶液 pH 的方法**

(1) 电极安装。电极安装在 pH 计右侧金属架上，电极导线接仪器的插孔及接线柱上。某些 222 型参比电极无导线，可不接，因为电极架与接线柱在仪器内部是接通的。

注意：玻璃电极的玻璃球极薄，安装电极时要十分小心，防止玻璃电极碰破。

pH 计外形见图 7-2。

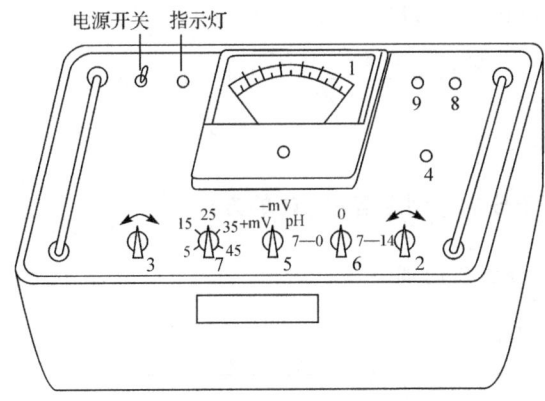

图 7-2　25 型 pH 计外形图
1. 指示电表；2. 零点调节器；3. 定位调节器；4. 读数开关；5. pH-mV 开关；
6. 量程选择开关；7. 温度补偿器；8. 玻璃电极插孔；9. 参比电极接线柱

(2) 接电源,开启电源开关,预热 30min,即可使用。

(3) 将 pH-mV 开关置于 pH 挡。

(4) 校准。将参比电极的毛细管部分(要摘去橡皮套)和玻璃电极的玻璃球全部浸入已知 pH 的标准缓冲液中,并轻轻晃动烧杯。

调节温度钮,使与杯内溶液的温度一致。

范围开关拨至 7—0 或 7—14。使读数钮在弹起的位置(此时仪器与电极不通),调节零点钮使指针在 7 的位置。按下读数钮并略加转动,即可固定在按下的位置(此时仪器与电极接通),调定位钮使指针读数与已知 pH 一致。抬起读数钮,再检查零点(指针是否还在 7),必要时重调零点及定位。抬起读数钮,取出电极,用蒸馏水冲洗电极,必要时用软质的滤纸轻靠电极,吸去电极上的水。

校准后切勿再旋动定位钮,否则必须重新校准。校准后在半天至一天内可以不必重新校准。

(5) 测定。用待测溶液洗涤电极,然后将电极浸入待测溶液中,并轻轻晃动烧杯。最好是调节待测溶液温度与标准溶液温度一致,可调节温度钮至待测溶液温度处,按下读数钮,电表所指读数即为待测溶液的 pH。**注意**:未按下读数钮时,指针应指在 7,否则用零点调节器调至 7,然后再按下读数钮测定。如指针摆向 7 以外,应变换量程选择开关位置。

(6) 测定后将读数钮抬起,并洗净电极。

说明:对 25 型 pH 计来说,检验时应该符合上述要求,用这样的 pH 计测定溶液的 pH 时,若校准用的标准溶液与待测溶液的 pH 相差不大于 3 个单位,则测得 pH 的误差不会超过 ±0.1pH,其准确度可以满足一般工作的要求。但有时由于 pH 计的性能不够好,或是玻璃电极性能上有缺陷(如薄膜老化或污染),检验时不能符合上述要求。玻璃电极的缺陷可以借更换新的玻璃电极发现并克服。若是 pH 计的缺陷,则为了测准待测溶液的 pH,可采取两种措施。其一,用与待测溶液的 pH 尽量接近的标准缓冲溶液校准 pH 计;其二,用计算的方法加以校正,举例如下。

某 pH 计,当以 pH = 4.00 的标准缓冲液校准,测定 pH = 6.88 的标准缓冲液时,得 pH 为 6.83。现用此 pH 计测定待测溶液的 pH(pH = 4.00 的标准缓冲液校准),得 pH 读数为 5.84,计算该溶液的 pH。

$$(6.88-4.00):(6.83-4.00)=(x-4.00):(5.84-4.00)$$

$$x=\frac{2.88\times1.84}{2.83}+4.00=5.87$$

待测溶液的 pH 为 5.87。

【附四】 PXSJ-216 型离子分析仪测定溶液 pH 的方法

1. PXSJ-216 型离子分析仪的调节

(1) 216 后面板示意图:

温度传感器	A 测量电极	参比电极	打印机电源
复位按键	B 测量电极	参比电极	保险丝

① 打开开关,仪器显示:PRINTER ERROR TYPE YES TO CONTINUE,表示打印机没有连接,按"YES"键,按"ZERO"键调零,再按"YES"键,可以继续工作。
② 将电极插口转换器连接好。
③ 参比电极和测量电极同时分别接到 A 端或者同时分别接到 B 端。
④ 仪器操作过程中,出现差错或死机现象,按"复位按键"可以使仪器回到起始准备状态。
(2) 仪器显示:MAIN MENU PRESS 0—9 TO CHOOSE! 按"1"键。
(3) 仪器显示:pH—pX PRINTER ERROR TYPE YES TO CONTINUE,按"YES"键,仪器显示:pH—pX 0,ESC 1,pH 2,C 3,P OFF 4,M。

2. 斜率校准(两点校准法)

按键	显示	操作
2	CALIBRATIONSLOPE=59.16 OK?	
NO	PRESS 1、2、3、4 TO DO CALIBRATION	
2(两次校准代码)	INPUT CSTD1 pH>	
4.00 ↵	STD1 mV=	电极插入 A 溶液
	STD1 mV=___mV	读数稳定后记录
YES	INPUT CSTD2 pH>	
9.18 ↵	STD2 mV=	电极插入 B 溶液
	STD2 mV=___mV	读数稳定后记录
YES	CALIBRATION SLOPE=___OK?	
YES	pH—pX 0,ESC 1,pH 2,C 3,P OFF 4,M	

校准好的斜率就存放在仪器中,在下面的测量中就可直接应用。

3. pH-pX 测量模式(循环操作)

按键	显示	操作
4	SAMPLE mV=___mV	读数稳定后记录
YES	SAMPLE pH =___pH	读数稳定后记录
STOP	pH—pX 0,ESC 1,pH 2,C 3,P OFF 4, M	

(广东药学院　钟　晨)

实验 7.2　用氟离子选择性电极测定氟离子浓度

7.2.1　目的与要求

(1) 掌握标准曲线法用氟离子选择性电极测定氟离子浓度的方法。
(2) 熟悉 TISAB 的配制及使用。

7.2.2　方法提要

(1) 氟离子选择性电极是由 LaF 单晶薄膜,内参比电极(Ag-AgCl 电极)及内充液(NaF-NaCl 溶液)等构成。当将其插入氟化物的溶液中,电极即呈现对氟离子活度的响应电位。

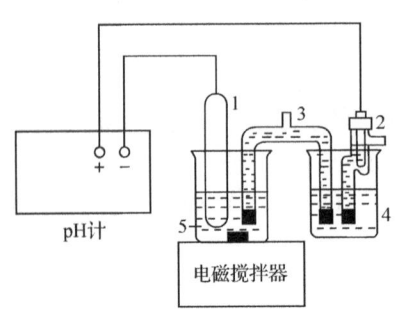

图 7-3 测定氯离子浓度装置示意图
1. 氯离子选择性电极；2. 饱和甘汞电极；
3. KNO_3 盐桥；4. 饱和 KNO_3 盐桥；
5. 待测溶液

$$\varphi = K - \frac{2.303RT}{F}\lg a_{F^-}$$

在 pH 5～7 时，该电极电位与氟离子活度（10^{-1}～10^{-6} mol/L）呈线性关系。如果控制标准溶液与待测溶液的离子强度基本一致，则活度可以用浓度代替。

$$\varphi = K' - \frac{2.303RT}{F}\lg c_{F^-} = K' + \frac{2.303RT}{F}pF$$

测定氟离子浓度采用氟离子选择性电极作指示电极（负极），饱和甘汞电极作参比电极（正极），两电极浸入待测氟离子溶液中组成原电池（图 7-3）：

（－）Ag, AgCl(s) | NaF-NaCl(0.1mol/L) | 玻璃膜 | 待测溶液 ‖ KCl(饱和) | Hg_2Cl_2(s), Hg（＋）

电池的电动势为

$$E = \varphi_+ - \varphi_- = \varphi_{SCE} - \varphi$$
$$= \varphi_{SCE} - \left(K' + \frac{2.303RT}{F}pF\right)$$
$$= K - \frac{2.303RT}{F}pF$$
$$= K - 0.059pF \quad (25℃)$$

(2) 控制溶液离子强度的方法有多种，本实验采用加入"总离子强度调节缓冲液（TISAB）"的方法来达此目的。

(3) 测定水中氟离子浓度常用标准曲线法、标准加入法等，本实验采用前者。首先测定一系列标准溶液的电池电动势 E，作出 E-$\lg c_{F^-}$ 标准曲线，然后由测得的待测水样的 E，从标准曲线上求得氟离子的浓度。

7.2.3 仪器与试剂

仪器：pH 计（25 型、pHS-2 型、pHS-25 型、pHS-3C 型等），氟离子选择性电极，饱和甘汞电极（222 型、232 型等），塑料烧杯（50mL），容量瓶（100mL、50mL），移液管（10mL、5mL），量筒（25mL），电磁搅拌器及搅拌子。

试剂：氟化钠，硝酸钠，柠檬酸钠，冰醋酸，NaOH 近饱和溶液，待测水样。

7.2.4 操作步骤

1. 溶液配制

(1) 配制氟储备液。称取在 120℃ 烘干的分析纯氟化钠 4.200g，溶于蒸馏水（无氟）中并稀释至 100mL，储于聚乙烯瓶中，即为 1mol/L 的 NaF 储备液。

(2) 配制 10^{-1} mol/L，10^{-2} mol/L，10^{-3} mol/L，10^{-4} mol/L，10^{-5} mol/L NaF 溶液。用 1mol/L NaF 储备液，依次稀释成上述各浓度。

(3) 配制总离子强度调节缓冲液。称取 57.80g $NaNO_3$，0.3g 柠檬酸钠溶于水中，加冰醋酸 57.0mL，用水稀释至约 500mL，用近饱和的 NaOH 调节 pH 到 5.25 左右，用水稀释至 1000mL。

(4) 配制测定用含 TISAB 的 NaF 标准溶液。分别取 5mL 上面配制的 1mol/L，10^{-1}mol/L，10^{-2}mol/L，10^{-3}mol/L，10^{-4}mol/L，10^{-5}mol/L NaF 溶液于 6 个 50mL 容量瓶中，各加 TISAB 溶液 25mL，并加水稀释至刻度，使成 10^{-1}mol/L，10^{-2}mol/L，10^{-3}mol/L，10^{-4}mol/L，10^{-5}mol/L，10^{-6}mol/L NaF 标准溶液。

(5) 配制水样。取 10mL 待测水样，于 50mL 容量瓶中，加 TISAB 溶液 25mL，加水至刻度。

2. 测定

(1) 酸度计的"调零"、"校准"和"定位"。参见 pHS-2C 型酸度计测量电动势的使用方法。

(2) 转换系数、工作曲线的测定。取 30mL 1×10^{-6}mol/L NaF 标准溶液于 50mL 塑料杯中，置于电极架下，将电极浸入溶液中部位置，开动电磁搅拌器，选择合适的量程范围，按读数钮立即读数后放开读数钮。每隔 1min，观察一次电位读数，直至电位值达到平衡为止，记录每次时间对应的电位读数。依次换 1×10^{-5}mol/L，1×10^{-4}mol/L，1×10^{-3}mol/L，1×10^{-2}mol/L，1×10^{-1}mol/L 的 NaF 标准溶液，按上述相同步骤分别测定相应的电位读数值，并记录数据。由所得数据，作出 E-pF 工作曲线，并计算曲线的斜率（即转换系数）。

(3) 测定水样中 F^- 的浓度。取配制好的水样约 30mL，于干燥烧杯中，测定电位值。根据所测定电位值，从工作曲线上找出水样相当的 F^- 浓度，并说明此含量是否符合饮用水中氟化物标准（国家标准氟化物含量不超过 15mg/L）。

7.2.5 注意事项

(1) 氟离子选择性电极使用前应在 NaF(10^{-3}mol/L)溶液中浸泡活化（至少 1h）。使用时应先用蒸馏水冲洗（在搅拌下），使电池电动势稳定在一定值。

(2) 测定时应在搅拌下进行，搅拌速度不宜过快，且应保持恒定。

(3) 测定溶液应按由稀向浓的顺序进行。

(4) 求待测水样中 F^- 的含量时，由工作曲线找出的 F^- 溶液应乘以"5"，才是水样中 F^- 的真实含量，因为待测水样被总离子强度调节缓冲液稀释了 5 倍。

7.2.6 思考题

(1) 说明 pHS-2C 型酸度计测出的电位读数是氟电极的电位，还是电池的电动势？

(2) 为什么要进行"调零"、"校准"、"定位"等步骤？

(3) TISAB 的全名是什么？其作用有哪些？

(广东药学院　钟　晨)

实验 7.3　乙酸的电位滴定

7.3.1 目的与要求

(1) 掌握电位滴定法操作和确定终点的方法。

(2) 了解乙酸解离常数 K_a 的测定方法。

7.3.2 方法提要

电位滴定法是以滴定过程中电池电动势的突变确定滴定终点的方法。乙酸电位滴定是以玻璃电极作指示电极,饱和甘汞电极作参比电极,浸入乙酸溶液中组成原电池,用 NaOH 标准溶液进行滴定,随着 NaOH 的加入,乙酸溶液中 H^+ 浓度不断变化,指示电极电位也随之变化,通过测定电池电动势即可确定滴定终点。乙酸的电位滴定装置见图 7-4。

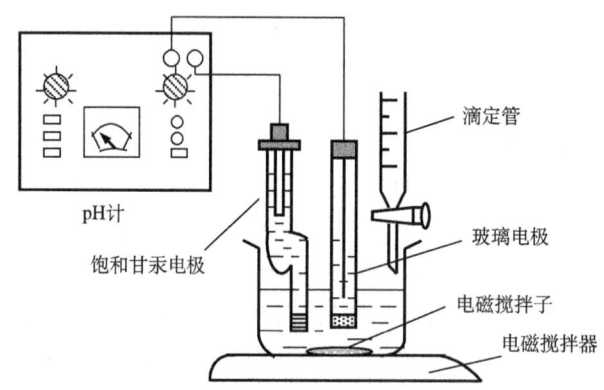

图 7-4 乙酸的电位滴定装置图

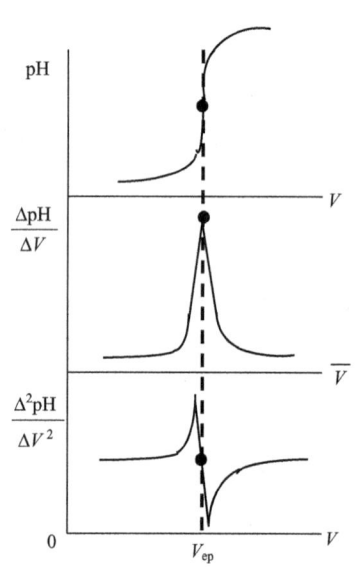

图 7-5 滴定数据处理曲线图

电位滴定法确定终点的方法主要有图解法和二阶微商内插计算法,前者又分为 pH-V 曲线法、$\Delta pH/\Delta V$-$\overline{V}$ 曲线法、$\Delta^2 pH/\Delta V^2$-V 曲线法。滴定终点分别在 pH-V 图的拐点、$\Delta pH/\Delta V$-$\overline{V}$ 图的顶点、$\Delta^2 pH/\Delta V^2$-V 图上 $\Delta^2 pH/\Delta V^2 = 0$ 的点(图 7-5)。

当乙酸被滴定到半化学计量点时,有 $[Ac^-] = [HAc]$,根据乙酸

$$K_a = \frac{[H^+][Ac^-]}{[HAc]}$$

得 $pK_a = pH$,从而可求出乙酸的解离常数 K_a。

7.3.3 仪器与试剂

仪器:pH 计(25 型、pHS-2 型、pHS-25 型、pHS-3C 型等)、pH 复合电极(E-201-C 型等)[或 pH 玻璃电极(221 型、231 型等)、饱和甘汞电极(222 型、232 型等)],电磁搅拌器,碱式滴定管(10mL),移液管(10mL),温度计,烧杯(50mL),玻璃棒。

试剂:NaOH 标准溶液(0.1mol/L),乙酸样品溶液(0.1mol/L),pH 6.8 磷酸盐标准缓冲溶液,邻苯二甲酸氢钾标准缓冲溶液(0.05mol/L)。

7.3.4 操作步骤

(1) 用邻苯二甲酸氢钾标准缓冲溶液(0.05mol/L)校准,用 pH 6.8 磷酸盐标准缓冲溶液

检验。

(2) 精密量取乙酸样品溶液 10mL,置于 50mL 烧杯中,加蒸馏水至 20mL,放入玻璃棒搅匀,插入 pH 复合电极或 pH 玻璃电极和饱和甘汞电极。开启电磁搅拌器,在不断搅拌下,用 NaOH 标准溶液(0.1mol/L)滴定。先在滴定前测定一次 pH,之后每加 1.00mL NaOH 标准溶液,记录一次 pH。随着 pH 变化逐渐增大,每次加入 NaOH 标准溶液随之逐渐减少。在滴定终点附近和半终点附近,每次加入 NaOH 标准溶液的体积分别为 0.05mL 和 0.10mL,就要记录一次 pH。继续滴定,随着 pH 变化逐渐减小,每次加入 NaOH 标准溶液随之逐渐增多,在加入 NaOH 标准溶液到 10.00mL 时,最后一次记录 pH。

(3) 根据实验数据,绘制 pH-V、$\Delta pH/\Delta V$-$\bar{V}$、$\Delta^2 pH/\Delta V^2$-V 图,确定滴定终点,并按二阶微商内插计算法求得滴定终点加入 NaOH 标准溶液的体积 V_{ep},乙酸的准确浓度 c_{HAc} 以及乙酸的解离常数 K_a。

7.3.5 注意事项

(1) 为了数据处理方便,在滴定终点附近每次加入 NaOH 标准溶液的体积最好相等。

(2) 每次放液后,滴定管尖悬着的半滴或小半滴 NaOH 标准溶液要用玻璃棒靠下来,与被滴定溶液混合。

(3) 读 pH 前,先要关了电磁搅拌器,以免影响读数。

(4) 对于 pH>10 的溶液的测定存在钠差,将使测定值小于实际值。

(5) 用玻璃电极测定碱性溶液时,应尽量快测。测强碱(pH>11)后,电极应浸泡在水中使之复原;如不能复原时,可浸泡在 HCl 溶液(0.1mol/L)中。

(6) 要用坐标纸绘图,或用 Excel 作图。

7.3.6 思考题

(1) 通过实验与数据处理,你如何体会滴定终点前后若干滴时加入的小份体积以数量相等为好?

(2) 试评价你求得的 K_a 的准确度。

(3) 如何根据滴定弱碱的数据求它的 K_b?

(4) 若用电位滴定法进行非水溶液滴定、氧化还原滴定、沉淀滴定及配位滴定,应各选用何种指示电极和参比电极?

(广东药学院 钟 晨)

实验 7.4 磷酸的电位滴定

7.4.1 目的与要求

(1) 掌握电位滴定的方法及确定化学计量点的方法。

(2) 学会用电位滴定法测定弱酸的 pK_a。

7.4.2 方法提要

(1) 电位滴定法装置及操作都较一般的容量滴定复杂,但对某些一般容量滴定不能进行的滴定及容量分析方法的研究有意义。

(2) 用电位滴定测定一些解离平衡常数,如弱酸的 pK_a 等,也很有实用意义。

(3) 若要较准确地测定 pK_a,应将活度系数计入。

7.4.3 仪器与试剂

仪器:25 型 pH 计,电极(221 型玻璃电极、222 型饱和甘汞电极),电磁搅拌器。

试剂:NaOH 标准溶液(0.1mol/L),磷酸样品溶液(0.1mol/L),邻苯二甲酸氢钾标准缓冲溶液(0.05mol/L)。

7.4.4 操作步骤

(1) 用邻苯二甲酸氢钾标准缓冲溶液(0.05mol/L)校准 pH 计。

(2) 精密量取磷酸样品溶液 10mL,置 100mL 烧杯中,加蒸馏水 10mL,加入搅拌棒,插入甘汞电极与玻璃电极。开启电磁搅拌器,在不断搅拌溶液下,用 NaOH 标准溶液(0.1mol/L)滴定。每加 2mL,记录一次 pH。在接近化学计量点时(加入 NaOH 溶液时引起溶液的 pH 变化逐渐增大),每次加入标准溶液的体积逐渐减少,在化学计量点前后若干滴时,每加入 2 滴(约 0.10mL)即记录一次 pH。每次加入的体积最好相等,这样在数据处理时较为方便。继续滴定至已过第二个化学计量点为止。

(3) 按 pH-V,$\Delta pH/\Delta V$-V 法作图以及按 $\Delta^2 pH/\Delta V^2$-V 法计算确定出化学计量点,并计算磷酸溶液的准确浓度。

(4) 由 pH-V 曲线找出第一个化学计量点前半中和点的 pH,以及第一个化学计量点与第二个化学计量点间半中和点的 pH,计算磷酸的 K_{a_1} 和 K_{a_2}。

7.4.5 注意事项

(1) 对于 pH>10 的溶液的测定有钠差,使测定值小于实际值。

(2) 用玻璃电极测定碱性溶液时,应尽量快测。测强碱(pH>11)后,电极应浸泡在水中使之复原;如不能复原时,可浸泡在 HCl 溶液(0.1mol/L)中。

(3) 安装电极及在滴定搅拌过程中要注意保护玻璃电极。

(4) 在等量点前后一定要控制加入的体积相等,否则会对实验结果影响很大,甚至结果无法处理。

7.4.6 思考题

(1) 通过实验与数据处理,你如何体会化学计量点前后若干滴时加入的小份体积以数量相等为好?

(2) 如何根据滴定弱碱的数据求它的 K_b?

(3) 试评价你求得 K_a 的准确度。

(4) 若用电位滴定法进行非水溶液滴定、氧化还原滴定、沉淀滴定及配位滴定应各选择何种指示电极和参比电极?

(佳木斯大学　丁立新)

实验 7.5　对氨基苯磺酸的含量测定(永停滴定法)

7.5.1　目的与要求

(1) 了解重氮化滴定中永停滴定法的原理。
(2) 掌握永停滴定法的操作。

7.5.2　方法提要

对氨基苯磺酸是具有芳香伯氨基的药物,它在酸性溶液中可与亚硝酸钠定量完成重氮化反应而生成重氮盐。反应如下

$$NH_2\text{—}\underset{}{\bigcirc}\text{—}SO_3H + NaNO_2 + HCl \longrightarrow Cl^-[N\equiv \overset{+}{N}\text{—}\underset{}{\bigcirc}\text{—}SO_3H] + NaCl + 2H_2O$$

$$NH_2\text{—}\underset{}{\bigcirc}\text{—}SO_3H \qquad M_{C_6H_7O_3NS}=173.2\text{g/mol}$$

化学计量点前两个电极上无反应,故无电流产生;化学计量点后溶液中少量的亚硝酸及其分解产物一氧化氮在两个铂电极上产生如下反应

阴极　　　　　　　　　$HNO_2 + H^+ + e^- \longrightarrow H_2O + NO$

阳极　　　　　　　　　$NO + H_2O \longrightarrow HNO_2 + H^+ + e^-$

因此在化学计量点时,滴定电池由原来的无电流通过变为有电流通过,检流计指针显示偏转并不再回到"0"。

7.5.3　仪器与试剂

仪器:灵敏检流计(带阻尼电阻,灵敏度在 10^{-9} A/mm 左右),1.5V 电池,5000Ω 电阻,电阻箱或 500Ω 可变电阻,电磁搅拌器(带搅拌子),铂电极两个(每次使用前要用新鲜配制的含少量 $FeCl_3$ 的 HNO_3 煮沸浸泡 30min)。

试剂:$NaNO_2$ 标准溶液(0.1mol/L),淀粉-KI 试纸。

7.5.4　操作步骤

(1) $NaNO_2$ 标准溶液(0.1mol/L)的配制与标定。

配制　取 $NaNO_2$ 约 7.2g,加无水碳酸钠(Na_2CO_3)0.1g,加水适量使溶解成 1000mL,摇匀。

标定　取在 120℃ 干燥至恒定质量的基准物对氨基苯磺酸约 0.5g,精密称定,加水 30mL 及浓氨水试液 3mL,溶解后,加盐酸(1→2)20mL,搅拌,在 30℃ 以下用 $NaNO_2$ 标准溶液迅速滴定。滴定时将滴定管尖端插入液面下约2/3处,边滴边搅拌,至近终点时,将滴定管尖端提出液面,用少量水洗涤尖端,洗液并入溶液中,继续缓缓滴定,用永停滴定法指示终点,至检流计指针持续1min 不回复,即为终点。每毫升的 $NaNO_2$ 标准溶液相当于 17.32mg 的对氨基苯磺酸。根据 $NaNO_2$ 标准溶液的消耗量与对氨基苯磺酸的取用量,即可算出 $NaNO_2$ 标准溶液的浓度。

(2) 按图 7-6 连好线路。图 7-6 中,R_1 为 5000Ω 电阻,R_2 为电阻箱或 500Ω 可变电阻,B 为 1.5V 电池,E_1、E_2 为铂电极,G 为灵敏检流计。调节 R_2 的大小,可以得到需要的外加电压,R_2 值的大小可以根据欧姆定律进行计算。本实验中所用外加电压为30~60mV,R_2 为 100~200Ω。

(3) 精密称取对氨基苯磺酸样品 0.5g,加盐酸(1→2)10mL 使溶解,再加蒸馏水 50mL 及

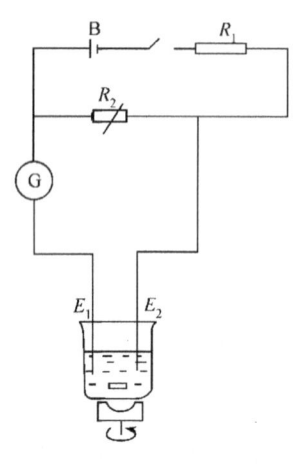

图 7-6 永停滴定装置电路图

KBr 1g,在电磁搅拌下用 NaNO₂ 标准溶液滴定。将滴定管尖端插入液面下约2/3处,接近终点时,将滴定管的尖端提出液面,用少量蒸馏水冲洗管尖,洗液并入溶液中,继续缓缓滴定,直至检流计发生明显偏转,不再回复,即达终点。在终点附近,同时用细玻璃棒蘸取溶液少许,点在淀粉-KI试纸上试之。比较两种方法确定终点的情况。记录所用 NaNO₂ 标准溶液的体积,按下式计算对氨基苯磺酸样品的质量分数。

$$w_{对氨基苯磺酸} = \frac{c_{NaNO_2} \times V_{NaNO_2} \times \frac{M_{C_6H_7O_3NS}}{1000}}{m_s} \times 100\%$$

$M_{C_6H_7O_3NS} = 173.2 \text{g/mol}$

(4) 重复上述实验,但不加 KBr,比较终点的情况。

7.5.5 注意事项

(1) 因为 0.1mol/L NaNO₂ 标准溶液在 pH 10 左右最为稳定,故在配制时常加入适量的 Na_2CO_3 作为稳定剂。

(2) 由于基准物对氨基苯磺酸难溶于水,所以应先用氨水溶解,待对氨基苯磺酸全部溶解后,再加盐酸进行酸化。

(3) 滴定至近终点时,应注意缓缓滴定并充分搅拌。

(4) 用淀粉-KI试纸观察终点时,若滴定液接触试纸后,试纸立即出现蓝色,停止滴定 1min,再试,仍显蓝色,则表示终点已经到达。

7.5.6 思考题

(1) 通过实验,比较一下淀粉-KI外指示剂法与永停滴定法的优缺点。

(2) 滴定中如用过高的外加电压会出现什么现象?

(3) 按本实验条件,如所需外加电压为 50mV,计算可变电阻 R_2 应为多少欧姆。

(4) 加 KBr 的意义何在?

(第二军医大学 亓云鹏)

实验 7.6 卡尔·费歇尔法测定水分(永停滴定法)

7.6.1 目的与要求

(1) 掌握卡尔·费歇尔法测定水分的原理和操作技术。
(2) 熟悉卡尔·费歇尔试剂的配制方法。
(3) 了解卡尔·费歇尔法测定水分的应用。

7.6.2 方法提要

1. 基本原理

卡尔·费歇尔法测定水分是基于水与碘和二氧化硫在吡啶和甲醇溶液中发生定量反应的

原理,终点的确定可采取目测法或永停终点法,本实验采用永停滴定法。

卡尔·费歇尔法的反应式为

$$H_2O + I_2 + SO_2 + 3C_5H_5N \longrightarrow 2C_5H_5N \cdot HI + C_5H_5N \cdot SO_3 (不稳定)$$

$$C_5H_5N \cdot SO_3 + CH_3OH \longrightarrow C_5H_5N \cdot HSO_4CH_3 (稳定)$$

第一步反应是与水作用,第二步反应是使第一步的生成物吡啶三氧化硫络合物与甲醇反应,以促进第一步反应的进行。

滴定过程由两端加上电源的双铂电极跟踪,从极化的双铂电极所得到的电流信号经电路传输到单片机,由单片机进行判断并控制滴定。当滴定池内溶液中只有碘化物存在时,电极极化无电流通过,而当到达滴定终点时(水反应完毕),溶液中有过量卡尔·费歇尔试剂存在,电极间可以发生可逆电极反应,$I_2 + 2e^- \longrightarrow 2I^-$,使电极由不导通的极化态变成导通的去极化态,电路中电流发生显著变化。此时可根据消耗的卡尔·费歇尔试剂的量计算出样品中的含水量。

2. 应用范围

卡尔·费歇尔法多用于测定醇类、饱和烃、苯、氯仿、丙酮、冰醋酸、吡啶等有机溶剂中的微量水分。药物合成中在对中间体和原料的水分控制方面广为应用。抗生素类药物的水分测定也常用此法。

(1)胶囊制剂。阿奇霉素胶囊、头孢他啶胶囊、头孢氨苄胶囊、头孢羟氨苄胶囊、阿莫西林胶囊等。

(2)注射用粉针剂。注射用头孢噻肟钠、注射用头孢唑林钠、注射用头孢哌酮钠舒巴坦钠、注射用头孢拉定等。

(3)片剂。阿莫西林分散片等。

(4)原料药。

7.6.3 仪器与试剂

1. 仪器与装置

以 AKF-2010 新型智能卡尔·费歇尔水分测定仪为例进行说明,仪器示意图见图 7-7。

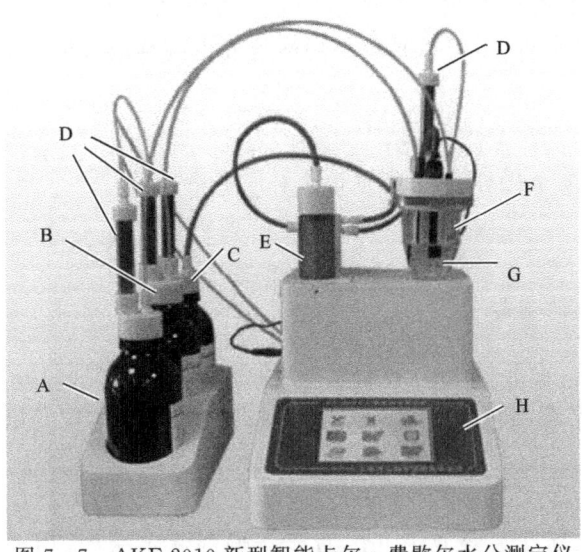

图 7-7 AKF-2010 新型智能卡尔·费歇尔水分测定仪

A. 溶剂瓶;B. 废液瓶;C. 卡氏试剂瓶;D. 干燥管;E. 计量管;F. 反应杯;G. 电极;H. 液晶控制面板

2. 滴定装置

卡尔·费歇尔滴定装置如图 7-8 所示。

3. 无水甲醇

在圆底烧瓶中,加入甲醇约 200mL,表面光洁的镁条(或镁屑)15g 及氯化汞 0.4g(或碘片 0.5g),回流至金属镁开始转变为白色絮状的甲醇镁,再加入甲醇至 1000mL,继续回流至镁条全部溶解,然后进行分馏。收集 64~65℃ 馏出的甲醇,含水量应在 0.05% 以下。

4. 无水吡啶

取吡啶 200mL,置干燥的蒸馏瓶中,加苯 40mL,加热蒸馏,收集 110~116℃ 馏出的吡啶,含水量在 0.1% 以下。

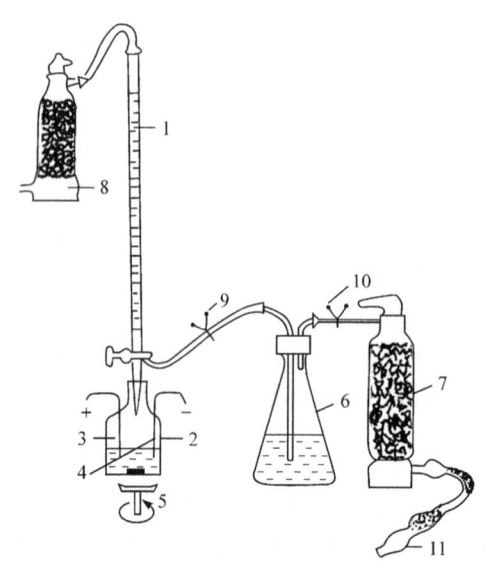

图 7-8 卡尔·费歇尔滴定装置
1. 带三通活塞的滴定管;2. 滴定杯;3,4. 铂电极;5. 电磁搅拌器;6. 磨口瓶内装卡尔·费歇尔试剂;7,8. 干燥塔;9,10. 弹簧夹;11. 打气球

5. 碘

将碘置于硫酸干燥器内,干燥 48h 以上。

6. 卡尔·费歇尔试剂

称取碘(置硫酸干燥器内 48h 以上)110g,置干燥的具塞锥形瓶中,加无水吡啶 160mL,注意冷却,振摇至碘全部溶解后,加无水甲醇 300mL,称定质量,将锥形瓶置冰浴中冷却,在避免空气中水分侵入的条件下,通入干燥的二氧化硫至质量增加 72g,再加无水甲醇使成 1000mL,密塞,摇匀,在暗处放置 24h。

也可以使用稳定的市售卡尔·费歇尔试液。市售的试液可以是不含吡啶的其他碱化剂,不含甲醇的其他醇类等;也可以是单一的溶液或由两种溶液混合而成。

7.6.4 操作步骤

1. 配制卡尔·费歇尔试剂(或采用市售试剂)

(略)

2. 标准水-甲醇液的制备

取无水甲醇 90mL,置于 100mL 容量瓶中,精密称取蒸馏水 0.15g,用无水甲醇稀释至刻度,摇匀(此时温度应与配制时的温度一致,以免温度变化引起体积变化而引起误差)。

3. 标定

配制标准水时,取标准水溶液 10mL,置于干燥的滴定瓶中,用卡尔·费歇尔试剂滴定至终点(消耗卡尔·费歇尔试剂体积为 V_1),另取配制标准水溶液的无水甲醇 10mL,做空

白滴定(消耗卡尔·费歇尔试剂体积为V_0),按下式计算

$$T(1\text{mL 卡尔·费歇尔试剂相当的质量})(\text{mg/mL}) = \frac{\text{称取水的质量(mg)} \times \frac{10}{100}}{V_1 - V_0}$$

$$D[1\text{mL 标准水溶液实含水的质量(mg)}] = T \times \frac{V_1}{10}$$

在以后的标定中,按下式计算

$$T = \frac{D \times 10}{V_1}$$

4. 注射用青霉素 G 钠中水分的测定

精密称取样品 200~1000mg,置于干燥滴定瓶中,加无水甲醇 2mL,不断振摇,将水分提出,并用卡尔·费歇尔试剂滴定至终点(V_1)。另取无水甲醇 2mL 做空白实验(V_0),按下式计算青霉素 G 钠中的水分

$$w_{\text{水分}} = \frac{T \times (V_1 - V_0)}{m_s} \times 100\%$$

7.6.5 注意事项

(1) 由于卡尔·费歇尔试剂对水分十分敏感,在配制、储存和使用时要特别注意防止从环境中吸湿,所有容器均应事先干燥,滴定操作宜在干燥环境下进行。

(2) 卡尔·费歇尔试剂不稳定,每次临用前均应标定。

(3) 在滴定时还应避光,因为光照射试剂及被滴定液所产生碘的量足以使滴定结果有显著误差。

(4) 卡尔·费歇尔试剂能用于测定几乎所有有机物中的水分,只有少数物质干扰。但是在测定无机物中水分时干扰就比较多,归纳起来,干扰物质主要有以下几种:①能与卡尔·费歇尔试剂反应生成水者;②能还原碘者;③将碘化物氧化为碘者;④弱的含氧酸盐。

7.6.6 思考题

(1) 卡尔·费歇尔法测定水分的基本原理(反应式)是什么?
(2) 卡尔·费歇尔试剂(滴定剂)的组成及各自的作用是什么?
(3) 使用卡尔·费歇尔试剂应注意哪些问题?

(第二军医大学 亓云鹏)

第8章 紫外-可见分光光度法

实验8.1 维生素 B_{12} 注射液的鉴别及含量测定

8.1.1 目的与要求

(1) 掌握维生素 B_{12} 注射液的鉴别及含量测定的原理和操作。
(2) 了解绘制吸收光谱的一般方法。
(3) 熟悉精密紫外-可见分光光度计的使用方法。
(4) 熟悉含量与标示量的百分含量的计算方法。

8.1.2 方法提要

维生素 B_{12}($C_{63}H_{88}CoN_{14}O_{14}P$)是含钴的咕啉类化合物,为深红色的结晶,制成注射液为粉红色至红色澄明液体,是一种抗贫血药,主要用于治疗巨幼细胞性贫血等疾病。

维生素 B_{12} 的水溶液在 278nm±1nm、361nm±1nm 与 550nm±1nm 三波长处有最大吸收,测其吸光度比值,可作为鉴别维生素 B_{12} 的依据。《中华人民共和国药典》规定 361nm 波长处的吸光度与 278nm 波长处的吸光度的比值应为 1.70~1.88;361nm 波长处的吸光度与 550nm 波长处的吸光度的比值应为 3.15~3.45。用吸光系数法可测定维生素 B_{12} 注射液的实际含量,由于 361nm 处的吸收峰吸收最强且干扰因素少,《中华人民共和国药典》规定以 361nm 处吸收峰的百分吸光系数 $E_{1cm}^{1\%}$ 值(207)为含量测定的依据。

8.1.3 仪器与试剂

仪器:紫外-可见分光光度计,石英吸收池,容量瓶,移液管,洗耳球等。
试剂:维生素 B_{12} 注射液。

8.1.4 操作步骤

1. 绘制吸收光谱

取维生素 B_{12} 注射液样品,按照其标示含量,精密吸取适量,用蒸馏水准确稀释 k 倍,使稀释液每毫升中含维生素 B_{12} 约为 25μg。置 1cm 石英吸收池中,以蒸馏水为空白,在 200~760nm 范围扫描其吸收光谱,确定最大吸收波长。

2. 鉴别

取绘制吸收光谱的溶液,分别在 278nm、361nm 与 550nm 波长处测定吸光度,并计算 361nm 波长处的吸光度与 278nm 波长处的吸光度的比值和 361nm 波长处的吸光度与 550nm 波长处的吸光度的比值,与《中华人民共和国药典》规定值比较,得出结论。

3. 含量测定

用吸光系数法,由鉴别实验中测得的 361nm 处的吸光度(A),根据维生素 B_{12} 的百分吸光

系数$[E_{1cm}^{1\%}(361nm)=207]$,可按下式计算注射液的含量

$$c(\mu g/mL)=\frac{A}{207\times100}\times10^6=A\times48.31$$

由于测得的 A 值是样品稀释了 k 倍后的测量结果,因此注射液的实际含量应为

$$c_{样}(\mu g/mL)=A\times48.31\times k$$

若计算注射液标示量的百分比,则按下式计算

$$标示量(\%)=\frac{A\times48.31\times k}{标示量(\mu g/mL)}\times100\%$$

8.1.5 注意事项

(1) 吸收池的校正。将 2 个吸收池洗净后编号标记,均装入蒸馏水,在 361nm 处比较二者的透光率。以透光率大的吸收池为 100% 透光,测定另一池的透光率,换算成吸光度作为其校正值。测定溶液时,以透光率大的吸收池作空白池,另一池作样品池,测得的吸光度减去其校正值即可。

(2) 吸收池的使用。取放吸收池时,只能用手拿毛面,以免沾污和损伤透光面。装液前应先用待测溶液润洗 3 次,以保证待测溶液浓度不变。装液量以池高的 4/5 为宜,外壁的溶液应擦干,尤其是透光面应用擦镜纸擦净。用毕后,立即取出,用水洗净,若有有机物沾污,可用盐酸-乙醇(1∶2)浸泡片刻后再用水冲洗,切忌用碱液或强氧化性的洗液清洗,也勿用毛刷刷洗。洗净后倒置晾干,不能烘干。

(3) 测定吸光度时,需在各吸收峰处重复测定 3 次,取其平均值。

8.1.6 思考题

(1) 单色光不纯对于测得的吸收曲线有什么影响?

(2) 试比较用标准曲线法与吸光系数法定量的优缺点。

(3) 如果取注射液 2mL 用水稀释 15 倍,在 361nm 处测得 A 值为 0.698,试计算注射液每毫升含维生素 B_{12} 多少微克。如果标示量为 $500\mu g/mL$,试计算该注射液标示量的百分比。

(贵阳医学院　梁　妍　郝小燕)

实验 8.2　邻二氮菲分光光度法测定水中铁含量

8.2.1 目的与要求

(1) 掌握可见分光光度法的基本原理。

(2) 了解邻二氮菲测定 Fe(Ⅱ)的原理和方法。

(3) 掌握用标准曲线法进行定量分析的原理和方法。

(4) 熟悉可见分光光度计的使用方法。

8.2.2 方法提要

可见分光光度法是以朗伯-比尔(Lambert-Beer)定律为理论基础,对能吸收 400～760nm 可见光的有色溶液进行定量测定的方法,也称光电比色法。许多无色物质可通过显色反应变

成有色物质,也可用此法测定。显色反应的进行易受多种因素影响,主要有试剂与溶剂、酸度、反应时间及温度等,故应通过条件实验确定最佳反应条件,并在实验中予以严格控制。光电比色法的定量方法可用标准曲线法,也可用标准对照法。

水中常存在着微量的铁,各国对饮用水和工业用水的含铁量都作了较严格的规定,我国规定饮用水中的铁含量应不高于 0.3mg/L,因此测定水中铁含量具有十分重要的意义。邻二氮菲(1,10-邻二氮杂菲)也称邻菲罗啉,是测定微量铁的一个很好的显色剂,其优点是灵敏度高、生成的络合物稳定、准确度高、重复性好,适用于微量测定。在 pH 3~9 的范围(一般将酸度控制在 pH 5~6),邻二氮菲与 Fe^{2+} 反应生成稳定的橙红色络离子。

$$Fe^{2+} + 3\,\text{phen} \rightleftharpoons [Fe(\text{phen})_3]^{2+}$$

该络离子在 510nm 附近有最大吸收,其摩尔吸光系数 $\varepsilon = 1.10 \times 10^4$,络离子的 $\lg\beta_3 = 21.3$,铁含量为 0.1~6μg/mL,浓度与吸光度符合朗伯-比尔定律。Fe^{3+} 也能与邻二氮菲生成淡蓝色络合物($\lg\beta_3 = 14.1$),稳定性较差,因此在显色前常加入盐酸羟胺使 Fe^{3+} 还原成 Fe^{2+},其反应式为

$$2Fe^{3+} + 2NH_2OH \cdot HCl = 2Fe^{2+} + N_2\uparrow + 4H^+ + 2H_2O + 2Cl^-$$

邻二氮菲分光光度法测定水中微量铁的选择性很高,相当于含铁量 40 倍的 Sn^{2+}、Al^{3+}、Ca^{2+}、Mg^{2+}、Zn^{2+}、SiO_3^{2-},20 倍的 Cr^{3+}、Mn^{2+}、V^{5+}、PO_4^{3-} 和 5 倍的 Co^{2+}、Ni^{2+}、Cu^{2+},不会干扰测定。

8.2.3 仪器与试剂

仪器:可见分光光度计,电子天平,50mL 容量瓶,吸量管,移液管,洗耳球等。

试剂:$(NH_4)_2SO_4 \cdot FeSO_4 \cdot 6H_2O$(A.R.),HCl 溶液(6mol/L),乙酸钠,冰醋酸,盐酸羟胺,邻二氮菲。

8.2.4 操作步骤

1. 试液制备

(1) 标准铁溶液。取 $(NH_4)_2SO_4 \cdot FeSO_4 \cdot 6H_2O$ 约 0.35g,精密称定,置于小烧杯中,加入 HCl 溶液(6mol/L)20mL 和少量蒸馏水,溶解后,定量转移至 1L 容量瓶中用蒸馏水稀释至刻度,摇匀。

(2) 乙酸盐缓冲液。乙酸钠 68g 与冰醋酸 60mL 加蒸馏水溶成 250mL,摇匀。

(3) 盐酸羟胺溶液(10%,新配制)。

(4) 邻二氮菲溶液(0.15%,新配制)。

2. 标准曲线的绘制

精密吸取上述标准铁溶液 0mL、1mL、2mL、3mL、4mL 和 5mL 分别置 50mL 容量瓶中,

先加入盐酸羟胺溶液 1mL 和乙酸盐缓冲液 5mL,摇匀后,再加入邻二氮菲溶液 5mL,用蒸馏水稀释至刻度,摇匀,放置 10min。在可见分光光度计上用 1cm 的吸收池,以不加标准铁溶液的一份溶液作为空白溶液,取中等浓度的一份溶液在 490~510nm,每隔 5nm 测定一次吸光度,选最大吸光度对应的波长为测定波长。然后在所选测定波长处,测定各溶液的吸光度。以吸光度为纵坐标,浓度(或含铁量)为横坐标,绘制成标准曲线,若线性好则用最小二乘法回归成线性方程。

3. 水样的测定

以自来水、井水或河水为样品,精密量取澄清水样 5mL(或适量),置 50mL 容量瓶中,按上述绘制标准曲线制备溶液的方法配制溶液并测定吸光度,根据测得的吸光度求出水样中的总铁量。

8.2.5 注意事项

(1) 吸收池的一致性检验与校正。吸收池的透光率和厚度不可能绝对相同,若差异在误差允许的范围内,则认为其透光率和厚度是一致的,否则应予以校正。

透光率一致性的核对与校正:将同样厚度的 4 个吸收池洗净后分别编号标记,均装入空白溶液,在所用波长处测定各吸收池的透光率,结果应相同。若有显著差异,应将吸收池重新洗涤后再次进行测试,如果差异减小,说明是由于吸收池未洗净而导致的透光率不一致,可经多次洗涤后使透光率一致。若经多次洗涤后各吸收池的透光率差异无明显变化,则应用如下方法进行校正:以透光率最大的吸收池作为 100% 透光,测定其余吸收池的透光率,并换算成吸光度,即为各吸收池的校正值。测定溶液时,用上述 100% 透光的吸收池装空白溶液,其他吸收池装待测溶液,测定所得吸光度减去所用吸收池的校正值即可。校正示例如表 8-1 所示。

表 8-1 溶液吸光度测量值的校正

吸收池编号	空白溶液核校值		溶液吸光度测量值的校正		
	$T/\%$	校正值(A)	测量值		校正后结果
			$T/\%$	A	
1	99	0.0044	62.5	0.2041	0.200
2	100	—	100.0	0.0000	空白
3	98	0.0088	39.0	0.4089	0.400
4	95	0.0223	23.8	0.6234	0.601

厚度一致性的核对与校正:进行吸收池厚度一致性的核对,应先经过吸收池透光率一致性的检验。核对厚度的方法如下:在各吸收池中装入同一吸光溶液(吸光度在 0.5~0.7 为宜),在同一条件下测定其吸光度,结果应相同(若吸收池透光率有差别应进行校正)。若有显著差异,说明吸收池厚度不一致。在不能更换选配的情况下,必要时也可用校正值,即以其中一个吸收池为标准,将其测得的吸光度值与其他吸收池测得的吸光度值的比值作为换算成同一厚度时的因数。

(2) 仪器不测定时,应打开暗箱盖,以保护光电管。

(3) 灵敏度的选择原则。在能使空白溶液良好地用光量调节器调至 100% 的前提下,尽可能选用低灵敏度挡。需要增加灵敏度时应逐级升高,注意,改变灵敏度后须重新校正"0"和"100%"。

(4) 吸收池的使用参见 8.1.5。

(5) 配制邻二氮菲溶液时,可先加入少量盐酸并加热使邻二氮菲溶解后,再用水稀释至相应浓度。

(6) 选择测定波长时,每变换一次波长,均需用空白调节 100% 透光后,再测定溶液的吸光度。

(7) 在测定标准曲线各溶液吸光度时,应按浓度从低到高的顺序进行测定。

8.2.6 思考题

(1) 根据邻二氮菲亚铁络离子的吸收光谱,其 λ_{max} 为 510nm。本次实验中实际测得的最大吸收波长是多少?若有差别,试作解释。

(2) 根据制备标准曲线测得的数据,判断本次实验所得吸光度与浓度间的线性如何?分析其原因。

(3) 为什么待测溶液的吸光度最好控制在 0.2～0.7?

(4) 本次实验中各种试剂的量取应采用何种量器较为合适?加入试剂的顺序能否任意改变?为什么?

(5) 吸收池的透光率和厚度不可能绝对相同,试考虑在何种情况下必须检验校正?何种情况下可忽略不计?

(6) 透光率一致的甲、乙两吸收池,装入同一浓度的吸光溶液,测得吸光度为 $A_甲 = 0.587$,$A_乙 = 0.573$。用乙池测另一浓度的溶液吸光度为 0.437,试换算成以甲池厚度为准的吸光度。

(贵阳医学院　梁　妍　郝小燕)

Experiment 8.3　Determination of the Absorption Coefficient of Chlorpheniramine

8.3.1　Purpose and Requirement

(1) Learn the definition of absorption coefficient.

(2) Master the method for determination of the absorption coefficients.

8.3.2　Principle

The recommended term for the absorbance for a molar concentration of a substance with a path length of 1cm determined at a specific wavelength. Its value is obtained from the equation

$$\varepsilon = A/cl$$

The absorption coefficients of compounds, which absorb the UV-Vis light, can be measured by spectrophotometer. For one substance, the absorption coefficient is achieved by averaging the results on five spectrophotometers of different types and the relative standard deviation of the results must be less than 1%. Drugs must be purified by recrystallization or other methods to achieve acute melting point and dried to constant weight before use. The apparatus used in this experiment, such as the spectrophotometers, the balance, the volumetric flasks and others must be calibrated.

Furthermore, the concentrations of the substance solutions for the determination should conform to the requirement of standard. Dissolve the substance to prepare a "thick" solution which has an absorption of 0.6~0.8 and dilute it accurately to prepare a "dilute" solution of exact half concentration, which has an absorption of 0.3~0.4. The relative deviation between the two coefficients of the two solutions must be no more than 1%.

8.3.3 Apparatus and Reagents

Apparatus: 752 spectrophotometer, volumetric flasks (50mL、100mL), suction pipets (5mL、10mL).

Reagents: sulfuric acid solution, 0.05mol/L; chlorphenamine stock solution: transfer about 0.15g of chlorphenamine, weighed accurately, to a 100mL volumetric flask, dissolve in and dilute to volume with sulfuric acid solution (0.05mol/L).

8.3.4 Procedures

1. The preparation of solutions

Transfer 5.00mL and 10.00mL of the chlorphenamine stock solution to a 50mL volumetric flask. Dilute to volume with sulfuric acid solution (0.05mol/L).

2. Determination of absorption coefficient

Using the sulfuric acid solution (0.05mol/L) as the reference solution, proceed with spectrophotometry and measure the absorbance of any one of the chlorphenamine solutions at 264nm. Take records about 2nm apart. Select the wavelength of maximum absorbance for the determination. At the selected wavelength, measure the absorbance of each solution.

8.3.5 Results

Calculate the absorption coefficient of each solution. The relative deviation between the two results should not be more than 1%.

8.3.6 Notes

(1) If the substance was not heated to constant weight, the loss of weight on dryness must be calibrated.

(2) Dilute the concentrated solution with solvent in the same batch number.

8.3.7 Questions

(1) Why must the relative deviation between the coefficients of thick and dilute solution

be not more than 1%?

(2) Why are there so many requirements to meet in determining the absorption coefficient of a substance? In what instance, the absorption coefficient of a substance can be cited as a physical constant?

(中国药科大学　陈　蓉)

实验 8.4　双波长分光光度法测定复方磺胺甲噁唑片中磺胺甲噁唑及甲氧苄啶的含量

8.4.1　目的与要求

(1) 掌握紫外分光光度法中的等吸收双波长法分别测定混合组分含量的原理及方法。
(2) 熟悉用紫外分光光度计进行双波长法测定。
(3) 了解药物片剂标示量的计算方法。

8.4.2　方法提要

1. 等吸收双波长法消除干扰吸收的基本原理

利用吸光度的加和性,从干扰组分的吸收光谱上选择吸光度相同的两个波长 λ_1 和 λ_2,测定混合物在此两波长处的吸光度值差值,可消除干扰吸收。数学运算如下

$$A_2 = A_2^a + A_2^b \quad A_1 = A_1^a + A_1^b$$
$$\Delta A = A_2^{a+b} - A_1^{a+b} = A_2^a - A_1^a + A_2^b - A_1^b$$

设 b 为干扰物,在所选波长 λ_1、λ_2 处的吸光度相等,$\Delta A^b = 0$,则

$$\Delta A = c_a (E_2^a - E_1^a) \times 1 = \Delta E \times c_a \times 1$$

则 ΔA 与待测物 c_a 成正比,与干扰物 c_b 无关。若被测组分在两波长处 ΔA 值越大,越有利于测定。

2. 双波长法测定复方磺胺甲噁唑片中磺胺甲噁唑及甲氧苄啶含量的基本原理

本实验以复方磺胺甲噁唑片为例。复方磺胺甲噁唑片每片含磺胺甲噁唑(SMZ)0.4g 及甲氧苄啶(TMP)0.08g。

测定复方磺胺甲噁唑片中的 SMZ 时,从图 8-1(a)中可见,SMZ 在 257nm 的波长处有最大吸收,而 TMP 在此波长处吸收较小,并在 304nm 波长附近有一等吸收点,故选择 257nm 为测定波长(λ_2),在 304nm 波长附近选择等吸收波长作为参比波长(λ_1)。测定 TMP 时,从图 8-1(b)可见,在 239nm 波长处 TMP 有较大吸收,而此波长是 SMZ 的最小吸收,且在 295nm 波长附近有一等吸收点,故选择 239nm 作为 TMP 的测定波长(λ_2),在 295nm 波长附近选择等吸收波长作为参比波长(λ_1)。根据式 $\Delta A = \Delta E \times c_a \times 1$ 推导出 $\Delta A = \Delta E \times c_a$ 的关系,ΔA 作为定量的依据。由于在一定的条件下,ΔE 为一常数,所以 ΔA 与待测样品浓度有线性关系,因此可以用对照法来测定。

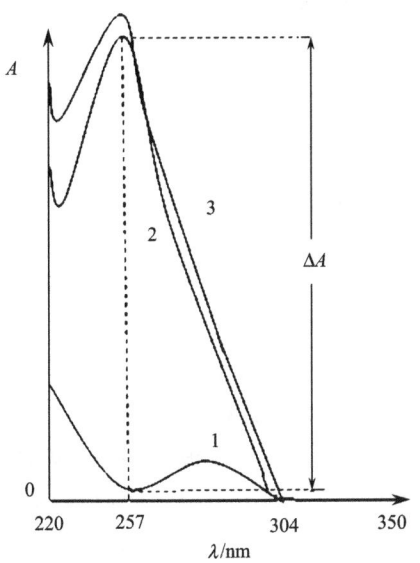

图 8-1(a) SMZ 的紫外吸收光谱图
1. TMP(2.0μg/mL);2. SMZ(10.0μg/mL);
3. SMZ+TMP

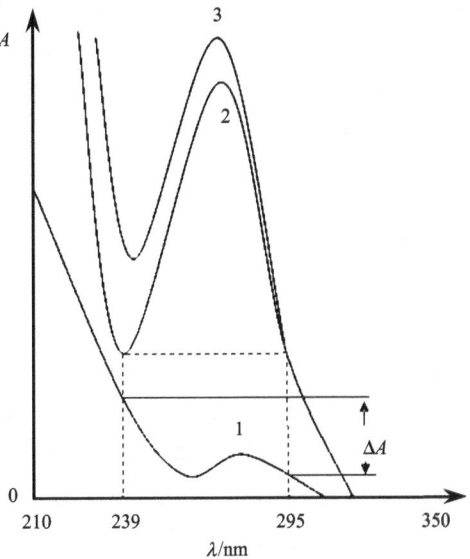

图 8-1(b) TMP 的紫外吸收光谱图
1. TMP(5.0μg/mL);2. SMZ(25.0μg/mL);
3. SMZ+TMP

8.4.3 仪器与试剂

仪器:紫外分光光度计,比色皿,容量瓶,移液管等玻璃仪器。

试剂:乙醇,0.4% NaOH 溶液,盐酸-氯化钾溶液(取 0.1mol/L 盐酸溶液 75mL 与氯化钾 6.9g,加水至 1000mL 摇匀),磺胺甲噁唑及甲氧苄啶的对照品,复方磺胺甲噁唑片。

8.4.4 操作步骤

1. 供试品溶液的制备

取本品 10 片,精密称定,研细,精密称取适量(约相当于 SMZ 50mg,TMP 10mg),置 100mL 容量瓶中,加乙醇适量,振摇 15min,使其溶解,加乙醇稀释至刻度,摇匀,过滤,取续滤液备用。

2. 对照品溶液的制备

精密称取经 105℃干燥至恒定质量的磺胺甲噁唑对照品 50mg,置 100mL 容量瓶中,加乙醇溶解并稀释至刻度,摇匀,作为对照品溶液(1)。

精密称取经 105℃干燥至恒定质量的甲氧苄啶对照品 10mg,置 100mL 容量瓶中,加乙醇溶解并稀释至刻度,摇匀,作为对照品溶液(2)。

3. 磺胺甲噁唑的含量测定

精密量取供试品溶液与对照品溶液(1)、(2)各 2mL,分别置 100mL 容量瓶中,加 0.4% NaOH 溶液稀释至刻度,摇匀,照分光光度法,取对照品溶液(2)的稀释液,以 257nm 为测定波长(λ_2),在 304nm 波长附近(每隔 0.5nm)选择等吸收点波长为参比波长(λ_1),要求 $\Delta A=$

$A_{\lambda_2} - A_{\lambda_1} = 0$。再在 λ_2 和 λ_1 波长处分别测定供试品溶液的稀释液与对照品溶液(1)的稀释液的吸光度,求出各自的吸光度差值(ΔA),计算,即得。

含量测定结果的计算公式为

$$\text{SMZ 的标示量}(\%) = \frac{\Delta A_X \times m_R \times \text{平均片重}}{\Delta A_R \times m \times \text{标示量}(\text{mg/片})} \times 100\%$$

式中:ΔA_X 为供试品溶液稀释液的吸光度差值;ΔA_R 为 SMZ 对照品溶液稀释液的吸光度差值;m_R 为 SMZ 对照品的质量(mg);m 为样品的质量(g)。

4. 甲氧苄啶的含量测定

精密量取供试品溶液与对照品溶液(1)、(2)各 5mL,分别置 100mL 容量瓶中,各加盐酸-氯化钾溶液稀释至刻度,摇匀,照分光光度法,取对照品溶液(1)的稀释液,以 239nm 为测定波长(λ_2),在 295nm 波长附近(每隔 0.2nm)选择等吸收点波长为参比波长(λ_1),要求 $\Delta A = A_{\lambda_2} - A_{\lambda_1} = 0$。再在 λ_2 和 λ_1 波长处分别测定供试品溶液的稀释液与对照品溶液(2)的稀释液的吸光度,求出各自的吸光度差值(ΔA),计算,即得。

TMP 的标示量(%)的计算方法与 SMZ 相同。

8.4.5 注意事项

(1) 为使片粉溶解完全,振摇 15min 加以控制,其中辅料不溶物应过滤,否则影响紫外测定。

(2) 弃去初滤液,取续滤液,移液管应用续滤液润洗三次以保持浓度一致。

(3) 配制好的浓稀溶液应作好标签记号。

8.4.6 思考题

(1) 双波长的选择原则必须符合什么条件?为什么?

(2) 在利用最大吸收波长测定时,为什么测定的是 $\lambda_{max} \pm 2nm$ 处的吸光度?

(3) 在含量测定结果的计算公式中,为什么没有考虑稀释倍数?

(贵阳医学院　郝小燕)

第9章 荧光分析法

实验 9.1 荧光法测定硫酸奎尼丁的含量

9.1.1 目的与要求

(1) 掌握荧光法测定硫酸奎尼丁含量的原理和方法(标准曲线法)。
(2) 了解荧光分光光度计的使用方法。

9.1.2 方法提要

硫酸奎尼丁为抗心律失常药,是硫酸奎宁的光学异构体,其结构式如下

$$\left[\begin{array}{c}\text{结构式}\end{array}\right]_2 \cdot H_2SO_4 \cdot 2H_2O$$

其中,$M_{(C_{20}H_{24}N_2O_2)_2 \cdot H_2SO_4 \cdot 2H_2O} = 782.96 \text{g/mol}$。

本品分子具有喹啉环结构,在紫外光的激发下能产生较强的荧光,在荧光分光光度计上描绘出激发光谱和发射光谱,确定适当的激发波长和荧光波长,测定其荧光强度,用标准曲线法计算出本品的含量。

9.1.3 仪器与试剂

仪器:荧光分光光度计,1cm 荧光池,50mL 容量瓶,100mL 容量瓶,移液管,5mL 刻度吸管等玻璃仪器。

试剂:0.05mol/L H_2SO_4 溶液,硫酸奎尼丁对照品,硫酸奎尼丁样品(原料药)。

9.1.4 操作步骤

1. 供试品溶液的制备

取硫酸奎尼丁供试品约 50mg,精密称定,置 100mL 容量瓶中,用 0.05mol/L H_2SO_4 溶液溶解并稀释至刻度,摇匀。精密吸取 1mL,置 100mL 容量瓶中,用 0.05mol/L H_2SO_4 溶液稀释至刻度,摇匀,备用。

2. 对照品溶液的制备

取硫酸奎尼丁对照品约 50mg,精密称定,置 50mL 容量瓶中,用 0.05mol/L H_2SO_4 溶液溶解并稀释至刻度,摇匀;精密吸取 5mL,置 50mL 容量瓶中,用 0.05mol/L H_2SO_4 溶液稀释至刻度,摇匀,作为对照品储备液(100μg/mL)。精密量取该储备液 1mL、2mL、3mL、4mL 及

5mL,分别置 50mL 容量瓶中,用 0.05mol/L H_2SO_4 溶液稀释至刻度,摇匀,作为工作曲线对照品溶液(1)、(2)、(3)、(4)、(5)。

3. 测定

(1)开机。开机前取出样品室中的干燥剂,照仪器说明书开启主机电源,开启计算机,运行仪器工作站软件,设置相关参数。

(2)调零。在荧光池中装入空白溶液(0.05mol/L H_2SO_4),进行仪器调零,调零完毕,将空白溶液换成对照品溶液。

(3)荧光波长的选择。先将激发波长设定为 360nm,在 400～600nm 范围对荧光波长进行扫描,选择荧光强度较大的波长作为荧光波长(450nm)。

(4)激发波长的选择。将荧光波长设定为上述选择的荧光波长(450nm),在 200～500nm 范围对激发波长进行扫描,选择荧光强度较大的波长作为激发波长(350nm)。

(5)样品测定。将激发波长固定在 350nm 处,荧光波长固定在 450nm 处,分别测定工作曲线对照品溶液(1)、(2)、(3)、(4)、(5)和供试品溶液的荧光强度,用荧光强度 F 对硫酸奎尼丁的浓度 c 作图得工作曲线,从工作曲线上查得硫酸奎尼丁的浓度(μg/mL),然后根据样品质量 m,按下式计算样品中硫酸奎尼丁的含量。

$$硫酸奎尼丁的质量分数(\%) = \frac{查得硫酸奎尼丁的浓度(μg/mL)}{m(mg) \times \frac{1}{100} \times \frac{1}{100} \times 1000} \times 100\%$$

9.1.5 注意事项

(1)硫酸奎尼丁对照品溶液必须当天配制,避光保存。

(2)注意勿污染空白溶液(0.05mol/L H_2SO_4),倒多的溶液应弃去,切勿倒回试剂瓶。

(3)所用玻璃仪器勿用洗衣粉进行洗涤,否则若清洗不净会干扰测定。

9.1.6 思考题

(1)为什么对照品溶液要先配成浓度较高的储备液,再进行稀释?

(2)测量时,为什么要测定 H_2SO_4 空白溶液?能用 0.05mol/L 的 HCl 溶液代替 0.05mol/L 的 H_2SO_4 溶液吗?为什么?

(贵阳医学院 郝小燕)

实验 9.2 荧光法测定维生素 B_2 片的含量

9.2.1 目的与要求

(1)掌握荧光法测定维生素 B_2 片含量的原理和方法(对照品比较法)。

(2)熟悉荧光分光光度计的使用方法。

(3)了解激发光谱和发射光谱的绘制方法。

9.2.2 方法提要

本品为维生素类药物,参与体内生物氧化作用。其分子结构式如下其中，$M_{C_{17}H_{20}N_4O_6} = 376.37 \text{g/mol}$。

由于分子结构上具有异咯嗪结构，在紫外光的激发下可产生黄绿色的荧光。利用这一特性，可测量其荧光强度，用对照品比较法求出本品的含量。

9.2.3 仪器与试剂

仪器：荧光分光光度计，1cm 荧光池，研钵，50mL 容量瓶，100mL 容量瓶，移液管，5mL 刻度吸管等玻璃仪器。

试剂：1%乙酸溶液，维生素 B_2 对照品，维生素 B_2 片。

9.2.4 操作步骤

1. 供试品溶液的制备

取 20 片维生素 B_2，精密称定，研细。精密称取适量（约相当于 10mg 维生素 B_2），置 100mL 容量瓶中，加 1%乙酸溶液，振摇使其溶解，并稀释至刻度，摇匀，过滤。弃去初滤液，精密量取续滤液 10mL 置 100mL 容量瓶中，加 1%乙酸溶液稀释至刻度，摇匀。精密量取该溶液 2mL 置 50mL 容量瓶中，加 1%乙酸溶液稀释至刻度，摇匀。作为供试品溶液，备用。

2. 对照品溶液的制备

精密称取维生素 B_2 对照品 10mg，置 1000mL 容量瓶中，加 1%乙酸溶液使其溶解，并稀释至刻度，摇匀，作为对照品储备液（10μg/mL）。精密量取该储备液 2mL，置 50mL 容量瓶中，加 1%乙酸溶液稀释至刻度，摇匀，作为对照品溶液。

3. 测定

(1) 开机。开机前取出样品室中的干燥剂，照仪器说明书开启主机电源，开启计算机，运行仪器工作站软件，设置相关参数。

(2) 调零。在荧光池中装入空白溶液（1%乙酸溶液），进行仪器调零，调零完毕，将空白溶液换成对照品溶液。

(3) 荧光波长的选择。先将激发波长设定为 360nm，在 400～600nm 范围对荧光波长进行扫描，选择荧光强度较大的波长作为荧光波长（520nm）。

(4) 激发波长的选择。将荧光波长设定为上述选择的荧光波长（520nm），在 200～500nm 范围对激发波长进行扫描，选择荧光强度较大的波长作为激发波长（265nm）。

(5) 样品的测定。将激发波长固定在 265nm 处，荧光波长固定在 520nm 处，用 1%乙酸溶液作为空白溶液调零，分别测定对照品溶液和样品溶液的荧光强度，按照下列关系式计算出样

品中维生素 B_2 的浓度及含量。

$$维生素\ B_2\ 的浓度\ c_X = \frac{F_X}{F_S} \times c_S$$

$$维生素\ B_2\ 的标示量(\%) = \frac{c_X \times 10^{-3} \times 平均片重}{m \times \frac{1}{100} \times \frac{10.0}{100} \times \frac{2.00}{50} \times 标示量} \times 100\%$$

式中：c_X 为待测样品溶液的浓度（μg/mL）；c_S 为对照品溶液的浓度（μg/mL）；F_X 为供试品溶液的荧光强度；F_S 为对照品溶液的荧光强度；m 为样品的质量（mg）。

9.2.5 注意事项

（1）对照品储备液应保存在冷暗处，备用。对照品溶液临时配制。

（2）测量完毕，应退出工作站软件，关闭计算机，关闭主机电源。取出荧光池，洗净，晾干。将干燥剂放入样品室中，关闭样品室门。填写仪器使用记录。

（3）荧光波长和激发波长的选择，不同的仪器稍有差别。

9.2.6 思考题

（1）如果空白溶液的荧光强度调不到零时，应怎样处理？

（2）选择不同的激发波长对测定结果有影响吗？为什么？

（贵阳医学院　郝小燕）

第 10 章　红外分光光度法

实验 10.1　样品的红外吸收光谱的测绘

10.1.1　目的与要求

（1）掌握供试品光谱与《药品红外光谱集》的比对。
（2）熟悉固体样品制备和红外光谱的测绘方法及仪器使用规程。
（3）了解国家药典委员会编制出版的《药品红外光谱集》。

10.1.2　方法提要

本实验选择固体样品绘制红外光谱图，然后对图谱进行解析，并与《药品红外光谱集》收载的对照图谱比对，掌握供试品的制备及测定。

10.1.3　仪器与试剂

仪器：傅里叶红外光谱仪。
试剂：阿司匹林，分子式 $C_9H_8O_4$，结构式如下

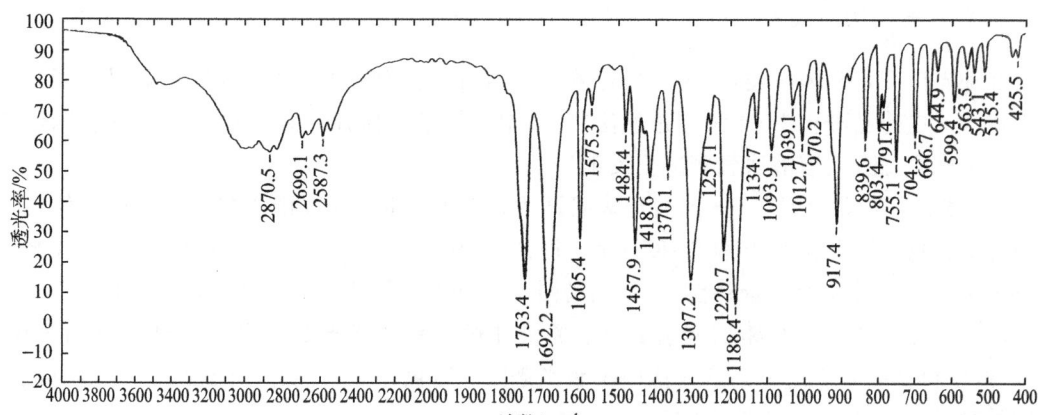

10.1.4　操作步骤

1. 制备方法

选择压片法。取阿司匹林约 1mg，置玛瑙研钵中，加入干燥的 KBr 细粉约 200mg，充分研

图 10-1　阿司匹林的红外吸收光谱图

磨混匀,移至直径为 13mm 的压模中,使铺布均匀,抽真空约 2min 后,加压至 0.8~1GPa,保持 2~5min,除去真空,取出制成的供试片,目视检查应均匀透明,无明显颗粒。将供试片置于仪器的样品光路中,并扣除用同法制成的空白 KBr 片的背景,录制光谱图,如图 10-1 所示。

2. 主要峰位的归属

阿司匹林红外吸收光谱主要峰位的归属见表 10-1。

表 10-1 阿司匹林红外吸收光谱数据表

吸收峰/cm^{-1}	振动类型	基团	峰强度
>3000	ν_{Ar-CH}	苯环	w
2997、2870	ν_{CH}	CH_3	m,m
2699、2587、2546	ν_{-OH}	—COOH	m,m,m
1753	$\nu_{C=O}$	—COO	vs
1692	$\nu_{C=O}$	—COOH	vs
1605、1575、1484	$\nu_{ArC=C}$	苯环	s,w,m
1457、1370	δ_{CH}	CH_3	s,m
1307、1188	ν_{C-O-C}	—COO	vs,vs
917	γ_{-OH}	—COOH	s
755	δ_{Ar-CH}	苯环	m

3. 与《药品红外光谱集》收载的对照图谱比对

阿司匹林供试品的红外吸收光谱应与对照的图谱《药品红外光谱集》(光谱号 5)一致。

10.1.5 《中华人民共和国药典》收录的红外光谱测定技术简介

1. 红外光谱测定技术

红外光谱测定分为两类:一类是指检测方法,如透射、衰减全反射、漫反射等;另一类是指制样技术。在药品分析中,常采用透射法测定,制样技术除压片法外,《中华人民共和国药典》还收载了糊法、膜法、溶液法和衰减全反射法。

(1) 糊法。取供试品约 5mg,置玛瑙研钵中,滴加少量液状石蜡或其他适宜的液体,制成均匀的糊状物,取适量夹于两个 KBr 片(每片重约 150mg)之间,作为供试片;以 KBr 约 300mg 制成空白片作为背景补偿,录制光谱图。也可用其他适宜的盐片夹持糊状物。

(2) 膜法。参照上述糊法所述的方法,将液体供试品铺展于 KBr 片或其他适宜的盐片中录制;或将供试品置于适宜的液体池内录制光谱图。若供试品为高分子聚合物,可先制成适宜厚度的薄膜,然后置样品光路中测定。

(3) 溶液法。将供试品置于适宜的溶剂内,制成 1%~10% 浓度的溶液,置于 0.1~

0.5mm 厚度的液体池中录制光谱图,并以相同厚度装有同一溶剂的液体池作为背景补偿。

(4) 衰减全反射法。将供试品均匀地铺展在衰减全反射棱镜的底面上,使紧密接触,依法录制反射光谱图。

2. 制谱

《药品红外光谱集》收载的图谱的横坐标为波数(cm^{-1}),纵坐标为透光率(T)。红外光谱图的绘制分辨率采用 $2cm^{-1}$ 条件绘制,基线一般控制在 90% 透光率以上,供试品取量一般控制在使其最强吸收峰在 10% 透光率以下。

10.1.6 《药品红外光谱集》简介

由于红外光谱的高度专属性,是有机药品重要的鉴别方法。特别是许多药品化学结构比较复杂或相互之间化学结构差异较小,当用颜色反应、沉淀、结晶形成或紫外-可见分光光度法等常用方法不足以相互区分时,红外光谱法更是行之有效的鉴别手段。

《药品红外光谱集》由国家药典委员会组织编制出版,为了适应我国对药品监督检验的需要,分卷出版《药品红外光谱集》,1995 年出版了第一卷,收载了光栅型红外分光光度计,绘制的药品红外光谱图共 685 幅。2000 年出版了第二卷,收载药品红外光谱图 208 幅,并且全部改由傅里叶红外光谱仪绘制。2005 年出版第三卷,共收载药品红外光谱图 210 幅。2010 年出版第四卷,共收载药品红外光谱图 124 幅。凡在《中华人民共和国药典》和国家药品标准中收载红外鉴别或检查的品种,除特殊情况外,本光谱集中均有相应收载,以供比对。

《药品红外光谱集》每卷有三个部分,即说明、光谱集和索引。光谱图是由《中华人民共和国药典》、国家药品标准中所收载的药品用红外光谱仪录制而得。每幅光谱图并记载该药品的中文名、英文名、结构式、分子式、光谱号及试样的制备方法等。

索引有中文名索引、英文名索引、分子式索引,索引中列出的数字是指光谱号。

10.1.7 注意事项

采用压片法制样也可采用其他直径的压模制片,样品与分散剂的用量可相应调整以制得浓度合适的片子。

采用压片法制样时,如果样品为盐酸盐,但与 KBr 之间不发生离子交换反应,则采用 KBr 作为制片基质。否则,盐酸盐样品制样时必须使用 KCl 基质。

压片法对 KBr 或 KCl 的质量要求:用 KBr 或 KCl 制成空白片,录制光谱图,基线应大于 75% 透光率;除在 $3440cm^{-1}$ 及 $1630cm^{-1}$ 附近因残留或附着水而呈现一定的吸收峰外,其他区域不应出现大于基线 3% 透光率的吸收谱带。

10.1.8 思考题

(1) 红外光谱的制样技术含有哪些方法?
(2) 采用压片法制样应注意哪些问题?
(3) 阿司匹林的红外光谱可以确证含有哪些官能团,给出对应的特征峰和一组相关峰?

(烟台大学 孙秀燕)

第11章 原子吸收分光光度法

实验11.1 石墨炉原子吸收分光光度法测定中药中的镉

11.1.1 目的与要求

(1)掌握原子吸收分光光度法的基本原理。
(2)了解原子吸收分光光度计的基本结构和操作方法。
(3)了解石墨炉原子化器的工作原理和使用方法。
(4)学习用标准曲线法进行定量测定。
(5)了解和学习中药固体样品的消解方法。

11.1.2 方法提要

原子吸收分光光度法是基于从光源辐射的待测元素特征光谱通过试样蒸气时,被蒸气中待测元素的基态原子所吸收,测定辐射光强度减弱的程度以求出试样中待测元素含量的一种方法,原子吸收遵循一般分光光度法的吸收定律。该法具有灵敏度高、选择性好、准确度高、操作简便及分析速度快等特点,因而被广泛应用于各种领域,是测定微量元素的首选分析方法。

将试样中待测元素转化为基态原子的原子化方法主要有火焰原子化和非火焰原子化两种。石墨炉原子吸收分光光度法是一种非火焰原子化分光光度法,是利用高温石墨管使试样干燥、灰化、充分原子化,试样利用率几乎高达100%。由于自由原子在吸收区停留时间长,故灵敏度比火焰法高100~1000倍,试样用量仅5~100μL。其缺点是干扰大,必须进行背景扣除,且操作比火焰法复杂。

用该方法测定中药试样中的微量金属元素,首先要对试样进行消化处理,使其中的金属元素以溶液的状态存在。

11.1.3 仪器与试剂

仪器:原子吸收分光光度计(仪器原理与使用方法见附篇第21章),空气压缩机,N_2钢瓶,镉元素空心阴极灯,微波消解仪,电热板,烧杯,容量瓶等。

试剂:镉标准储备液[精密量取镉单元素标准溶液适量,用2%硝酸溶液稀释,制成每1mL含镉(Cd)0.4μg的溶液(0~4℃保存)],硝酸(G.R.),高氯酸(G.R.)。

11.1.4 操作步骤

1. 仪器工作条件的选择

检测波长:228.8nm;干燥温度:100~120℃,持续20s;灰化温度:300~500℃,持续20~25s;原子化温度:1500~1900℃,持续4~5s;背景校正:氘灯或塞曼效应。

2. 中药试样的消化(选择以下方法之一)

(1) 微波消解。取中药试样粉末三份,每份 0.5g,精密称定,分别置于聚四氟乙烯消解罐内,加硝酸 3~5mL,混匀,浸泡过夜。盖好内盖,旋紧外套,置微波消解炉内,进行消解(按仪器规定的消解程序操作)。消解完全后,待压力和温度降至安全限下,取消解内罐置电热板上缓缓加热至红棕色蒸气挥尽。放冷,转入 25mL 容量瓶中,并用去离子水洗涤消解内罐,洗液合并于容量瓶中,稀释至刻度,摇匀备用。同法同时制备试剂空白溶液一份。

(2) 湿法消解。取中药试样粉末三份,每份 1g,精密称定,分别置于 25mL 消化管或 100mL 烧杯中,加入硝酸-高氯酸(4∶1)混合溶液 5~10mL,置电热板上加热消解,保持微沸,持续加热至溶液澄明后升高温度,继续加热至冒浓烟,直至白烟散尽,消解液呈无色透明或略带黄色。放冷,转入 50mL 容量瓶中,用 2% 硝酸溶液洗涤容器,洗液合并于容量瓶中,稀释至刻度,摇匀备用。同法同时制备试剂空白溶液一份。

3. 镉工作曲线的绘制

(1) 镉标准系列溶液的配制。分别精密量取镉标准储备液适量,用 2% 硝酸溶液稀释,制成含镉为 0ng/mL、0.8ng/mL、2.0ng/mL、4.0ng/mL、6.0ng/mL、8.0ng/mL 的溶液。

(2) 镉标准系列溶液的测定。按选定的仪器工作条件,由稀到浓,分别精密吸取镉标准系列溶液 10μL,注入石墨炉原子化器,测定吸光度。以吸光度为纵坐标,浓度为横坐标,绘制工作曲线。

4. 试样溶液的测定

分别精密吸取空白溶液与三份试样溶液各 10μL,按标准系列溶液测定项下同样工作条件,注入石墨炉原子化器,测定吸光度。

$$试样溶液的吸光度 = 测得值 - 空白值$$

从工作曲线上读出试样溶液中镉的浓度,计算得出该中药试样中镉的含量。

11.1.5 注意事项

(1) 原子吸收分光光度法是一种极灵敏的分析方法,所使用的试剂纯度应符合要求,玻璃仪器应严格洗涤,用硝酸(1~2mol/L)浸泡过夜,并用重蒸的去离子水充分冲洗,保证洁净。

(2) 检测前应将石墨管进行净化(老化)处理,空检面积信号小于 0.009,方可对试样进行检测。

(3) 仪器一般需预热 10~30min。

11.1.6 思考题

(1) 试样原子化的方法有哪几种?
(2) 采用原子吸收分光光度法,常用的定量分析方法有哪些?

(福建中医药大学　李　琦)

实验 11.2　火焰原子吸收光谱法测定水中的钙(标准加入法)

11.2.1　目的与要求

(1)掌握火焰原子吸收光谱法的基本原理。
(2)了解火焰原子吸收分光光度计的基本结构和操作方法。
(3)学习原子吸收光谱标准加入法的定量方法。

11.2.2　方法提要

火焰原子吸收光谱法是利用化学火焰的热能使样品转化为气态基态原子的方法。该法比石墨炉法操作简单,但灵敏度低。

当试样组成复杂,配制的标准溶液与试样组成之间存在较大差别时,常采用标准加入法。

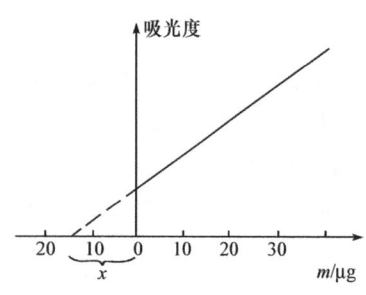

图 11-1　标准加入法的标准曲线

该法是在数个容量瓶中加入等量的试样,再分别加入不等量(倍增)的标准溶液,用适当溶剂稀释至一定体积后,依次测出它们的吸光度。以加入标样的质量(μg)为横坐标,相应的吸光度为纵坐标,绘出标准曲线(图 11-1)。图中横坐标与标准曲线延长线的交点至原点的距离 x 即为容量瓶中所含试样的质量(μg),从而求得试样的含量。

该法是一种成分分析法,常用于测定易挥发元素,可消除基体干扰和某些化学干扰。测定含量可达 10^{-9} g;精密度较高,一般小于 1‰。

11.2.3　仪器与试剂

仪器:单光束原子吸收分光光度计(图 11-2 为仪器示意图,其原理与使用方法见附篇第 21 章),空气压缩机,乙炔钢瓶,钙元素空心阴极灯,烧杯,容量瓶等。

火焰原子化器由喷雾室、雾化室、燃烧器三部分组成。

试剂:钙标准溶液 $10.0\mu g/mL$,自来水试样。

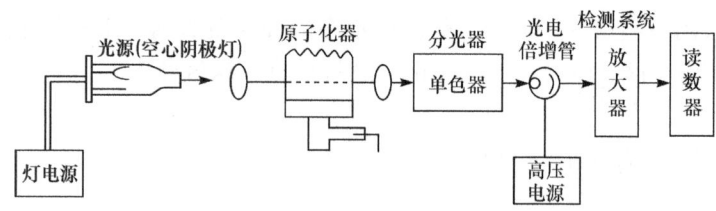

图 11-2　单光束原子吸收分光光度计示意图

11.2.4　操作步骤

1. 仪器工作条件

钙空心阴极灯工作电流:4mA;钙元素吸收线波长:422.7nm;狭缝宽度:0.1mm;空气流

量:250L/h;乙炔流量:1.4L/min;燃烧器高度:8mm。

2. 标准溶液的配制

精密量取 5 份 10mL 试样溶液,分别置于 25mL 容量瓶中,各精密加入钙标准溶液 0.0mL、1.0mL、2.0mL、3.0mL、4.0mL 于容量瓶中,用去离子水稀释至刻度,配制成一组标准溶液。

3. 测定

以去离子水为空白,测定上述各溶液的吸光度。

4. 结果处理

(1) 绘制吸光度对含量的标准曲线。

(2) 将标准曲线延长至与横坐标轴相交处,则交点至原点间的距离对应于 10.00mL 试样中钙的含量。

(3) 换算得出水样中钙的含量(mg/L)。

11.2.5 注意事项

(1) 用原子吸收分光光度法测定微量痕量元素,要注意防止由周围气氛、容器、水以及试剂等带来的污染,以保证测定的灵敏度和准确度。

(2) 气体导管、雾化器、燃烧器均应保持清洁。气体导管的所有接头应保证无漏且气体压力恒定。

(3) 单光束仪器一般需预热 10~30min;排废水管必须用水封。

(4) 点燃火焰时,应先开空气,后开乙炔气。熄灭火焰时,先关乙炔气,后关空气。

11.2.6 思考题

(1) 火焰原子吸收光谱法具有哪些特点?

(2) 原子吸收分光光度计测定不同元素时,对光源有什么要求?

(福建中医药大学 李 琦)

第 12 章 核磁共振波谱法

实验 12.1　马来酸氯苯那敏 ^{1}H NMR 谱及重水交换谱的测绘

12.1.1　目的与要求

(1) 掌握有机化合物 ^{1}H NMR 谱的基本解析方法。
(2) 熟悉 ^{1}H NMR 谱的测试方法及活泼质子确认的实验方法。
(3) 了解核磁共振波谱仪的基本原理。

12.1.2　仪器与试剂

仪器：瑞士 Bruker 公司 AVANCE-400MHz 超导核磁共振波谱仪。
试剂：马来酸氯苯那敏对照品，以四甲基硅烷（TMS）为内标物；氘代二甲基亚砜（DMSO-d_6）。

12.1.3　实验方法

1. 马来酸氯苯那敏简述

中文名：马来酸氯苯那敏
英文名：chlorphenamine maleate
分子式：$C_{16}H_{19}ClN_2 \cdot C_4H_4O_4$
结构式：

2. 样品溶液配制

取马来酸氯苯那敏约 10mg，置于直径 5mm 的核磁样品管中，加入 0.5mL DMSO-d_6 溶解。

3. 操作步骤

(1) 将样品（管）插入转子中并置于样品腔中。
(2) 锁场（locking）、匀场（shimming）并调谐（tuning）。
(3) 调出氢谱的程序，选择合适的采样参数采样（data acquisition）。
(4) 采样结束后，按规定方式进行谱图相位校正（correction of phase）并积分（integration）。

(5) 绘出^{1}H NMR图谱,如图12-1所示。

(6) ^{1}H NMR谱完成后,在样品管中加入1滴重水,按操作步骤项下的(1)~(5)项重复操作,绘出重水交换图谱,如图12-2所示。

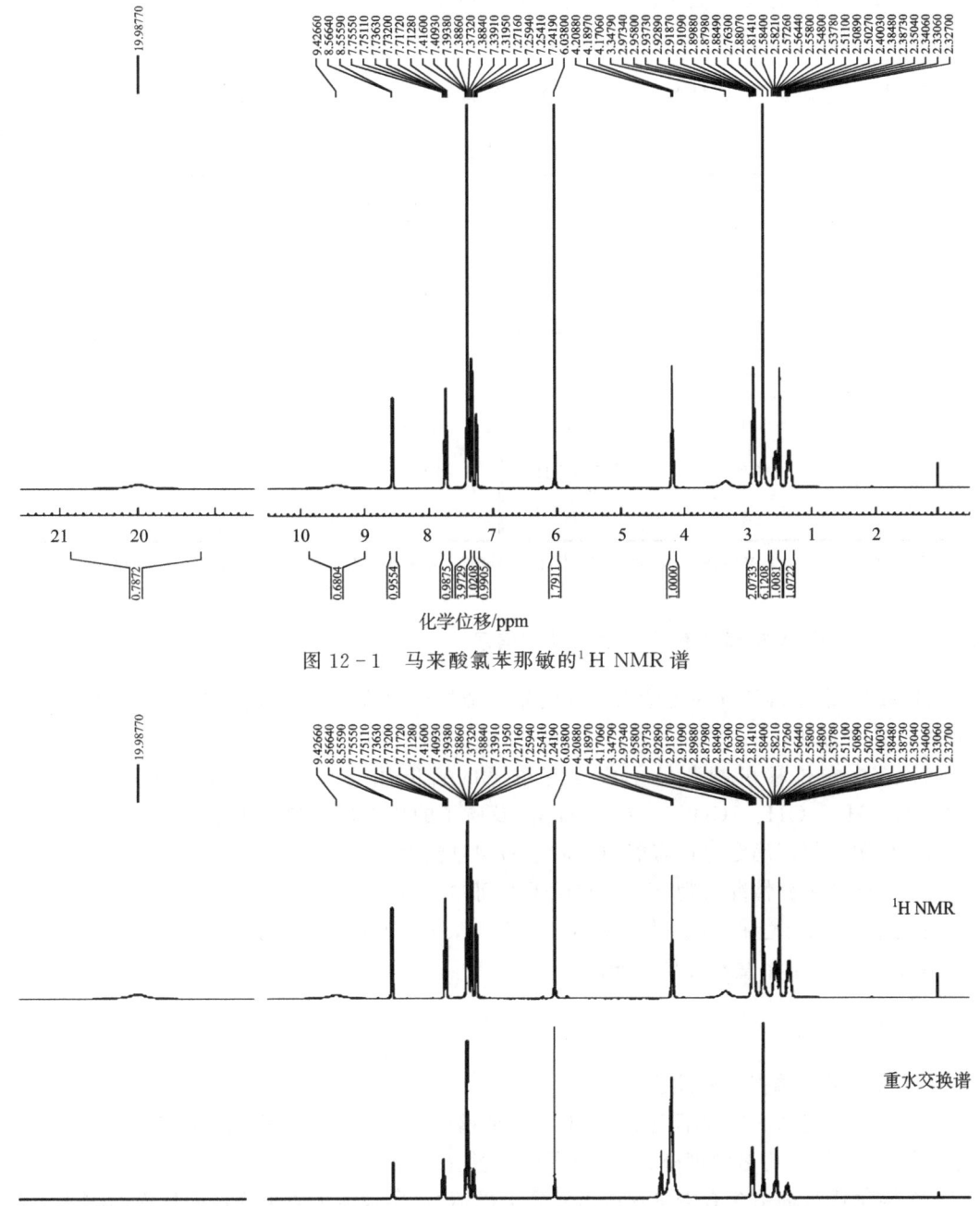

图12-1 马来酸氯苯那敏的^{1}H NMR谱

图12-2 马来酸氯苯那敏的^{1}H NMR谱与重水交换谱

12.1.4 方法提要

(1) 测定有机化合物的核磁共振谱必须用氘代溶剂,以防止溶剂中氢的干扰。
(2) TMS用于标定核磁共振谱图的零位(0ppm)。
(3) 锁场是锁定氘核信号,以避免磁场漂移。

12.1.5 马来酸氯苯那敏 ^{1}H NMR 谱图、重水交换谱图解析(表12-1)

表12-1 马来酸氯苯那敏核磁共振氢谱的解析

化学位移/ppm	质子数	质子归属	化学位移/ppm	质子数	质子归属
2.59	1	3-Ha	7.33	1	3′-H
2.65	1	3-Hb	7.39	4	2″-H,3″-H,5″-H,6″-H
2.76	6	1-NCH$_3$	7.73	1	4′-H
2.92	2	2-H	8.56	1	6′-H
4.19	1	4-H	9.43	1	1‴-OH 或 4‴-OH
6.04	2	2‴-H,3‴-H	19.99	1	4‴-OH 或 1‴-OH
7.26	1	5′-H			

注:δ9.43(1H,s)、δ19.99(1H,s)经重水交换后H信号消失,证明为活泼质子峰,应归属为马来酸的两个羧酸质子。

12.1.6 ^{1}H NMR 所提供的有机化合物结构信息

^{1}H NMR 谱已得到许多规律用于有机分子结构的研究。从常规^{1}H NMR 谱中可以得到三方面的结构信息:

(1) 从化学位移可判断分子中含有质子的官能团类型(如—CH$_3$、—CH$_2$—、=CH、≡CH、Ar—H、—OH、—CHO、—COOH等)及质子的化学环境和磁环境。
(2) 从积分值可确定每种官能团中质子的相对数目。
(3) 从偶合裂分情况可判断质子与质子之间的关系。
(4) 连在杂原子上的质子(如—OH、—NH、—SH)称为活泼质子,其化学位移范围较宽,一般不易识别,可采用重水交换实验确认。

12.1.7 注意事项

在氘代溶剂的选择上应注意:

(1) 因氘代溶剂的氘代不完全,在^{1}H NMR 谱中会出现残留质子的吸收峰,如DMSO,故在配制样品时,除考虑溶解度外,还要考虑尽可能避开溶剂峰的干扰。
(2) 因氘代溶剂中含有少量水或因样品干燥不好,导致活泼质子峰被交换而检测不到时,可选用黏度较大的DMSO为溶剂,以获得活泼质子峰。

12.1.8 思考题

(1) 400MHz核磁共振仪测试氢谱时的工作频率是多少?
(2) 400MHz核磁共振仪测试氢谱时,其偶合常数怎样计算?如某质子信号被裂分成两重峰，化学位移分别为 4.045ppm 和 4.036ppm，属一级裂分，偶合常数是多少？

(3) 怎样测绘重水交换谱？

（烟台大学　孙秀燕）

实验 12.2　马来酸氯苯那敏核磁共振碳谱的测绘

12.2.1　目的与要求

(1) 了解核磁共振碳谱(^{13}C NMR 谱)的测绘方法。
(2) 熟悉有机化合物核磁共振碳谱的基本解析方法。

12.2.2　方法提要

为提高碳谱检测灵敏度，除通过多次累加以提高信噪比外，常规的 ^{13}C NMR 谱是采用全氢去偶脉冲序列技术测定的全氢去偶碳谱，所测得 ^{13}C NMR 谱不但检测灵敏度大大提高，一般情况下每个碳原子对应一个谱峰，谱图相对简化便于解析。

12.2.3　仪器与试剂

仪器：瑞士 Bruker 公司 AVANCE-400MHz 超导核磁共振波谱仪。

试剂：马来酸氯苯那敏对照品，以四甲基硅烷(TMS)为内标物；氘代二甲基亚砜(DMSO-d_6)。

12.2.4　实验方法

1. 马来酸氯苯那敏简述

见实验 12.1。

2. 样品溶液配制

取马来酸氯苯那敏约 20mg，置于直径 5mm 的核磁样品管中，加入 0.5mL DMSO-d_6 溶解。

3. 操作步骤

(1) 将样品(管)插入转子中并置于样品腔中。
(2) 锁场、匀场并调谐(与氢谱操作相同)。
(3) 调出碳谱的程序，选择合适的采样参数采样。累加次数视样品浓度大小而定，一般在 1K(1K=1024 次)左右。
(4) 采样结束后，按规定方式进行谱图相位校正。
(5) 绘出 ^{13}C NMR 图谱，如图 12-3 所示。

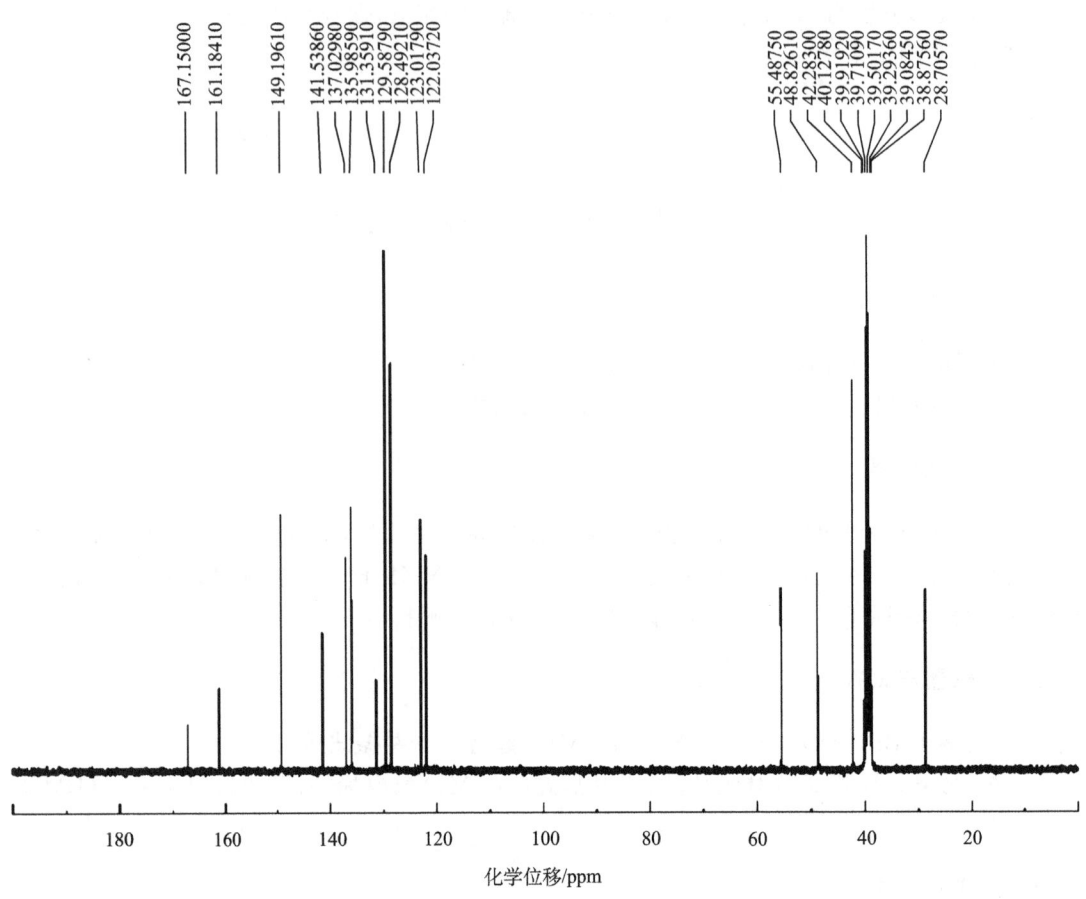

图 12-3 马来酸氯苯那敏的核磁共振碳谱

12.2.5 马来酸氯苯那敏 ^{13}C NMR 谱图解析（表 12-2）

表 12-2 马来酸氯苯那敏核磁共振碳谱的解析

碳序号	化学位移/ppm	碳序号	化学位移/ppm
1-NCH$_3$	42.3	6′	149.2
2	55.5	1″	141.5
3	28.7	2″,6″	129.6
4	48.8	3″,5″	128.5
2′	161.2	4″	131.4
3′	123.0	1‴,4‴	167.2
4′	137.0	2‴,3‴	136.0
5′	122.0		

12.2.6 ^{13}C NMR 所提供的有机化合物结构信息

在有机化合物中,有些官能团不含氢,如季碳、羰基碳等,官能团的信息不能从 ^{1}H NMR

谱中得到,只能从 ^{13}C NMR 谱获得。

^{13}C NMR 谱按化学位移 δ 值可分为三个区,每个区显示不同碳原子类型。①饱和碳原子区 δ 值小于 100ppm,如果饱和碳原子与杂原子(O、S、N、F 等)相连,其 δ 值移向低场;②不饱和碳原子区 δ 值范围在 90~160ppm,烯碳原子和芳香碳原子在这个区域出峰;③羰基区 δ 值通常大于 150ppm,其中酸、酯和酸酐的羰基碳原子 δ 值在 160~180ppm 出峰,酮和醛 δ 值在 200ppm 以上出峰。

^{13}C NMR 谱的优点:①分辨能力高,谱线之间分得很开,容易识别;②化学位移范围大,分布宽。一般有机化合物化学位移范围可达 0~250ppm。对于大多数有机化合物,常可检测到每个碳原子的共振信号,即每个碳原子对应一个谱峰,谱图相对简化、便于解析,并可得到丰富的碳骨架信息。

12.2.7 注意事项

(1) ^{13}C 核的天然丰度低(1.1%),^{13}C 核的磁旋比 γ 值比 ^{1}H 核的 γ 值小 4 倍,使得 ^{13}C 核的灵敏度很低,仅为 ^{1}H 核的 1/5700。因此,所需样品量比 ^{1}H 谱大。

(2) ^{13}C NMR 谱的累加次数(NS)与样品浓度有关,样品浓度越大则 NS 越少,采样时间越短。

12.2.8 思考题

(1) 400MHz 核磁共振仪测试碳谱时的工作频率是多少?
(2) 为什么 ^{13}C NMR 谱检测灵敏度很低?
(3) 全氢去偶碳谱有何优点?

(烟台大学　孙秀燕)

实验 12.3　马来酸氯苯那敏核磁共振 DEPT 谱的测绘

12.3.1　目的与要求

(1) 熟悉有机化合物核磁共振 DEPT 谱的解析方法及其在核磁共振波谱解析中的应用。
(2) 了解核磁共振 DEPT 谱的绘制方法。

12.3.2　方法提要

DEPT 是无畸变极化转移增益法(distortionless enhancement by polarization transfer)的简称,是 ^{13}C NMR 谱解析的一种辅助手段。DEPT 谱可用以确定有机化合物分子中碳连接氢的数目,将 ^{13}C NMR 谱中伯、仲、叔、季四种碳信号分开,便于碳谱的解析。

12.3.3　仪器与试剂

仪器:瑞士 Bruker 公司 AVANCE-400MHz 超导核磁共振波谱仪。
试剂:马来酸氯苯那敏对照品,以四甲基硅烷(TMS)为内标物;氘代二甲基亚砜(DMSO-d_6)。

12.3.4 实验方法

1. 马来酸氯苯那敏简述

见实验 12.1。

2. 样品溶液配制

取马来酸氯苯那敏约 20mg,置于直径 5mm 的核磁样品管中,加入 0.5mL DMSO-d_6 溶解。

3. 操作步骤

(1)将样品(管)插入转子中并置于样品腔中。
(2)锁场、匀场并调谐(与氢谱操作相同)。
(3)调出 DEPT-135 谱或 DEPT-90 谱的标准脉冲程序,选择合适的采样参数采样。累加次数视样品浓度大小而定,一般在 1K(1K=1024 次)左右。
(4)采样结束后,按规定方式进行谱图相位校正。
(5)绘出 DEPT-135 谱或 DEPT-90 谱图。一般情况下,将 ^{13}C NMR 谱、DEPT-90 谱和 DEPT-135 绘制在一张谱图上(图 12-4)。

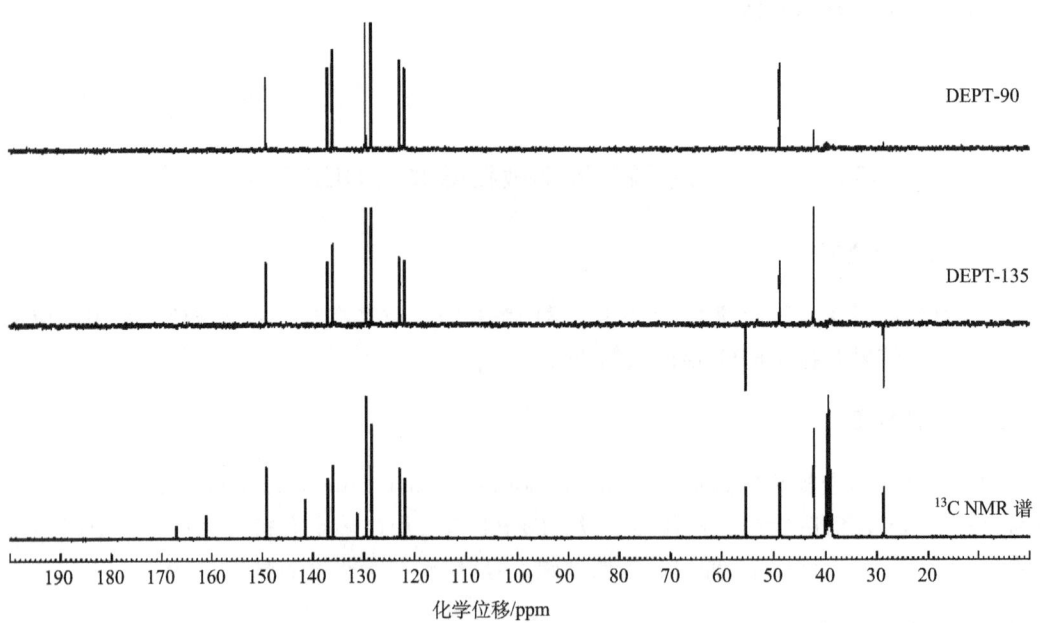

图 12-4 马来酸氯苯那敏的 ^{13}C NMR 谱和 DEPT 谱

12.3.5 马来酸氯苯那敏 ^{13}C NMR 谱、DEPT-135 谱和 DEPT-90 谱图解析（表 12-3）

表 12-3 马来酸氯苯那敏 ^{13}C NMR 谱和 DEPT 谱图的解析

碳序号	化学位移/ppm	DEPT	碳序号	化学位移/ppm	DEPT
1-NCH$_3$	42.3	CH$_3$	6′	149.2	CH
2	55.5	CH$_2$	1″	141.5	C
3	28.7	CH$_2$	2″,6″	129.6	CH
4	48.8	CH	3″,5″	128.5	CH
2′	161.2	C	4″	131.4	C
3′	123.0	CH	1‴,4‴	167.2	C
4′	137.0	CH	2‴,3‴	136.0	CH
5′	122.0	CH			

12.3.6 DEPT 谱提供的有机化合物结构信息

DEPT 谱中，$\theta=135°$时，伯碳 CH$_3$、叔碳 CH 信号向上出峰，仲碳 CH$_2$ 信号则向下出峰，季碳信号不出峰；$\theta=90°$时，只有叔碳 CH 信号出峰；$\theta=45°$时，伯碳 CH$_3$、叔碳 CH 信号向上出峰。将 ^{13}C NMR 谱、DEPT-90 谱和 DEPT-135 谱三个谱绘在一张图上进行比较，即可区别伯、仲、叔、季四种碳信号。此法主要用于碳原子级数的确定。在 ^{13}C NMR 谱解析的实际应用中，一般情况下仅测绘 DEPT-90 谱和 DEPT-135 谱即可。

12.3.7 注意事项

与实验 12.2 马来酸氯苯那敏核磁共振碳谱测绘实验的注意事项相同。

12.3.8 思考题

^{13}C NMR 谱解析的实际应用中，为什么很少选用 DEPT-45 谱的测绘？

（烟台大学　孙秀燕）

第13章 质 谱 法

实验 13.1 对乙酰氨基酚的质谱测绘(EI)

13.1.1 目的与要求

了解对有机化合物样品进行质谱分析的一般方法。

13.1.2 方法提要

电子轰击源(electron impact source,EI)是常用于有机物电离的离子源,属于硬电离方式,所得碎片离子多,获得有关分子结构的信息量大。各类有机化合物在质谱中的裂解行为与其官能团的性质密切相关。先用已知样品测定其质谱,了解由分子离子峰及碎片离子峰与有机化合物的结构关系,为用质谱分析未知物结构打基础。

13.1.3 仪器与试剂

仪器:Thermo Fisher Trace DSQⅡ四极杆质谱仪。

试剂:对乙酰氨基酚,化学式 $C_8H_9NO_2$,相对分子质量 151,结构式为

$$HO-\langle\text{苯环}\rangle-NH-CO-CH_3$$

13.1.4 操作步骤

1. 实验条件

直接进样程序升温	50~350℃ (10min)
EI 源	70eV
质量范围	20~200u
扫描速率	10 000u/s

2. 操作步骤

直接进样方式,操作方法如下:

(1) 样品准备。取对乙酰氨基酚样品少量,精密称定,用甲醇溶解并定容,然后稀释成浓度为 $10\mu g/mL$ 的溶液备用。取 $1\sim 2\mu L$ 样品溶液于坩埚中,置于60℃烘箱中5min挥干溶剂。

(2) 进样。将坩埚小心装入直接进样杆工具上,打开真空锁定阀,点击软件中"抽真空"功能键,等待真空自动抽好后,将直接进样杆轻轻推入至第二卡口处,锁定,点击直接进样控制面板上的"STAT",开始分析和检测样品。

13.1.5 质谱解析

1. 测得对乙酰氨基酚质谱图(图 13-1)

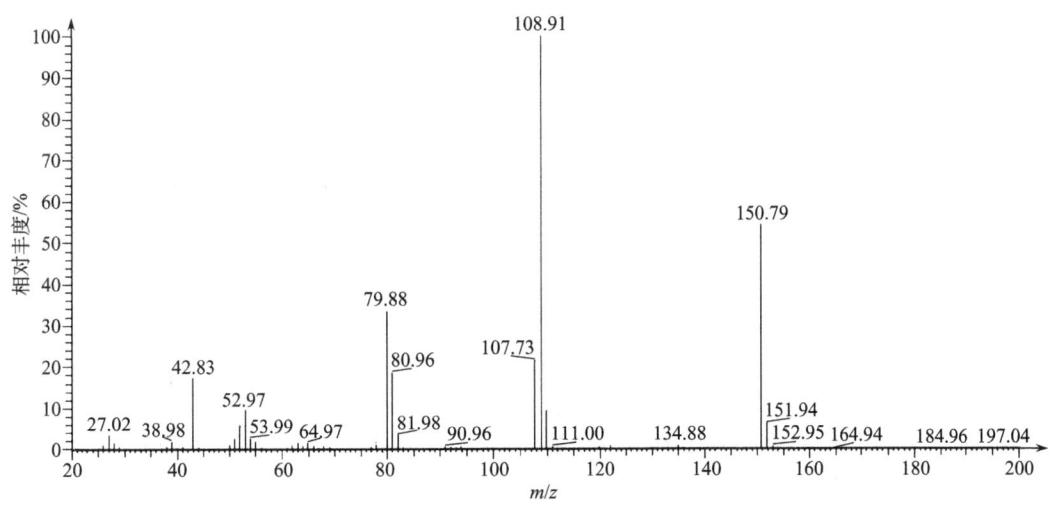

图 13-1 对乙酰氨基酚 EI-MS 谱图

2. 质谱解析

对乙酰氨基酚的 EI-MS 谱(图 13-1),主要特征离子及相对丰度数据见表 13-1。

表 13-1 对乙酰氨基酚的主要特征离子及相对丰度数据

质荷比(m/z)	相对丰度/%	备注
151	53.99	分子离子峰
109	100	基峰
108	21.48	碎片峰
80	33.44	碎片峰
81	18.69	碎片峰
43	17.36	碎片峰

在对乙酰氨基酚的 EI-MS 谱的高质量范围内,最大 m/z 值是 151,说明对乙酰氨基酚的整数相对分子质量是 151。因为相对分子质量为奇数,根据氮律,对乙酰氨基酚的化学结构中应该含有奇数个氮,这些质谱数据与对乙酰氨基酚的化学结构是一致的。

高质量区的 m/z 109 碎片离子是 α-裂解[羰基(C=O)周围 α-键裂解]生成的奇数电子离子,低质量区的 m/z 43 碎片离子是羰基周围 α-裂解生成偶电子离子。由于对位有氨基而产生共轭使酚羟基的酸性更强,可以电离出氢离子,因此,m/z 109 的碎片离子可以发生电离失去一个氢得到 m/z 108 碎片离子。同时,m/z 109 碎片离子还可以通过电子转移失去一个 CO 裂解生成 m/z 81 碎片离子,然后 m/z 81 碎片离子通过电子转移失去一个 H 生成更稳定的 m/z 80 碎片离子。

依据上述分析,对乙酰氨基酚结构的 EI-MS 断裂途径和主要特征离子的可能结构归属如图 13-2 所示。

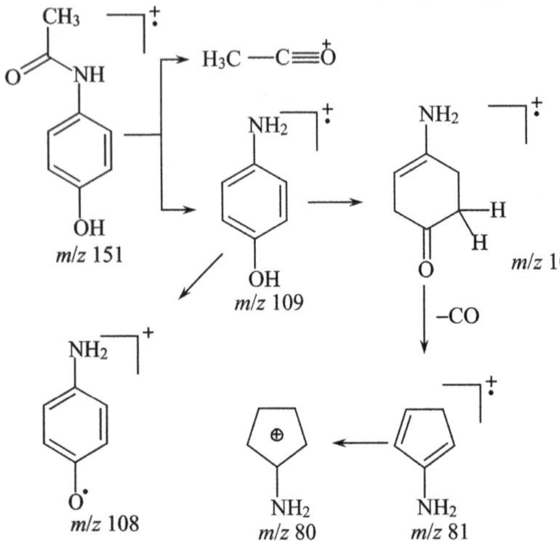

图 13-2 对乙酰氨基酚裂解途径和主要特征离子的可能结构

13.1.6 谱图库检索

将测得的质谱图与谱图库中的标准图谱比对,结果如图 13-3 所示,可见测得的对乙酰氨基酚质谱图与谱图库中的对乙酰氨基酚质谱图匹配度很高,可以基本确定样品是对乙酰氨基酚。

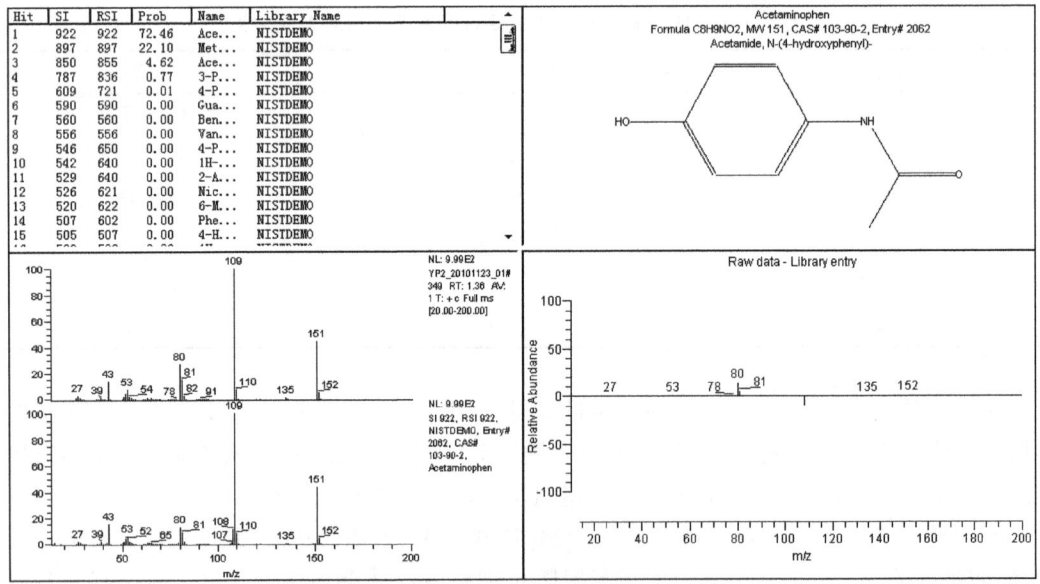

图 13-3 质谱谱图库检索结果

13.1.7 思考题

(1) 质谱能提供哪些有机化合物的结构信息?
(2) EI 源有什么优缺点?
(3) 如何利用质谱库检索?

(第二军医大学　亓云鹏)

实验 13.2　对乙酰氨基酚和奎宁的质谱测绘(ESI)

13.2.1 目的与要求

了解对有机化合物样品进行软电离质谱分析的方法。

13.2.2 方法提要

电喷雾离子化(electrospray ionization，ESI)属于软电离方式，可提供有机化合物的准分子离子峰，从而可以推断化合物的相对分子质量，因此相对于硬电离方式来说具有独特的优势。特别是在高分辨质谱中，通过高精度的相对分子质量可以推断出未知化合物的分子式，在分析未知化合物研究以及结构解析过程中具有很大优势和广泛应用。

13.2.3 仪器与试剂

仪器：VARIAN 1200L 型三重四极杆质谱仪。

试剂：对乙酰氨基酚，奎宁。

对乙酰氨基酚　　　　　　　　奎宁

13.2.4 操作步骤

1. 实验条件

喷针电压	5000V
挡板电压	600V
干燥气	N_2，250℃、20psi[①]
毛细管电压	30V
检测器电压	1650V

---

① psi 为非法定计量单位，1psi=6.894 76×10³Pa。

| 扫描时间 | 1s |

对乙酰氨基酚:采用负离子模式,雾化气为空气,压力为48psi,扫描范围为100～250u。
奎宁:采用正离子模式,雾化气为氮气,压力为50psi,扫描范围200～500u。

2. 操作步骤

采用蠕动泵直接进样方式。

(1) 样品准备。取对乙酰氨基酚和奎宁标准品少量,精密称定,用甲醇溶解并定容,然后稀释成浓度为 1μg/mL 的溶液。

(2) 进样。用注射器吸取约1mL的1μg/mL的待分析物的标准溶液置于蠕动泵上,调节流速为 0.05mL/min,点击蠕动泵上的"RUN"键,将待分析物注入质谱仪中,观察质谱图。

13.2.5 质谱解析

1. 测得的对乙酰氨基酚与奎宁质谱图(图 13-4 和图 13-5)

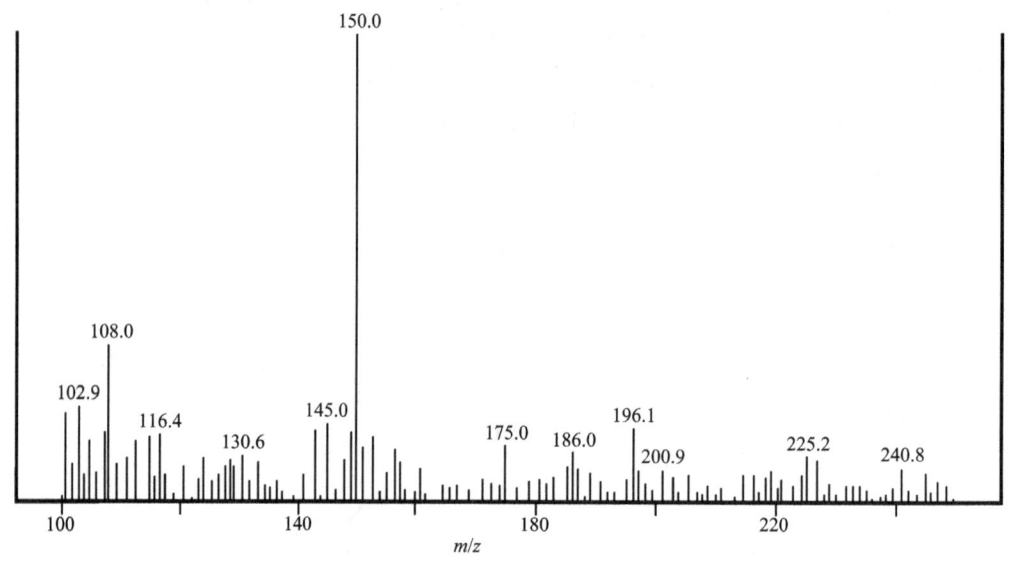

图 13-4 对乙酰氨基酚 ESI-MS 谱图

2. 质谱解析

图 13-4 中丰度最高的离子是 150,由于对乙酰氨基酚为弱酸性,相对分子质量为 151,故其容易失去 H^+,因此可以推断 150 为该化合物的准分子离子峰,即 $[M-H]^-$ 峰;图 13-5 中丰度最高的离子是 325,由于奎宁为弱碱性,相对分子质量为 324,故其容易结合 H^+,我们可以推断 325 为该化合物的准分子离子峰,即 $[M+H]^+$ 峰。

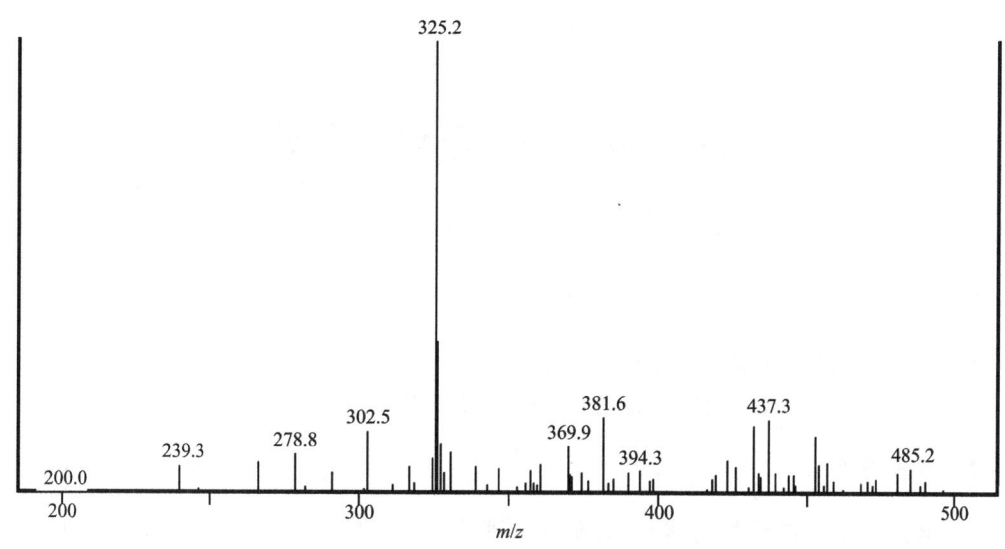

图 13-5　奎宁 ESI-MS 谱图

13.2.6　思考题

（1）软电离方式有哪些优缺点？

（2）ESI 源对化合物的性质有什么要求？

（第二军医大学　亓云鹏）

第 14 章　经典液相色谱法

实验 14.1　菊花中总黄酮的柱色谱分离提取与可见分光光度法含量测定

14.1.1　目的与要求

（1）掌握柱色谱法的基本原理和操作方法。
（2）熟悉中药有效成分提取和含量测定的一般步骤和方法。

14.1.2　方法提要

柱色谱法属于经典液相色谱法，其基本原理是：不同物质在担体（固定相）上的吸附力不同，极性较大的物质易被担体吸附，极性较弱的物质不易被担体吸附，因此，样品中的不同组分在柱色谱上经过反复的吸附、解吸、再吸附、再解吸的过程，从而在柱色谱上移动速度不同而先后流出色谱柱。

采用柱色谱法可方便地对中药有效成分进行分离提取。其主要步骤为：首先对样品进行简单的预处理，制成一定浓度的溶液后，上样，再用不同极性的洗脱液对样品进行洗脱，然后采用色谱或光谱方法对柱色谱洗脱液中的有效成分进行鉴别或含量测定。

14.1.3　仪器与试剂

仪器：层析柱（直径 2cm，高度约 25cm），超声仪，电子天平，Varian Cary 50 紫外-可见分光光度计。

试剂：菊花药材（市售），芦丁对照品，聚酰胺（30～60 目），滤纸，95％乙醇，超纯水。

14.1.4　操作步骤

1. 菊花总黄酮的柱色谱分离提取及供试品溶液的配制（聚酰胺柱法）

取干燥菊花约 1g，精密称定，加入 50mL 热水（约 100℃）浸泡，放置使之自然冷却至室温后，抽滤，将滤液上聚酰胺柱（直径 2cm，高度约 25cm）。先吸附 30min，再用 15mL 水洗脱，弃去水洗液，再用一定体积的 95％乙醇洗脱，将 95％乙醇洗脱液收集于 50mL 容量瓶中，至近刻度时加入 95％乙醇定容，混匀，得供试品溶液。

2. 对照品溶液的配制

取干燥至恒量的芦丁对照品，加 95％乙醇溶解并配制成浓度为 $80\mu g/mL$ 的溶液，作为对照品溶液。

3. 菊花总黄酮的可见分光光度法测定

分别精密量取供试品溶液及对照品溶液各 2.0mL 至 10mL 容量瓶中，各精密加入 5％ $NaNO_2$ 水溶液 0.4mL，混匀，放置 6min 后，各精密加入 1％ $Al(NO_3)_3$ 水溶液 0.4mL，混匀，放置 6min，再分别加入 4% NaOH 水溶液 2.0mL，混匀，分别用 95% 乙醇定容至刻度，混匀，室温放置 15min。以同法配制的空白溶剂为对照，采用 1cm 的石英吸收池，按紫外-可见分光光度法（《中华人民共和国药典》2010 年版一部附录 ⅤA）规定进行测定。

首先，在 200～800nm 波长范围分别对供试品溶液和对照品溶液进行全扫描，将其在 505nm±2nm 波长处的吸收度分别记为 A_X（供试品溶液）和 A_R（对照品溶液）。然后，采用对照品比较法，以 c_R 为对照品溶液的浓度，则供试品中总黄酮的浓度 c_X 可按下式计算得出

$$c_X = \frac{A_X}{A_R} \times c_R$$

14.1.5　注意事项

（1）聚酰胺需先用水活化，再用醇活化，最后用水洗至无醇味后再装柱，且装柱过程中要保持聚酰胺全部浸润在水中。

（2）上样时应控制上样速率，且尽量不要把柱表面的聚酰胺冲散。

（3）紫外-可见分光光度计在使用前应预热 15min，测定过程中注意每次测量前应将比色皿润洗，并将比色皿透光面擦拭干净再放入光路中。

14.1.6　思考题

（1）进行菊花总黄酮的柱色谱分离提取时为什么需先用水洗脱？

（2）菊花总黄酮的可见分光光度法测定时加入 5% $NaNO_2$、1% $Al(NO_3)_3$ 和 4% NaOH 溶液的目的是什么？

（第二军医大学　范国荣）

实验 14.2　复方磺胺甲䁱唑片中磺胺甲䁱唑及甲氧苄啶的分离与鉴别（薄层色谱法）

14.2.1　目的与要求

（1）掌握硅胶黏合薄层板的制备方法。

（2）熟悉薄层色谱法的基本操作方法。

（3）了解薄层色谱法在药物鉴别中的应用。

14.2.2　方法提要

薄层色谱是将吸附剂或支持剂均匀地铺在玻璃板上，形成一薄层，然后把要分离的样品点到起始线上，用合适的溶剂展开，最后使样品中各组分得到分离，所得色谱图与对照品按同等条件所得的色谱图对比，可用于鉴别、检查。

黏合硅胶薄层色谱属吸附色谱，即利用物质被吸附的能力不同而达到分离。本实验是用薄层色谱法对复方磺胺甲䁱唑片中的磺胺甲䁱唑和甲氧苄啶进行分离鉴别，由于它们的极性不同，被吸附的能力也不同，因此，具有不同的比移值（R_f）。利用物质在硅胶荧光板上产生的色斑，用对照品法进行定性鉴别。并通过计算分离度（R），考察两物质分离程度。

14.2.3 仪器与试剂

仪器：紫外灯，研钵，层析缸。

试剂：硅胶 GF_{254}（色谱用），羧甲基纤维素钠，氯仿，甲醇，二甲基甲酰胺，磺胺甲噁唑对照品，甲氧苄啶对照品，复方磺胺甲噁唑片。

14.2.4 操作步骤

1. 黏合薄层板的制备

称取羧甲基纤维素钠（CMC-Na）0.5g，加入 100mL 水中加热使其溶解，放冷，过滤，即得 0.5% CMC-Na 溶液，备用。将 1 份硅胶 GF_{254} 和 3 份 0.5% CMC-Na 水溶液在研钵中按同一方向研磨混匀，调成糊状，去除表面的气泡后，倒在清洁的玻璃板上，转动或借助玻璃棒使其分布于整个玻璃板表面，轻轻振动使之为均一平面，放于水平处，在空气中晾干，然后于 110℃ 活化 30min，置干燥器中储存备用。

2. 供试品溶液及对照品溶液的制备

取复方磺胺甲噁唑片的细粉末适量（约相当于磺胺甲噁唑 0.2g），加甲醇 10mL，摇匀，过滤，取续滤液作为供试品溶液；另取磺胺甲噁唑对照品 0.2g，甲氧苄啶对照品 40mg，分别加甲醇 10mL 溶解，作为对照品溶液（1）和（2）。

3. 点样展开

取供试品溶液及对照品溶液（1）和（2）各 5μL 分别点于同一硅胶 GF_{254} 薄层板上，点样基线距底边 10～15mm，原点直径为 2～3mm，点间距离一般不少于 8mm。将点好样的薄层板放入盛有以三氯甲烷-甲醇-二甲基甲酰胺（20：2：1）为展开剂的层析缸中进行展开，浸入展开剂的深度为距原点 5mm 为宜。待展开至适宜的展距，取出薄层板，晾干。

4. 显色检视

取展开后晾干的薄层板，置紫外灯（254nm）下观察，标出色斑位置，计算比移值，供试品溶液所显示两种成分主斑点的比移值和颜色与对照品溶液（1）和（2）的主斑点相同。比移值 R_f 的计算公式为

$$R_f = \frac{原点中心至斑点中心的距离}{原点中心至溶剂前沿的距离} = \frac{l}{l_0}$$

并计算两色斑的分离度。分离度 R 的计算公式为

$$R = \frac{2d}{W_1 + W_2} = \frac{2l_0(R_{f1} - R_{f2})}{W_1 + W_2}$$

式中：d 为两斑点中心间的距离；W_1、W_2 为两斑点的宽度。

14.2.5 注意事项

(1) 活化后薄层板应放在干燥器中，以免吸收空气中水分而降低活性。

(2) 点样量不宜太多，否则会因为拖尾分离不好。

(3) 展开剂不要加得过多,起始线切勿浸入展开剂中。

14.2.6 思考题

(1) 薄层板为什么要活化？硅胶的吸附性与含水量有什么关系？
(2) 为什么薄层色谱法广泛用于药物鉴别方面？它有何特点？
(3) 展开剂的高度若超过了起始线,对薄层色谱有何影响？

（贵阳医学院　郝小燕）

实验 14.3　盐酸雷尼替丁胶囊的杂质检查（薄层色谱法）

14.3.1　目的与要求

(1) 掌握硅胶 G 薄层板的制备方法。
(2) 了解薄层色谱法在药物杂质检查中的应用。
(3) 了解用显色剂显示斑点的方法。

14.3.2　方法提要

薄层色谱法常用于药物的杂质检查,其主要方法有对照品法和自身对照法。本实验采用自身对照法,对药物进行有关物质的限量检查。

14.3.3　仪器与试剂

仪器：50mL 容量瓶,10mL 容量瓶,玻璃漏斗,研钵,层析缸,碘缸等。
试剂：硅胶 G(色谱用),甲醇,乙酸乙酯,异丙醇,浓氨溶液,盐酸雷尼替丁胶囊等。

14.3.4　操作步骤

1. 薄层板的制备

取硅胶 G 1 份,加水 3 份,按一个方向研磨混合,调成糊状,去除表面的气泡后,倒在清洁的玻璃板上,转动或借助玻璃棒使其分布于整个玻璃板表面,轻轻振动使之为均一平面,放于水平处在空气中晾干,然后于 110℃ 活化 30min,置干燥器中储存备用。

2. 供试品溶液及对照品溶液的制备

取本品的内容物适量(约相当于盐酸雷尼替丁 0.5g),置 50mL 容量瓶中,加甲醇使其溶解,并稀释至刻度,摇匀,过滤。取续滤液作为供试品溶液。然后分别精密量取 0.5mL、1.0mL、1.5mL、2.0mL、4.0mL 的供试品溶液置 10mL 容量瓶中,用甲醇稀释至刻度,摇匀,作为对照品溶液(1)、(2)、(3)、(4)、(5)。

3. 点样展开

分别吸取上述 6 种溶液各 10μL,分别点于同一硅胶 G 薄层板上,点样基线距底边 10～15mm,原点直径为 2～3mm,点间距离一般不少于 8mm。将点好样的薄层板放入盛有以乙酸乙酯-异丙醇-浓氨溶液-水(25∶15∶5∶1)为展开剂的层析缸中,浸入展开剂的深度为距原点5mm为宜,待展开至适宜的展距,取出,晾干。

4. 显色检视

取展开后晾干的薄层板,置碘蒸气中显色后,立即检视。供试品溶液如显杂质斑点,其颜色分别与对照品溶液(1)、(2)、(3)、(4)、(5)所显的主斑点比较,杂质总量不得超过4.0%。

14.3.5 注意事项

(1) 置碘蒸气中显色后,应立即检视,否则碘挥发后显色不明显。

(2) 点样用的毛细管必须专用,不得弄混。点样时,使毛细管液面刚好接触到薄层即可,切勿点样过重而使薄层破坏。

14.3.6 思考题

(1) 样品溶液的浓度应如何选择?

(2) 应用薄层法进行杂质限量检查主要有哪两种方法?什么情况下使用哪种方法较好?

(贵阳医学院　郝小燕)

实验14.4　蛋氨酸和甘氨酸的分离与鉴定

14.4.1 目的与要求

(1) 了解纸色谱法分离鉴定原理。

(2) 熟悉纸色谱法的基本操作方法。

14.4.2 方法提要

纸色谱主要用于分离和鉴定有机物中多官能团或高极性化合物如糖、氨基酸等,它属于分配色谱的一种,是以滤纸作为惰性载体,以吸附在滤纸上的水(20%~25%)作为固定相,其中6%左右的水通过氢键和纤维素上的羟基结合成复合物,展开剂是被水饱和过的有机溶剂。利用样品中各组分在两相中分配系数的不同达到分离的目的。在一定的实验条件下,物质的比移值(R_f值)是一定的。因此,可以利用R_f值对物质进行定性分析。

本实验中,展开剂为正丁醇-冰醋酸-水(4∶1∶1),采用上行法展开分离蛋氨酸[$CH_3SCH_2CH_2CH(NH_2)COOH$]和甘氨酸($NH_2CH_2COOH$)。两化合物结构相似,但碳链长短不同,故与滤纸上水形成氢键的能力不同。甘氨酸极性大于蛋氨酸,在滤纸上移行速度较慢,因而甘氨酸的R_f值小于蛋氨酸。展开后,在60℃下与茚三酮发生显色反应,层析纸上出现红紫色斑点。

14.4.3 仪器与试剂

仪器:层析缸,中速色谱滤纸,点样毛细管,喷雾器,电吹风机,电炉等。

试剂:展开剂为正丁醇-冰醋酸-水(4∶1∶1),茚三酮显色剂(0.15g茚三酮,加30mL冰醋酸、50mL丙酮使溶解),蛋氨酸,甘氨酸。

14.4.4 操作步骤

1. 供试品溶液及对照品溶液的制备

取蛋氨酸与甘氨酸样品的混合溶液作为供试品溶液。蛋氨酸与甘氨酸的对照品溶液均为 0.4mg/mL 的水溶液。

2. 点样展开

取长 20cm，宽 6cm 的中速色谱纸一张，在距底边约 2cm 处用铅笔轻划起始线，在起始线上标记 3 个点，间距约为 1.5cm，用毛细管分别点加上蛋氨酸和甘氨酸对照品溶液及供试品溶液 3～4 次，斑点直径约 2mm，晾干（或用电吹风机冷风吹干）。然后将点样后的滤纸垂直悬挂于盛有展开剂（35mL）的层析缸中，盖上缸盖，饱和 10min。最后使滤纸底边浸入展开剂内 0.3～0.5cm，进行展开。

3. 显色检测

待溶剂前沿展开至合适的部位（约 15cm），取出色谱纸，立即用铅笔划下溶剂前沿的位置。晾干后，喷茚三酮显色剂，再置色谱纸于 60℃烘箱内显色 5min，或在电炉上小心加热，即可看出红紫色斑点。用铅笔将各斑点的范围标出，找出各斑点的中心点，用直尺量出各斑点的中心到起始线的距离 l，再量出起始线至溶剂前沿的距离 l_0，计算 R_f 值

$$R_f = \frac{原点至组分斑点中心的距离}{原点至展开剂前沿的距离} = \frac{l}{l_0}$$

分别求出混合物及对照品斑点 R_f 值，对混合样品组分进行定性鉴别。

14.4.5 注意事项

（1）展开剂必须预先配制且充分摇匀。
（2）点样时每点一次，一定要用电吹风迅速干燥，原点面积越小越好，斑点间距约 1cm，点样次数视样品溶液浓度而定。
（3）氨基酸的显色剂茚三酮对体液如汗液等均能显色，在拿取滤纸时，应注意拿滤纸的顶端或者边缘，以保证色谱纸上无杂斑（如手纹印）。
（4）茚三酮显色剂应临用前配制，或者置冰箱中冷藏备用。
（5）点样用的毛细管（或者微量注射器）不可混用，以免污染。
（6）喷显色剂要均匀，适量，不可过分集中，使局部太湿。

14.4.6 思考题

（1）影响 R_f 值的因素有哪些？
（2）纸色谱法有哪几种展开方式？它们各有什么特点？
（3）展开前，为什么要将点样后的滤纸垂直悬挂于层析缸中饱和 10min？

（贵阳医学院　郝小燕）

实验14.5 薄层扫描法测定六味地黄胶囊中酒萸肉的含量

14.5.1 目的与要求

（1）熟悉薄层扫描法在中药含量测定方面的应用。
（2）了解薄层扫描仪的基本操作方法。

14.5.2 方法提要

薄层扫描是用一定波长光照射在薄层板上，对薄层色谱中可吸收紫外光或可见光的斑点进行扫描，扫描曲线上的每个色谱峰相当于薄层上的一个斑点，峰高或峰面积与组分的量有一定关系，比较对照品与供试品的峰高或峰面积，可测定组分含量。本实验采用双波长扫描法，以样品斑点中化合物的吸收峰波长作为测定波长（λ_s），以无吸收的波长作参比波长（λ_r），对展开后的薄层板进行吸光度扫描。

14.5.3 仪器与试剂

仪器：薄层扫描仪，索氏提取器，5mL 容量瓶，层析缸及市售硅胶 G 板等。

试剂：环己烷，三氯甲烷，乙酸乙酯，甲醇，乙醚，无水乙醇，10％硫酸乙醇溶液，熊果酸对照品，六味地黄胶囊等。

14.5.4 操作步骤

1. 供试品溶液与对照品溶液的制备

取本品内容物适量，研细，混匀，取细粉约 0.6g，精密称定，置索氏提取器中，加乙醚适量，加热回流 4h，乙醚液挥干，残渣加无水乙醇-三氯甲烷（3∶2）混合溶液适量，微热使溶解，定量转移至5mL 容量瓶内，并稀释至刻度，摇匀，作为供试品溶液。另取熊果酸对照品适量，精密称定，加无水乙醇制成浓度为 0.5mg/mL 的对照品溶液。

2. 点样展开

精密吸取供试品 10μL，对照品溶液 4μL 和 8μL，分别交叉点于同一硅胶 G 薄层板上，点样基线距底边 10～15mm，原点直径为 2～3mm，点间距离一般不少于 8mm。以环己烷-三氯甲烷-乙酸乙酯-甲醇（25∶15∶5∶2）为展开剂，将点好样的薄层板放入盛有展开剂的层析缸中，浸入展开剂的深度为距原点 5mm 为宜。待展开至适宜的展距，取出，晾干。

3. 显色

取展开后晾干的薄板，喷以 10％硫酸乙醇溶液，在110℃加热至斑点显色清晰，晾干，在薄层色谱板上覆盖同样大小的玻璃板，周围用胶布固定。

4. 检测

取上述薄层板，在薄层扫描仪上以 $\lambda_s=520\text{nm}$，$\lambda_r=700\text{nm}$ 进行扫描，测量供试品与对照品吸光度积分值，计算，即得。

14.5.5 注意事项

(1) 薄层扫描用薄层板厚度应适中,表面应均匀,无斑点或划痕。
(2) 点样斑点间距应一致,点样不能损坏薄板表面。展开前,应预先充分饱和。
(3) 喷雾显色应均匀,适度;显色温度要一致。

14.5.6 思考题

(1) 薄层扫描法为什么一般适用于半定量测定?
(2) 喷雾显色对所用显色剂有何要求?

(贵阳医学院　郝小燕)

第 15 章　气相色谱法

实验 15.1　苯、甲苯、二甲苯的色谱系统适用性试验、分离、鉴别及含量测定

15.1.1　目的与要求

（1）掌握用已知物对照法定性的原理与方法。
（2）熟悉进行色谱系统适用性试验的方法。
（3）熟悉用归一化法进行定量分析的方法。

15.1.2　方法提要

（1）已知物对照法是根据同一物质在同一色谱柱上和相同的操作条件下保留值相同的原理进行定性。方法是在相同的试验条件下，分别测出已知对照物与样品的色谱图，将待鉴别组分的保留值与对照品的保留值进行比较定性；或将适量已知物加入样品中，对比加入前后的色谱图，若加入后待鉴别组分的色谱峰相对升高，则可初步确定两者为同一物质。该法适用于鉴别范围已知的未知物。

（2）《中华人民共和国药典》规定，采用色谱法测定药物含量或鉴别药物时，需按该品种项下的要求对仪器进行适用性试验，即用规定的对照品对仪器进行试验和调整，使其达到分析状态下色谱柱的最小理论塔板数、分离度和对称因子。若不符合要求，则应通过改变色谱柱的某些条件（如柱长、载体性能、色谱柱填充的优劣等）或改变分离条件（如柱温、载气流速、固定液用量、进样量）等来加以改进，使其达到相关要求。

（3）归一化法是常用的一种简便、准确的定量方法，其定量结果与进样量重复性无关，操作条件略有变化时对结果影响较小。使用这种方法的条件是，样品中的所有组分都要流出色谱柱，且在检测器上都产生信号。归一化法计算公式如下

$$c_i = \frac{A_i f_i}{A_1 f_1 + A_2 f_2 + A_3 f_3 + \cdots + A_n f_n} \times 100\%$$

若样品中各组分的相对校正因子相近，可将校正因子消去，直接用峰面积归一化进行计算。

$$c_i = \frac{A_i}{A_1 + A_2 + A_3 + \cdots + A_n} \times 100\%$$

15.1.3　仪器与试剂

仪器：102G 型气相色谱仪或其他型号气相色谱仪，1μL 微量注射器。
试剂：苯，甲苯，二甲苯对照液及含有三组分的混合样品液。

15.1.4 操作步骤

1. 样品制备

取一洁净干燥的样品瓶,精密称定,加入10滴苯,精密称定,记录加入苯的质量;同法再分别加入和记录甲苯和二甲苯的质量,混匀,备用。

2. 实验条件

色谱柱:2m×4mm 15%DNP柱,上试102担体(80～120目);柱温:100℃;检测器:FID,温度150℃;气化室温度:150℃;气体流速:N_2 30mL/min,H_2 40mL/min,空气500mL/min;进样量:0.5μL;纸速:60cm/h。

3. 测定

(1) 待基线平直后,用1μL微量注射器分别取苯、甲苯、二甲苯对照液及样品液各0.5μL进样(3次进样取平均值),绘制流出曲线,记录各组分峰的保留时间,以各对照组分的保留值确定样品色谱图中各峰的归属。

(2) 测量样品液中各组分的峰高h、半峰宽$W_{1/2}$、峰宽W、0.05倍峰高处的峰宽$W_{0.05h}$和A值(峰极值至峰前沿之间的距离),按以下公式计算色谱系统适用性试验的主要系统参数。

① 以苯计算色谱柱的最小理论塔板数n

$$n = 5.54\left(\frac{t_R}{W_{1/2}}\right)^2$$

若规定该色谱柱的最小理论塔板数(以苯峰计算)不得小于880,如未达到要求,请根据结果进行有关试验条件的调整。

② 计算苯与甲苯及甲苯与二甲苯的分离度R

$$R = \frac{2(t_{R,甲苯} - t_{R,苯})}{W_{甲苯} + W_{苯}}$$

《中华人民共和国药典》规定,为了获得较好的精密度与准确度,应使分离度$R \geq 1.5$,若未达到要求,请根据结果进行有关试验条件的调整。

③ 计算各组分峰的对称因子f_S

$$f_S = W_{0.05h}/2A = (A+B)/2A$$

《中华人民共和国药典》规定,若以峰高法定量时,f_S应为0.95～1.05,若未达到要求,请根据结果进行有关试验条件的调整。

④ 采用归一化法计算三组分混合样品液中各组分的百分含量。

15.1.5 注意事项

(1) 采用已知物的绝对保留值对照定性时,需保持试验条件的稳定性。另外,由于所用色谱柱不一定适合对照物与待鉴定组分的分离,故有可能产生两种不同组分而峰位相近或相同的现象。所以为了进一步确证,有时需再选用1～2根极性或其他性质与原色谱柱相差较远的色谱柱进行测定,若两峰位仍然相同,则可初步确定二者为同一物质。

(2) 若对载体的钝化或硅烷化处理不好,所填充的色谱柱会对极性大的组分造成拖尾,因而使柱效降低,但对非极性组分则柱效较好。对此情况可通过选择不同极性的样品测定后再处理。

(3) 归一化法计算三组分含量时,注意不要把空气峰(或溶剂峰)面积计入总面积。

15.1.6 思考题

(1) 对于一根已经填充好的色谱柱来说,理论塔板数是常数吗?它与哪些因素(或条件)有关?如何使柱效得到提高?

(2) 若组分间的分离度未达到要求,可通过调整哪些试验条件来加以改善?

(3) 不对称峰的出现与何因素有关?如何使色谱峰的对称因子符合要求?

(4) 采用归一化法定量分析的优点和局限性是什么?

(河北大学 郭怀忠)

实验 15.2 内标法测定酊剂中的乙醇量

15.2.1 目的与要求

(1) 熟悉氢火焰离子化检测器在含水样品乙醇量测定中的应用。

(2) 掌握内标法含量测定的原理及其计算。

15.2.2 方法提要

1. 氢火焰离子化检测器

氢火焰离子化检测器(FID)是气相色谱中常用的一种高灵敏度检测器,是通过测定有机物在氢火焰作用下化学电离形成的离子流强度进行测定的。其特点是对含碳有机物有明显响应,而对非烃类、惰性气体或在火焰中难电离或不电离的物质响应低或无响应。水是 FID 不敏感物质,因此,FID 适用于含水样品中有机组分的测定。

2. 内标对比法

内标对比法是在待测组分校正因子未知时采用内标法定量的一种应用。首先配制待测组分 i 的已知浓度的对照品溶液,加入一定量内标物 s;再将内标物按照相同量加入同体积样品溶液中,分别进样,由下式计算样品溶液中待测组分的含量

$$(c_i)_{样品} = \frac{(A_i/A_s)_{样品}}{(A_i/A_s)_{对照品}} \times (c_i)_{对照品}$$

对于正常峰,则可用峰高代替峰面积进行计算。

15.2.3 仪器与试剂

仪器:气相色谱仪,$2\mu L$ 微量注射器。

试剂:无水乙醇(A.R.),正丙醇(A.R.),藿香正气水。

15.2.4 操作步骤

1. 实验条件

固定相:直径为 0.18~0.25mm 的二乙烯苯-乙基乙烯苯型高分子多孔小球;柱长:2~4m;流动相(载气):N_2;检测器:FID;柱温:120~150℃;进样器温度:140℃;检测器温度:200℃;载气流速:30mL/min;进样量:1~2μL。

2. 测定

精密量取恒温至 20℃的无水乙醇和正丙醇(内标)各 5mL,加水稀释至 100mL,摇匀,作为对照品溶液。精密量取恒温至 20℃的藿香正气水适量(相当于乙醇 5mL)和正丙醇 5mL,加水稀释至 100mL,摇匀,即得供试品溶液。取对照品溶液和供试品溶液分别连续进样 3 次,根据内标物正丙醇和乙醇的色谱峰响应值的平均值,按内标对比法计算样品中的乙醇量。

15.2.5 注意事项

(1) 用正丙醇峰计算的理论塔板数应大于 700;乙醇和正丙醇两峰的分离度应大于 2.0。
(2) 在不含内标物的供试品溶液的色谱图中,与内标物峰相应的位置处不得出现杂质峰。
(3) FID 属于质量型检测器,其响应值取决于单位时间内引入检测器的组分质量。当进样量一定时,峰面积与载气流速无关,但峰高与载气流速成正比。因此当采用峰高外标法定量时,尤其需要注意保持载气流速的稳定。
(4) 采用内标对比法定量时,要注意所测样品的浓度要在线性范围内,并且对照品溶液的浓度应尽量与样品溶液中待测组分的浓度接近,以减小测量误差,提高分析的准确度。

15.2.6 思考题

(1) FID 的主要特点是什么？它的检测灵敏度与哪些因素有关？
(2) 本实验中进样量的重复性是否会影响定量结果？为什么？

(河北大学　郭怀忠)

Experiment 15.3　The Assay of Vitamin E

15.3.1　Purpose and Requirement

(1) To study the principles and procedures of gas chromatography for the assay of drugs.
(2) To exercise on the assay of Vitamin E.

15.3.2　Principle

Vitamin E is a form of α-tocopherol ($C_{29}H_{50}O_2$). It includes the following: d- or dl-α-tocopherol ($C_{29}H_{50}O_2$); d- or dl-α-tocopheryl acetate ($C_{31}H_{52}O_3$); d- or dl-α- tocopheryl acid succinate ($C_{33}H_{54}O_5$). It contains not less than 96.0% and not more than 102.0% of

$C_{29}H_{50}O_2$, $C_{31}H_{52}O_3$, or $C_{33}H_{54}O_5$, respectively. In this experiment you will analysis the assay of Vitamin E.

The structures of α-tocopherol and α-tocopheryl acetate are as follows:

all-rac-tocopherol

all-rac-tocopherol acetate

15.3.3 Procedures and Methods

1. Chromatographic system

Under typical conditions, the instrument is equipped with a flame-ionization detector and contains a 4mm×2m borosilicate glass column packed with 2% to 5% liquid phase G2 on 80- to 100-mesh support S1AB utilizing either a glass-lined sample introduction system or on-column injection. The column is maintained isothermally at a temperature between 245℃ and 265℃, and the injection port and detector block are maintained at about 10℃ higher than the column temperature; the flow rate of dry carrier gas is adjusted to obtain a hexadecyl hexadecanoate peak approximately 18 to 20 minutes after sample introduction when a 2% column is used, or 30 to 32 minutes when a 5% column is used.

2. Interference check

Dissolve an accurately weighed quantity of the specimen in *n*-hexane to obtain a solution having a known concentration of about 1mg per mL. Chromatograph an accurately measured volume of this solution to obtain a chromatogram in which the principal peak exhibits not less than 50% of maximum recorder response. Similarly chromatograph an accurately measured volume of internal standard solution. If a peak observed in the chromatogram for the specimen has the same retention time as that for hexadecyl hexadecanoate, make any necessary correction for factors of dilution or attenuation, and determine the area due to the interfering component that must be subtracted from the area of the internal standard peak appearing in the chromatogram recorded for the assay preparation as directed for Procedure.

3. System suitability

Chromatograph a sufficient number of injections of a mixture, in *n*-hexane, of 1mg per mL each of α-tocopherol and α-tocopheryl acetate as directed for procedure to ensure that the resolution factor, R, is not less than 1.0.

4. Solutions

(1) Internal standard solution. Dissolve an accurately weighed quantity of hexadecyl hexadecanoate in *n*-hexane to obtain a solution having a known concentration of about 1 mg per mL.

(2) Standard preparation. Dissolve in internal standard solution a suitable quantity of Vitamin E, accurately weighed, to obtain a solution having a known concentration of about 1 mg of the reference standard in each mL.

(3) Assay preparation. Transfer about 50mg of Vitamin E, accurately weighed, to a 50mL volumetric flask, dissolve in internal standard solution, dilute with internal standard solution to volume, and mix.

5. Calibration

Inject a portion of the standard preparation, and record peak areas as directed under procedure. Calculate the relative response factor, F, for the standard preparation taken by the formula:

$$(A_S/A_D)(c_D/c_S)$$

in which c_D and c_S are the concentrations, in mg per mL, of hexadecyl hexadecanoate and of Vitamin E, respectively, in the standard preparation. Successively chromatograph a sufficient number of portions of the standard preparation to ensure that the relative response factor, F, is constant within a range of 2.0%.

6. Procedure

Inject a suitable portion (2 to 5 μL) of the assay preparation into a suitable gas chromatograph, and record the chromatogram so as to obtain at least 50% of maximum recorder response. Measure the areas under the first (Vitamin E) and second major (hexadecyl hexadecanoate) peaks, record the values as A_U and A_D, respectively. Calculate the quantity, in mg, of α-tocopheryl, or α-tocopheryl acetate, and or α-tocopheryl acid succinate in the Vitamin E taken by the formula:

$$(50c_D/F)(A_U/A_D)$$

in which c_D is the concentration, in mg per mL, of hexadecyl hexadecanoate in the standard preparation; and F is the relative response factor (see Calibration).

15.3.4 Notes

Chromatograms obtained as directed in the foregoing assays exhibit relative retention times of approximately 0.53 for α-tocopherol, 0.62 for α-tocopheryl acetate, 0.54 for α-tocopheryl acid succinate, and 1.0 for hexadecyl hexadecanoate.

15.3.5 Questions

(1) Why is the internal reference standard method employed for the assay of Vitamin E by GC?

(2) Give an explanation of the features and applications of GC method.

（河北大学　郭怀忠）

实验 15.4　顶空气相色谱法测定马来酸氯苯那敏中有机溶剂残留

15.4.1　目的与要求

(1) 了解毛细管气相色谱仪的结构与操作。
(2) 熟悉顶空气相色谱法-氢焰检测器在有机溶剂残留测定中的应用。
(3) 掌握内标法及其计算。

15.4.2　方法提要

马来酸氯苯那敏在合成过程中使用了丙酮、四氢呋喃和二氧六环等有机溶剂，这些溶剂是《中华人民共和国药典》严格规定限度的溶剂。采用填充柱气相色谱法分离效果差，灵敏度低。顶空进样毛细管气相色谱法可减少色谱柱污染，提高灵敏度。

15.4.3　仪器与试剂

仪器：气相色谱仪-氢焰检测器（FID），ZB-1 毛细管柱（60m×0.53mm×5μm），10mL 顶空瓶；铝盖，聚四氟乙烯膜橡胶垫，压盖器。

试剂：氮气、氢气和空气为色谱纯，丙酮，四氢呋喃，苯（内标），二氧六环，马来酸氯苯那敏。

15.4.4　操作步骤

1. 实验条件

色谱柱：ZB-1 毛细管柱（60m×0.53mm×5μm）；载气 N_2:3mL/min；程序升温：起始温度 60℃，保持 4min，4℃/min 升至 90℃，保持 10min；进样口温度：150℃；检测器：FID；温度：200℃；顶空温度：80℃；顶空平衡时间：30min；进样量：1mL。

2. 溶液配制

(1) 对照品溶液的配制。分别取丙酮、四氢呋喃和二氧六环对照品 50mg、36mg 和 38mg，精密称定，置 100mL 容量瓶中，加水稀释至刻度，摇匀，作为对照品储备液。

取苯 8.0mg，精密称定，置 100mL 容量瓶中，加水稀释至刻度，摇匀，作为内标溶液。

分别精密量取对照品储备液 1mL、内标溶液 5mL 置 10mL 容量瓶中，加水稀释至刻度，摇匀，作为对照品溶液。

(2) 供试品溶液的制备。取样品 1g，精密称定，置 10mL 容量瓶中，加内标储备液 5mL，用水稀释至刻度，摇匀，作为供试品溶液。

3. 测定

分别取对照品溶液、供试品溶液 2mL,置 10mL 顶空瓶中,加盖,密封,置顶空进样器,进样测定,记录色谱图,以峰面积-内标一点法测定待测组分的含量。

4. 计算

由对照品溶液得

$$f_i = \frac{A_s m_i}{A_i m_s}$$

计算样品溶液中待测组分的含量

$$c_i = \frac{A_i}{A_s} \times f_i \times \frac{\dfrac{m_s}{100} \times \dfrac{5}{10}}{\dfrac{m_i}{10} \times \dfrac{1}{10}} \times 100\%$$

式中:f 为校正因子;A 为峰面积;m 为质量;s 为内标物;i 为待测物。

15.4.5 注意事项

(1) 氢焰检测器为高灵敏度检测器,必须采用高纯载气、氢气和空气,以防微量有机气体和杂质引入色谱系统造成定量分析重现性差。

(2) 使用毛细管柱时,因其流量小,必须采用尾吹气,以保证进入电离室氮气量和氢气量的比例,同时减少检测器死体积对组分分离度的影响。

15.4.6 思考题

(1) 什么是程序升温?为什么要采用程序升温?
(2) 内标法有何特点?如何选择内标物?
(3) 氢焰检测器的主要特点是什么?它的检测灵敏度与哪些因素有关?
(4) 如何选择顶空溶剂?

(河北医科大学 李珺沫)

实验 15.5 毛细管气相色谱法测定百草油中薄荷脑和水杨酸甲酯的含量

15.5.1 目的与要求

(1) 通过实验进一步掌握毛细管气相色谱法分离的基本原理,进一步了解仪器的工作原理。
(2) 熟悉氢焰检测器在挥发油测定中的应用。
(3) 通过实验进一步掌握内标法测定药物多组分含量的方法和实验过程。

15.5.2 方法提要

百草油中含有薄荷脑、水杨酸甲酯等成分,其化学结构如下

薄荷脑　　　水杨酸甲酯

它们均为挥发性成分,而薄荷脑化学结构中没有可检测的发色团,无法用 HPLC-UV 测定,但可以采用气相色谱法-氢焰检测器进行测定,由于样品中除含有薄荷脑、水杨酸甲酯等成分外,还含有较多的其他成分,且成分复杂,因此,宜采用毛细管色谱法进行测定,以苯甲醇作为内标物。

15.5.3　仪器与试剂

仪器:气相色谱仪-氢焰检测器,PEG-20M 毛细管柱(30m×0.5mm×0.5μm),挥发油微量提取器,0.45μm 微孔滤器。

试剂:氮气、氢气和空气为色谱纯,薄荷脑、水杨酸甲酯对照品,苯甲醇(内标),乙酸乙酯,百草油样品等。

15.5.4　操作步骤

1. 实验条件

色谱柱:PEG-20M 毛细管柱(30m×0.53mm×0.50μm);载气:N_2,4mL/min;程序升温:起始温度 100℃,4℃/min 升至 112℃,再以 10℃/min 至 182℃,保持 4min;进样口温度:200℃;检测器:FID,温度:220℃;进样量:0.5μL。

2. 溶液配制

(1)对照品溶液的配制。分别取薄荷脑和水杨酸甲酯对照品约 40mg 和 80mg,精密称定,置 10mL 容量瓶中,加乙酸乙酯溶解并稀释至刻度,摇匀,作为对照品储备液。

取苯甲醇约 40mg,精密称定,置 10mL 容量瓶中,加乙酸乙酯溶解并稀释至刻度,摇匀,作为内标溶液。

精密量取对照品储备液和内标溶液各 1mL,于 10mL 容量瓶中,用乙酸乙酯稀释至刻度,摇匀,作为对照品溶液。

(2)供试品溶液的制备。精密量取样品 0.5mL,加水 200mL、乙酸乙酯 5mL,用挥发油提取器提取 2h,收集挥发油乙酸乙酯液,并用少量乙酸乙酯冲洗冷凝管及挥发油提取器,合并乙酸乙酯液至 50mL 容量瓶中,加乙酸乙酯至刻度,用 0.45μm 微孔滤器过滤,取续滤液 5mL 置 10mL 容量瓶中,加 1mL 内标溶液,用乙酸乙酯稀释至刻度,摇匀,作为供试品溶液。

3. 测定

分别精密吸取对照品溶液、供试品溶液各 0.5μL 注入气相色谱仪,依次进样分析,记录色谱图,以峰面积-内标一点法测定待测组分的含量。

4. 计算

由对照品溶液得

$$f_i = \frac{A_s m_i}{A_i m_s}$$

计算样品溶液中待测组分的含量

$$c_i = \frac{A_i}{A_s} \times f_i \times \frac{\frac{m_s}{10} \times \frac{1}{10}}{\frac{0.5}{50} \times \frac{5}{10}} \times 100\%$$

式中：f 为校正因子；A 为峰面积；m 为质量；s 为内标物；i 为待测物。

15.5.5 注意事项

（1）毛细管柱的柱容量较小，进样量不能太大，一般均需采用分流进样，对于大口径的毛细管（0.53mm）也可采用直接进样。

（2）本实验采用程序升温，每完成一次分析后，一定要待仪器回到程序的初始状态，并重新平衡后，再进行下一次分析。

15.5.6 思考题

（1）毛细管气相色谱柱与填充柱有何区别？
（2）如何设定程序升温程序？

（河北医科大学　李珺沫）

第16章 高效液相色谱法

实验16.1 用内标对比法测定对乙酰氨基酚的含量

16.1.1 目的与要求

(1)掌握用内标对比法测定药物含量的实验步骤和计算方法。
(2)熟悉高效液相色谱仪的使用。

16.1.2 方法提要

(1)有关内标对比法的介绍和计算公式见"实验15.2"。
(2)对乙酰氨基酚的稀碱溶液在257nm±1nm波长处有最大吸收,可用于其定量测定。但在对乙酰氨基酚的生产过程中,有可能引入对氨基酚等杂质,这些杂质也有紫外吸收,会干扰主成分的测定。因此,采用高效液相色谱法测定对乙酰氨基酚的含量更准确。

16.1.3 仪器与试剂

仪器:高效液相色谱仪。
试剂:甲醇(色谱纯),水,对乙酰氨基酚,非那西汀。

16.1.4 操作步骤

1. 实验条件

色谱柱	ODS柱(15cm×4.6mm×5μm)
流动相	甲醇-水(60:40,体积比)
流速	0.6mL/min
柱温	室温
检测波长	257nm
进样量	10μL

2. 测定

(1)内标溶液的制备。取非那西汀,加甲醇制成浓度为0.5mg/mL的溶液,摇匀即得。
(2)对照品溶液的制备。取对乙酰氨基酚对照品约25mg,精密称定,置50mL容量瓶中,加甲醇溶解并稀释至刻度,摇匀。精密量取上述溶液与内标溶液各1mL,置50mL容量瓶中,用流动相稀释至刻度,摇匀即得。
(3)供试品溶液的制备。取对乙酰氨基酚样品约25mg,精密称定,置50mL容量瓶中,加甲醇溶解并稀释至刻度,摇匀。精密量取上述溶液与内标溶液各1mL,置50mL容量瓶中,用流动相稀释至刻度,摇匀即得。
(4)按实验条件分别进样对照品溶液和供试品溶液,记录色谱图,连续测定3次,取平均值,按内标对比法以峰面积计算含量。

16.1.5 注意事项

实验中可以通过调整选择适当的色谱柱、柱温、流动相的比例和流速等,来达到系统适用性试验的要求。

16.1.6 思考题

(1) 内标对比法的优点是什么?
(2) 如何选择内标物质?
(3) 如果绘制的(A_i/A_s)-c_i工作曲线不通过原点,能否用内标对比法进行定量分析?

(河北大学　郭怀忠)

实验16.2　用校正因子法测定复方炔诺酮片中炔诺酮和炔雌醇的含量

16.2.1 目的与要求

(1) 掌握校正因子的测定方法。
(2) 了解高效液相色谱法在药物制剂含量测定中的应用。

16.2.2 方法提要

1. 复方炔诺酮片简介

复方炔诺酮片是一种复方避孕药,每1000片含有600mg炔诺酮和35mg炔雌醇。《中华人民共和国药典》2010年版规定其炔诺酮含量应为0.54~0.66mg/片,炔雌醇含量应为31.5~38.5μg/片。

炔诺酮分子中存在C=C—C=O共轭系统,炔雌醇分子中有苯环结构,因此有紫外特征吸收,可用紫外检测器进行检测。二者结构如下

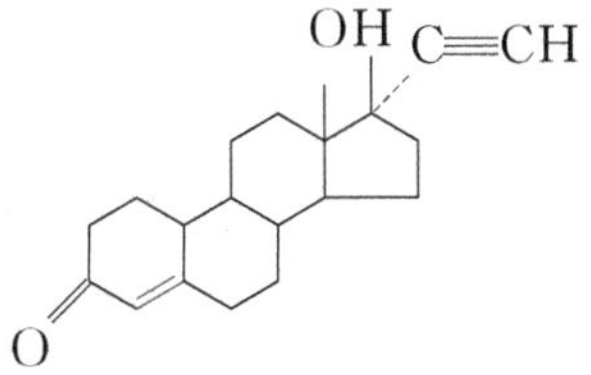

炔诺酮 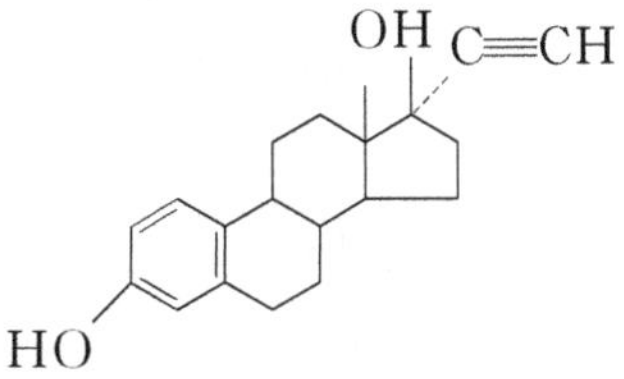　　　　　炔雌醇

2. 校正因子法的实验方法

将含有W_s(g)内标物质的内标溶液加入至含有W(g)样品的样品溶液中,混合后进样分析,测量待测组分i的峰面积A_i和内标物峰面积A_s。按下式计算W(g)样品中所含i组分的质量W_i

$$W_i = W_s \times \frac{A_i f_i}{A_s f_s}$$

式中：f_i 和 f_s 分别为组分 i 和内标物质的校正因子。W_i 和 W_s 也可用样品溶液中待测组分浓度 c_i 和内标物浓度 c_s 代替。

3. 校正因子的测定

高效液相色谱法的校正因子很难由手册中查到，常需要自己测定。测定校正因子时，配制含有 W_s(g)基准物质(内标物质)和 W_i(g)待测物质的对照品溶液。在与测定样品完全相同的实验条件下，进样 5～10 次，测定内标物质峰面积 A_s 和 i 组分的峰面积 A_i。用下式计算校正因子

$$f_i = \frac{W_i/A_i}{W_s/A_s} = \frac{W_i A_s}{W_s A_i}$$

式中：W_i 和 W_s 也可用测定校正因子用的对照溶液中对照品和基准物质(内标物质)的浓度 c_i 和 c_s 代替。

4. 药物制剂的含量测定

小剂量口服固体制剂常需检查每片(个)含量偏离标示量的程度，即含量均匀度测定，因而需要测定以标示量为 100 的相对含量，用下式表示

$$w(标示量的相对含量) = \frac{实际测得每片中待测组分的量}{标示量} \times 100\%$$

而每批制剂和含量是用各单剂量中待测组分和平均测得量来计算。

16.2.3 仪器与试剂

仪器：高效液相色谱仪。

试剂：甲醇，超纯水，对硝基甲苯，炔诺酮，炔雌醇，复方炔诺酮片。

16.2.4 操作步骤

1. 实验条件

色谱柱	ODS(15cm×4.6mm×5μm)
流动相	甲醇-水(60：40,体积比)
流速	1.5mL/min
检测波长	280nm
柱温	室温
内标物	对硝基甲苯

2. 实验步骤

(1) 校正因子的测定。

内标溶液的配制：取对硝基甲苯适量，加甲醇溶解并制成每毫升中含 0.044mg 的溶液，摇匀。

对照品溶液的配制：分别精密称取炔诺酮对照品和炔雌醇对照品适量，用甲醇制成每毫升含炔诺酮 0.58mg、0.72mg、0.86mg 和炔雌醇 0.036mg、0.042mg、0.050mg 的溶液，精密量

取各溶液 10mL,分别加入内标溶液 2mL,摇匀。

校正因子的测定:用微量注射器分别取各对照品溶液,进样 20μL,记录色谱图。每种溶液重复进样 3 次。

(2)样品的测定。

样品溶液的配制:取复方炔诺酮片 20 片,精密称定,研细,精密称取适量(约相当于炔诺酮 7.2mg),置具塞试管中,精密加入甲醇 10mL,密塞,置温水浴中 2h,并不时振摇,取出,放冷至室温,精密加入内标溶液 2mL,摇匀,过滤,取续滤液作为样品溶液。

进样分析:用微量注射器吸取样品溶液,进样 20μL,记录色谱图。重复 3 次。

3. 结果计算

(1)分别用对照品溶液每个色谱图的数据,按方法提要中给出的公式计算校正因子,算出平均值。分别求出炔诺酮和炔雌醇的校正因子 $f_{酮}$ 和 $f_{醇}$。并计算各校正因子的相对标准偏差。

(2)用样品色谱图的数据,用校正因子法计算含量。

每份样品中炔诺酮的量为

$$W_{酮} = W_s \times \frac{A_{酮}}{A_s} f_{酮}$$

式中:W_s 为样品溶液中内标物的量。

每片中平均含炔诺酮的量为

$$W_{酮} \times 平均片重/样品量$$

由此得复方炔诺酮片中炔诺酮的标示量的相对含量为

$$w(标示量的相对含量) = \frac{测得量(W_{酮}) \times 平均片重}{样品量 \times 标示量} \times 100\%$$

同法计算炔雌醇的含量。

16.2.5 注意事项

《中华人民共和国药典》要求,按炔诺酮计算,理论塔板数应不低于 6000,炔诺酮与内标物的分离度应不小于 1.5,各校正因子的相对标准偏差应 ≤2%。

16.2.6 思考题

(1)炔诺酮和炔雌醇的校正因子数值不同,为什么?

(2)如果改用另一种内标物质,校正因子是否会改变?改用另一检测波长,校正因子是否会改变?用峰面积求的校正因子与用峰高求的校正因子是否相同?

(3)相对校正因子与哪些因素有关?

(河北大学 郭怀忠)

实验 16.3 主成分自身对照法检查氧氟沙星的杂质

16.3.1 目的与要求

(1)掌握主成分自身对照法测定药物中有关物质的方法。

(2) 熟悉梯度洗脱的特点和基本操作。

16.3.2 方法提要

(1) 氧氟沙星化学名为(±)-9-氟-2,3-二氢-3-甲基-10-(4-甲基-1-哌嗪基)-7-氧代-7H-吡啶骈[1,2,3-de]-[1,4]苯骈噁嗪-6-羧酸,分子式为 $C_{18}H_{20}FN_3O_4$,相对分子质量为 361.38。其化学结构式如下：

《中华人民共和国药典》2010 年版规定其有关物质用 HPLC 中的主成分自身对照法进行检查。因其盐酸溶液在 294nm 波长处有最大吸收,因此可以用紫外检测器进行检测。

(2) 主成分自身对照法。当有杂质对照品时可采用加校正因子的主成分自身对照法。测定杂质含量时,按各品种项下规定的杂质限度,将供试品溶液稀释成与杂质限度相当的溶液作为对照品溶液,调节检测灵敏度或进样量,使对照品溶液主成分色谱峰的峰高为满量程的 10%～25%,或其峰面积可准确积分后,取供试品溶液和对照品溶液适量,分别进样,记录时间除另有规定外,为主成分色谱峰保留时间的 2 倍,测量供试品溶液色谱图上各杂质的峰面积,并与对照品溶液主成分的峰面积比较,计算杂质含量。

当没有杂质对照品时,可采用不加校正因子的主成分自身对照法。同上配制对照品溶液并调节仪器灵敏度,取供试品溶液和对照品溶液适量分别进样分析,把供试品溶液色谱图上的杂质峰面积与对照品溶液主成分的峰面积比较,计算杂质含量。

(3) 梯度洗脱是流动相由几种不同极性的溶剂组成,通过改变流动相中各溶剂的组成比例改变流动相的极性,使每个流出的组分都有合适的容量因子,并可使复杂样品在最短的时间内实现最佳分离。梯度洗脱可以提高分离能力,使峰形得到改善,并可以增加检测灵敏度。

16.3.3 仪器与试剂

仪器:高效液相色谱仪(具有梯度洗脱功能)。
试剂:高氯酸钠,乙酸铵,磷酸,乙腈,超纯水,氧氟沙星。

16.3.4 操作步骤

1. 色谱条件

色谱柱	十八烷基硅烷键合硅胶
流动相 A	乙酸铵高氯酸钠溶液(取乙酸铵 4.0g 和高氯酸钠 7.0g,加水 1300mL 使溶解,用磷酸调节 pH 至 2.2)-乙腈(85:15)
流动相 B	乙腈
流速	1mL/min
柱温	40℃

检测波长　　294nm
进样量　　　10μL
梯度程序如下：

时间/min	流动相 A/%	流动相 B/%
0	100	0
18	100	0
25	70	30
39	70	30
40	100	0
50	100	0

2. 实验步骤

(1)供试品溶液。取氧氟沙星适量，用 0.1mol/L 盐酸溶液溶解并定量稀释成浓度为 1.2mg/mL 的供试品溶液。

(2)对照品溶液。精密量取供试品溶液适量，加 0.1mol/L 盐酸溶液定量稀释成浓度为 2.4μg/mL 的对照品溶液。

(3)进样分析。用微量注射器取样品溶液 10μL 注入液相色谱仪，调节检测灵敏度，使主成分色谱峰的峰高为满量程的 20%～25%，记录时间应为主成分峰保留时间的 2 倍。按不加校正因子的主成分自身对照法计算，单个杂质峰面积不得大于对照品溶液主峰面积(0.2%)，其他各杂质峰面积的和不得大于对照品溶液主峰面积的 2.5 倍(0.5%)。(供试品溶液中任何小于对照品溶液主峰面积 0.1 倍的峰可忽略不计)

16.3.5　注意事项

(1) 梯度洗脱一定要待初梯度平衡好后进样，否则影响测定结果的准确性。

(2) 理论塔板数按氧氟沙星计应不低于 2000，氧氟沙星峰与相邻杂质峰的分离度应符合规定($R>1.5$)。

16.3.6　思考题

与外标法和面积归一化法比较，主成分自身对照法检测有关物质有什么特点？

(河北大学　郭怀忠)

Experiment 16.4　The Assay of Cefadroxil

16.4.1　Purpose and Requirement

(1) To study the HPLC method for the assay of content.

(2) To learn about the instrument of HPLC.

16.4.2 Principle

In this experiment you will analysis the assay of cefadroxil, (6R, 7R)-7-[(R)-2-amino-2-(p-hydroxyphenyl)acetamido]-3-methyl-8-oxo-5-thia-1-azabicyclo[4.2.0]oct-2-ene-2-carboxylic acid monohydrate. Its structure is as follows:

Cefadroxil has a potency equivalent to not less than 950μg and not more than 1050μg of $C_{16}H_{17}N_3O_5S$ per mg, calculated on the anhydrous basis(363.40).

16.4.3 Procedures and Methods

1. Chromatographic system

Column: 4mm × 25cm column that contains packing ODS.

pH 5.0 buffer: Dissolve 13.6g of monobasic potassium phosphate in water to make 2000mL of solution. Adjust with 10N potassium hydroxide to a pH of 5.0, and mix.

Mobile phase: Prepare a suitable mixture of pH 5.0 buffer and acetonitrile (960 : 40), and pass through a filter having a 0.5μm or finer porosity. Make adjustments if necessary. Increasing the acetonitrile content of the mobile phase decreases the retention time of cefadroxil, and decreasing the acetonitrile content increases the retention time.

Detection wavelength: UV 230nm.

Flow rate: 1.5mL per minute.

2. Solutions

(1) Standard preparation. Dissolve an accurately weighed quantity of cefadroxil in pH 5.0 buffer to obtain a solution having a known concentration of about 1.06 mg per mL. This solution contains the equivalent of about 1000μg of Cefadroxil ($C_{16}H_{17}N_3O_5S$) per mL. Use this solution on the day prepared.

(2) Assay preparation. Transfer about 212mg of cefadroxil, accurately weighed, to a 200mL volumetric flask, dilute with pH 5.0 buffer to volume, and stir by mechanical means for 5 minutes until dissolved. Use this solution on the day prepared.

(3) Inject the standard preparation, and record the responses as directed for procedure: the capacity factor, k, is between 2.0 and 3.5; the column efficiency determined from the analyte peak is not less than 1800 theoretical plates; the tailing factor for the analyte peak is not more than 2.2; and the relative standard deviation for replicate injections is not more than 2.0%.

3. Procedures

Separately inject equal volumes (about 10μL) of the standard preparation and the assay preparation into the chromatograph, record the chromatograms, and measure the areas for the major peaks. Calculate the quantity, in μg, of cefadroxil ($C_{16}H_{17}N_3O_5S$) in each mg of the cefadroxil taken by the formula:

$$200(cE/W)(r_U/r_S)$$

in which c is the concentration, in mg per mL, of cefadroxil taken to prepare the standard preparation; E is the Cefadroxil equivalent, in μg per mg, of cefadroxil; W is weight, in mg, of the portion of cefadroxil taken; and r_U and r_S are the cefadroxil peak responses obtained from the assay preparation and the standard preparation, respectively.

16.4.4 Questions

(1) What is the system suitability test of the HPLC method? Give an explanation of the importance of the system suitability test of the HPLC method during the assay test.

(2) What is the difference between the contents of drugs when it is calculated on the anhydrous basis and on the dried basis?

(河北大学　郭怀忠)

第17章 毛细管电泳法

实验17.1 三磷酸腺苷二钠的毛细管电泳定性、定量分析

17.1.1 目的与要求

(1) 掌握毛细管区带电泳的基本原理与方法。
(2) 熟悉毛细管区带电泳定性分析与定量分析的基本实验步骤。
(3) 了解毛细管电泳仪的基本构造与进样方式。

17.1.2 方法提要

1. 毛细管电泳概述

液体介质中的带电粒子在电场作用下发生定向移动,利用带电粒子的迁移速率不同而进行分离的方法称为电泳法。采用内径为 10~200μm 的毛细管柱作为分离通道,在高电场作用下进行的电泳分离称为毛细管电泳法。

在 pH>3 的电解质溶液中,石英毛细管内壁的硅醇基解离为硅氧基阴离子,其表面带负电,溶液中的水合阳离子被吸附到表面附近形成双电层,在 5~30kV 高压电作用下,双电层外缘扩散层中的阳离子引起流体整体朝负极方向移动,产生电渗流。电渗流是毛细管电泳中主要的驱动力,是电泳流的 5~7 倍,因此无论带正电荷、负电荷或者是中性粒子都向负极移动。其中正电荷粒子迁移速率最快,中性粒子次之,负电荷粒子最慢。毛细管电泳电场强度、电解质溶液的组成、pH、离子强度、温度等都会对粒子在电场中的迁移速率产生重要影响,因此在实验研究时需要对上述影响因素进行考察以获得最佳分离效果。

毛细管电泳仪由高压电源、电解质溶液储液槽、毛细管及卡套、进样装置、检测器和数据处理系统等部分组成(图 17-1)。由于高电场下石英毛细管内部背景电解质溶液产生焦耳热,形成了径向的温度梯度,从而改变了毛细管中电渗流的形状,使其从扁平流变为涡流,引起电泳峰展宽,降低柱效。因此在电泳过程中需要控制石英毛细管的温度,通常采用风冷或者液冷的方式,即将毛细管用装有冷冻液的卡套套住,控制电泳时的温度。另外毛细管壁的吸附会影响定性、定量分析重现性,所以每次进样前需要对毛细管进行彻底清洗,恢复毛细管初始状态。

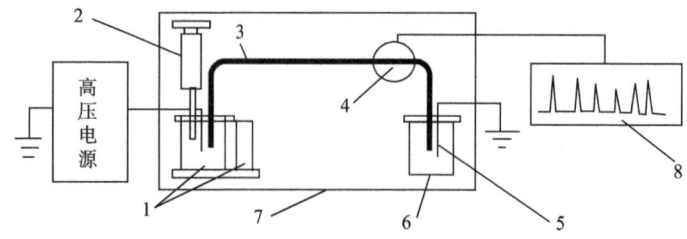

图 17-1 毛细管电泳系统示意图
1. 电解质槽和进样系统;2. 填灌清洗部件;3. 毛细管;4. 检测器;5. 铂电极;
6. 电解质槽;7. 恒温系统;8. 数据记录与处理系统

毛细管电泳采用柱上检测，一般为紫外检测器或光电二极管阵列检测器。由于毛细管直径较小，因此多数商品检测器采用球镜聚焦，提高检测灵敏度。另外选择末端吸收波长为检测波长，同样可以提高检测灵敏度。

2. 三磷酸腺苷二钠

三磷酸腺苷二钠为腺嘌呤核苷-5′-三磷酸酯二钠盐三水合物，为细胞代谢改善药。由于受环境、温度等影响，ATP容易降解成二磷酸腺苷二钠和一磷酸腺苷二钠，因此《中华人民共和国药典》2010年版二部采用紫外光谱法测定其总核苷酸含量，采用高效液相色谱法测定三磷酸腺苷二钠的质量比，以总核苷酸量与其质量比乘积对其进行准确定量。由于三磷酸腺苷二钠为离子化合物，在反相色谱柱上保留较差，所以采用离子对试剂增强其色谱保留行为。本实验则是利用毛细管区带电泳对溶液中的带负电荷的三磷酸腺苷及其可能存在的降解产物进行分离，利用三磷酸腺苷二钠对照品对其进行定性、定量分析。

17.1.3 仪器与试剂

仪器：毛细管电泳仪（带二极管阵列检测器）。

试剂：氢氧化钠，磷酸，磷酸氢二钠，三磷酸腺苷二钠对照品。

17.1.4 操作步骤

1. 背景电解质溶液制备

称取磷酸氢二钠二水合物2.225g，置于烧杯中，加入200mL去离子水溶解，用磷酸调pH为9.0，转移至250mL容量瓶中并定容，得50mmol/L磷酸盐缓冲液，作为背景电解质溶液，用0.22μm微孔滤膜过滤后待用。

2. 三磷酸腺苷二钠对照品溶液制备

精密称取三磷酸腺苷二钠10mg，置于25mL容量瓶中，用去离子水溶解、稀释并定容至刻度，得浓度为0.4mg/mL三磷酸腺苷二钠对照品储备液；精密量取储备液2.5mL置于25mL容量瓶中，用10%背景电解质溶液稀释并定容，得40μg/mL三磷酸腺苷二钠对照品溶液，用0.22μm微孔滤膜过滤后待用。

3. 供试品溶液制备

精密称取三磷酸腺苷二钠三水合物10mg，置于25mL容量瓶中，用去离子水溶解、稀释并定容至刻度，得供试品储备液；精密量取储备液2.5mL置于25mL容量瓶中，用10%背景电解质溶液稀释并定容，得供试品溶液，用0.22μm微孔滤膜过滤后待用。

4. 实验条件

石英毛细管	50cm×75μm(i.d.)，有效长度41.5cm
背景电解质溶液	50mmol/L 磷酸氢二钠缓冲液(pH 9.0)
毛细管柱温度	20℃
检测波长	214nm，254nm

| 电压 | 20kV |
| 进样方式 | 压力进样 1psi,5s |

5. 样品分析

在上述设定的毛细管电泳条件下进行实验,首先在不带电压的情况下,用 0.1mol/L NaOH 溶液冲洗毛细管 3min,随后用去离子水冲洗毛细管 2min,最后用背景缓冲液冲洗 3min,毛细管出口对准废液位置,完成实验前毛细管准备。随后将依次进样供试品和对照品,将调整毛细管出口在缓冲液位置,采用压力进样方式,每次进样前均需要进行毛细管冲洗准备。进样后,数据处理系统自动记录电泳图谱。实验完成后用去离子水冲洗毛细管 10min。

6. 结果计算

根据对照品中三磷酸腺苷二钠的迁移时间对供试品中的三磷酸腺苷二钠进行定性,并查看对照品与供试品紫外光谱图,比较其一致性。记录对照品峰面积,按照下式采用标准对照法对供试品中三磷酸腺苷二钠进行含量计算(注意单位)。三磷酸腺苷二钠原料药的含量按无水物计算不少于 95.0%。

$$含量 = \frac{A_{供试品} \times c_{对照品} \times 250}{A_{对照品} \times W_{称量}} \times 100\%$$

17.1.5 注意事项

(1) 背景缓冲液现配现用,防止放置时间太久发生霉变。

(2) 背景缓冲液与样品使用前需要经过 $0.22\mu m$ 微孔滤膜过滤,防止细微颗粒堵塞毛细管。

(3) 压力进样两液面应在同一水平,避免虹吸,进样时间尽量在 1s 以上,防止进样误差。

17.1.6 思考题

(1) 不同带电粒子在毛细管电泳中的迁移速率受什么影响?

(2) 与高效液相色谱法相比,毛细管电泳为什么具有较高的分离效能?

(第二军医大学 闻 俊)

实验 17.2 左氧氟沙星对映异构体的杂质检查

17.2.1 目的与要求

(1) 熟悉毛细管电泳手性分析的原理及实验操作。

(2) 通过实验,加深对对映异构体杂质限量检查方法的理解。

17.2.2 方法提要

(1) 左氧氟沙星为(—)-(S)-3-甲基-9-氟-2,3-二氢-10-(4-甲基-1-哌嗪基)-7-氧代-7H-吡啶并[1,2,3-de]-[1,4]苯并噁嗪-6-羧酸半水合物($C_{18}H_{20}FN_3O_4 \cdot 1/2\ H_2O$,相对分子质量为 370.38)。其结构式为

左氧氟沙星是氧氟沙星的左旋体，其体外抗菌活性约为氧氟沙星的两倍，因此作为单一对映体药物上市。在其合成过程中会产生光学异构体副产物，影响药物的安全使用，因此多数药品标准中均对左氧氟沙星的光学异构体进行杂质限量检查。《中华人民共和国药典》2010年版二部中采用手性流动相法对异构体杂质进行检查，将手性试剂 D-苯丙氨酸添加到 HPLC 流动相中，与手性药物生成可逆的非对映体复合物，并根据此复合物在固定相与流动相之间的分配系数差异而达到基线分离。常见的手性添加剂有金属络合物、环糊精、蛋白质等。

（2）在毛细管电泳手性拆分中，一般将手性添加剂加入毛细管中作为分离介质，提供手性环境，根据对映体与手性添加剂之间的作用强度差异引起的电泳淌度差异而实现手性分离。手性添加剂是毛细管电泳手性拆分的关键，需要能够与对映体形成包合物，在背景缓冲液中可溶且稳定，对检测信号不会产生干扰，并且对映体与包合物之间的交换反应足够快。常用的手性添加剂为环糊精（cyclodextrin，CD），是由 D-吡喃型葡萄糖单元通过 α-1, 4 糖苷形成的多聚糖，一般有 α、β、γ 三种（图17-2）。环糊精分子具有中空并呈现"V"形的圆筒状构造，腔内侧是以糖苷氧原子连接 C—H 组成的环，呈相对疏水性，羟基在筒构造的开口处，呈亲水性。环糊精外部的羟基能够通过化学修饰衍生化，被甲基、羟乙基、羧甲基等基团取代，从而改变了手性选择性。

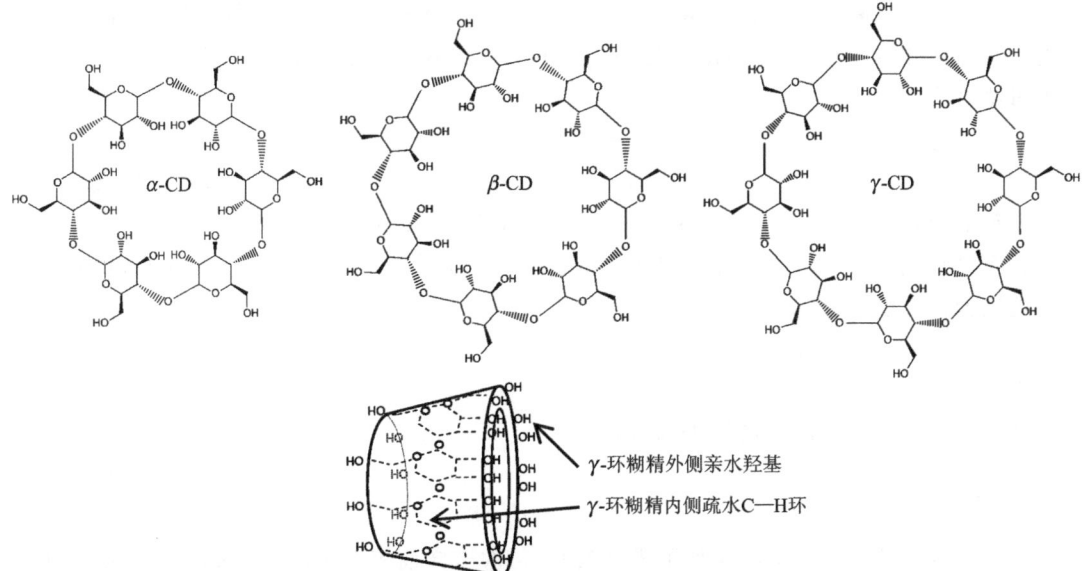

图 17-2　α、β、γ-环糊精的结构与 γ-环糊精的圆筒状构造

17.2.3　仪器与试剂

仪器：毛细管电泳仪。

试剂：磷酸，三羟甲基氨基甲烷(Tris)，氢氧化钠，硫酸-β-环糊精(S-β-CD)，左氧氟沙星对照品，右氧氟沙星对照品，左氧氟沙星原料药。

17.2.4　操作步骤

1. 背景电解质溶液制备

量取 0.73mL 磷酸(85%)置于 250mL 容量瓶中，称取 Tris 30g 置于同一 250mL 容量瓶中，用去离子水溶解稀释后定容，溶液 pH 约为 1.8。称取 1.5g S-β-CD 置于 50mL 容量瓶中，用上述溶液稀释并定容，得含 S-β-CD 为 30mg/mL 的背景电解质溶液，用 0.22μm 微孔滤膜过滤后待用。

2. 对映异构体对照品溶液制备

精密称取左氧氟沙星与右氧氟沙星各 10mg，分别置于 25mL 容量瓶中，用 50%甲醇溶解并稀释定容至刻度，得氧氟沙星单一对映体储备液；分别取上述储备液 1.0mL 至同一 10mL 容量瓶，用去离子水稀释并定容至刻度，得浓度为 40μg/mL 氧氟沙星消旋体对照品溶液。另取右氧氟沙星储备液 1mL 至 250mL 容量瓶，用去离子水稀释并定容至刻度，得浓度为 1.6μg/mL 右氧氟沙星对照品溶液，上述溶液用 0.22μm 微孔滤膜过滤后待用。

3. 供试品溶液制备

精密称取左氧氟沙星原料药 40mg，置于 250mL 容量瓶中，用 50%甲醇 10mL 溶解后，用去离子水稀释并定容至刻度，得浓度为 160μg/mL 的左氧氟沙星供试品溶液，用 0.22μm 微孔滤膜过滤后待用。

4. 实验条件

石英毛细管	40cm×50μm(i.d.)，有效长度 31.5cm
背景电解质溶液	50mmol/L 磷酸-1mol/L Tris 缓冲液(pH 1.8)，含 S-β-CD 30mg/mL
毛细管柱温度	25℃
检测波长	230nm
电压	18kV
进样方式	压力进样 1psi，15s

5. 样品分析

在上述设定的毛细管电泳条件下进行实验，每次进样前用 0.1mol/L NaOH 溶液、去离子水和背景缓冲液依次冲洗毛细管各 2min，完成实验前毛细管准备。随后依次进样 40μg/mL 氧氟沙星消旋体对照品溶液、1.6μg/mL 右氧氟沙星对照品溶液和左氧氟沙星供试品溶液，进样后，数据处理系统自动记录电泳图谱。实验完成后用去离子水冲洗毛细管 10min。

6. 结果计算

根据氧氟沙星对照品溶液和右氧氟沙星对照品溶液的电泳图谱,确定图谱中氧氟沙星单一对映体的迁移时间,确认左氧氟沙星供试品溶液中对映体杂质的出峰时间与位置。

记录 1.6μg/mL 右氧氟沙星对照品溶液与供试品溶液中右氧氟沙星的峰面积,按照下式采用标准对照法对供试品中光学异构体杂质的限度进行计算(注意单位)。左氧氟沙星原料药中光学异构体杂质不超过 1%。

$$杂质限量 = \frac{A_{供试品} \times c_{对照品} \times 250}{A_{对照品} \times W_{称量}} \times 100\%$$

17.2.5 注意事项

为了确定实验条件下可以实现氧氟沙星消旋体的手性拆分,需要先采用消旋体对照品溶液进样,确保光学异构体的电泳分离满足定量要求。

17.2.6 思考题

(1) 缓冲液的 pH 对毛细管电泳分离有什么影响?

(2) 毛细管电泳中常用的手性添加剂有哪些?

(3) 在没有光学异构体杂质对照品的前提下,如何对左氧氟沙星中的光学异构体杂质进行限度检查?

(第二军医大学　闻　俊)

第 18 章　色谱-质谱联用技术

实验 18.1　甲苯、氯苯和溴苯混合物的 GC-MS 分析

18.1.1　目的与要求

了解混合物的 GC-MS 的一般方法。

18.1.2　方法提要

GC-MS 分析可给出混合物的总离子流色谱图、质量色谱图及每个成分的质谱图。因此 GC-MS 联用法是挥发性混合物分离分析的最重要的手段,而且还具有质谱数据库,有利于未知物的分析鉴定。

18.1.3　仪器与试剂

仪器:岛津 GCMS-QP5050 气相色谱-质谱联用仪。

试剂:甲苯,氯苯,溴苯,正己烷。

18.1.4　操作步骤

1. 实验条件

(1) 气相色谱条件:

毛细管色谱柱	DB-1MS($0.25\mu m \times 0.25mm \times 30m$)
柱温	初始温度 50℃,恒温 5min,而后从 10℃/min 升温至 180℃
进样器温度	200℃
进样体积	$1.0\mu L$
样品分流	10∶1
载气	He
流量	1mL/min

(2) 质谱条件:

EI 源	70eV
质量范围	33～500u
扫描速率	1000u/s
界面温度	230℃
溶剂	正己烷
溶剂切割时间	2.5min
起始时间	2.7min
检测器	1.00kV

2. 操作步骤

直接进样方式。操作方法见附篇。

18.1.5 测得的总离子流色谱与质谱

1. 甲苯、氯苯和溴苯的 GC-MS 总离子流色谱图(图 18-1)

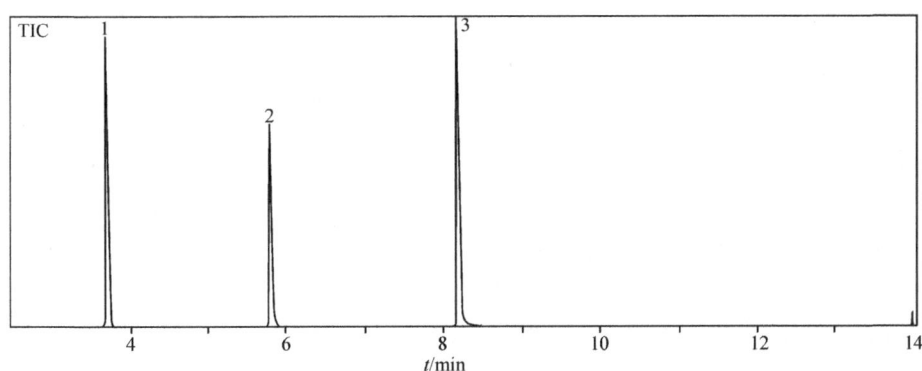

图 18-1　甲苯、氯苯和溴苯的 GC-MS 总离子流色谱图

2. 每个色谱峰的质谱图

(1) 保留时间 3.700min 的质谱图(图 18-2)。

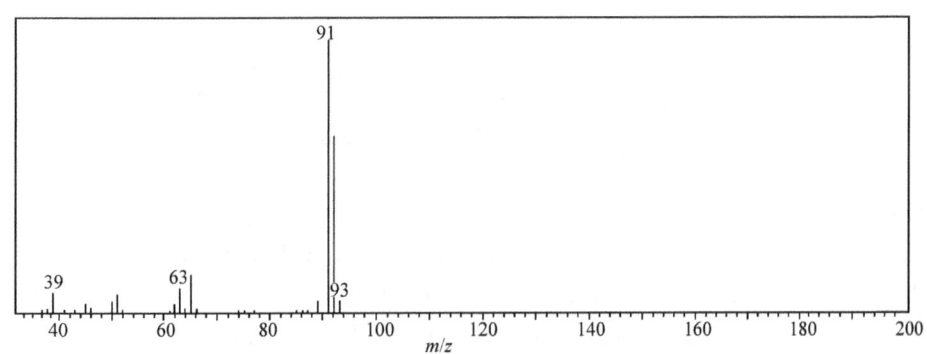

图 18-2　保留时间 3.700min 的质谱图

解析:

芳烃的分子离子稳定,峰强大。烷基取代苯易发生 β 裂解,产生 m/z 91 的䓬鎓离子,是烷基取代苯的重要特征。在甲苯的 EI-MS 谱的高质量区出现 m/z 91 的离子峰,是分子离子峰,且为基峰。䓬鎓离子可进一步裂解生成环戊二烯及环丙烯离子,m/z 分别为 65 和 39。取代苯能发生 α 裂解产生苯离子 m/z 77,进一步裂解生成环丙烯离子和环丁二烯离子,m/z 分别为 39 和 51。综上所述,䓬鎓离子 m/z 91($C_7H_7^+$)是烷基取代苯的特征离子。而 m/z 77 ($C_6H_5^+$),m/z 65($C_5H_5^+$),m/z 51($C_4H_3^+$),m/z 39($C_3H_3^+$)为苯环特征离子。解析结果,证明是甲苯。

(2) 保留时间 5.808min 的质谱图(图 18-3)。

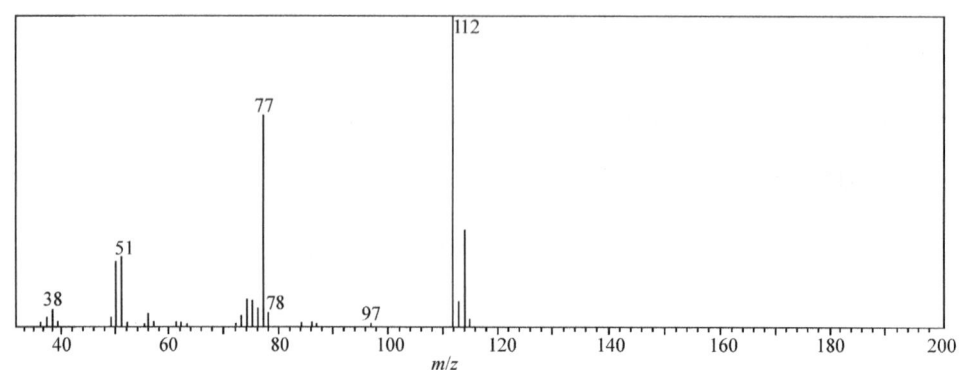

图18-3 保留时间5.808min的质谱图

解析：

图18-3的EI-MS高质量区m/z 112是分子离子峰，与氯苯相对分子质量一致，和$M+2$峰m/z 114的相对丰度比约3∶1，证实了分子结构中存在一个氯原子。离子碎片m/z 77，m/z 51为苯环的特征离子。解析结果，证明是氯苯。

(3) 保留时间8.192min的质谱图(图18-4)。

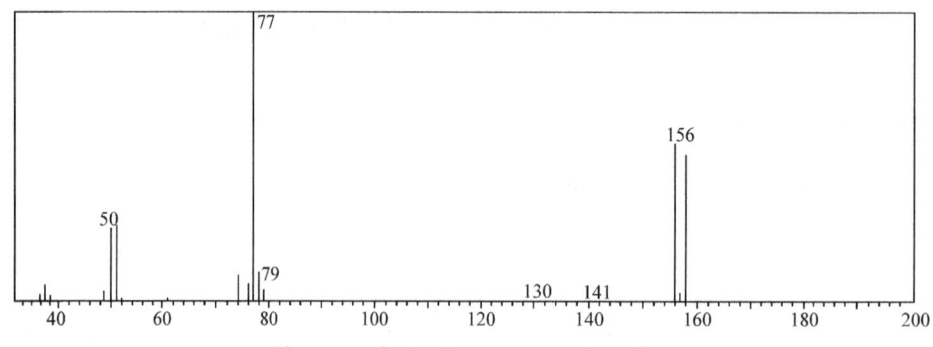

图18-4 保留时间8.192min的质谱图

解析：

图18-4的EI-MS高质量区m/z 156是分子离子峰，与溴苯的相对分子质量一致。分子离子峰M与$M+2$峰m/z 158的相对丰度比约1∶1，证实了分子结构中存在一个溴原子。其他离子碎片m/z 77，m/z 51为苯环的特征离子。解析结果，证明是溴苯。

18.1.6 思考题

(1) 试述芳烃化合物质谱的裂解规律。
(2) 如何用质谱识别含卤素的种类及数量？

（沈阳药科大学　彭　缨）

实验18.2　血浆中阿司匹林LC-MS/MS测定方法

18.2.1 目的与要求

(1) 了解Agilent6410型LC-MS/MS联用仪的操作和仪器的基本组成。

(2) 熟悉 LC-MS/MS 在血浆中测定方面的应用。

18.2.2 方法提要

阿司匹林是水杨酸类非甾体抗炎药,它能够快速而广泛地分布到人体多数组织和体液中。液质联用具有分析范围广、分离能力强、定性分析结果可靠、检测限低、分析时间快等优点,尤其适合生物样本的分析。本实验采用质谱数据来进行定性,找出在健康人体血浆中阿司匹林在图谱中的位置,然后以健康人血浆为本底作工作曲线。从工作曲线中计算出血浆中阿司匹林的含量。

18.2.3 仪器与试剂

仪器:Agilent6410 型 LC-MS/MS 联用仪(含 Quantitative Analysis version B.01.04 数据处理系统)。

试剂:阿司匹林,非那西汀,乙腈(色谱纯),冰醋酸(色谱纯),叔丁基甲醚(色谱纯)。

18.2.4 操作步骤

1. 实验条件

(1)液相色谱条件:

色谱柱	Phenomenex Luna C_{18}柱(100mm×2.0mm,5μm)
流动相	乙腈-0.04%冰醋酸水溶液(30:70,体积比)
流速	0.2mL/min
柱温	室温
进样量	10μL

(2)质谱条件:

ESI 离子源	负离子方式选择反应监测(SRM)模式
毛细管电压	4000V
干燥气流速	9L/min
干燥器温度	300℃
雾化气压力	40psi
定量参数	阿司匹林:m/z(179.0→93.0),Fragmentor 75,Collision Energy 20V
	非那西汀 m/z(178.0→134.1),Fragmentor 135,Collision Energy 20V
扫描时间	200ms

2. 操作步骤

(1)按操作说明书启动色谱仪。

(2)设定实验的色谱和质谱条件。

(3)非那西汀内标溶液的配制:精密称取非那西汀对照品约 10mg,置容量瓶中,加流动相溶解并稀释为 2.0μg/mL 的内标对照液备用。

(4)阿司匹林对照溶液的配制:精密称取阿司匹林对照品约 10mg,置容量瓶中,加流动相溶解并稀释至 200μg/mL 对照液。

(5) 血浆样品预处理:精密量取血浆 200μL,置于离心管中,精密加入非那西汀内标溶液 10μL,涡旋 30s,加入 1% 盐酸 50μL,涡旋 30s,精密加入甲基叔丁基醚 1mL,涡旋 2min,14 000r/min 离心 10min,取上清液 900μL,冰水浴氮气吹干,用 90μL 流动相溶解残渣,离心后取上清 10μL 进样。

(6) 工作曲线配制:分别精密量取血浆 200μL 5 份,加入阿司匹林标准系列溶液适量,配制成相当于阿司匹林血浆质量浓度分别为 0.02μg/mL、0.05μg/mL、0.1μg/mL、0.2μg/mL、0.5μg/mL 的样品,涡旋 30s,按步骤(5)操作。

(7) 取未知血样 200μL,按步骤(5)操作,所得典型图谱如图 18-5 所示。

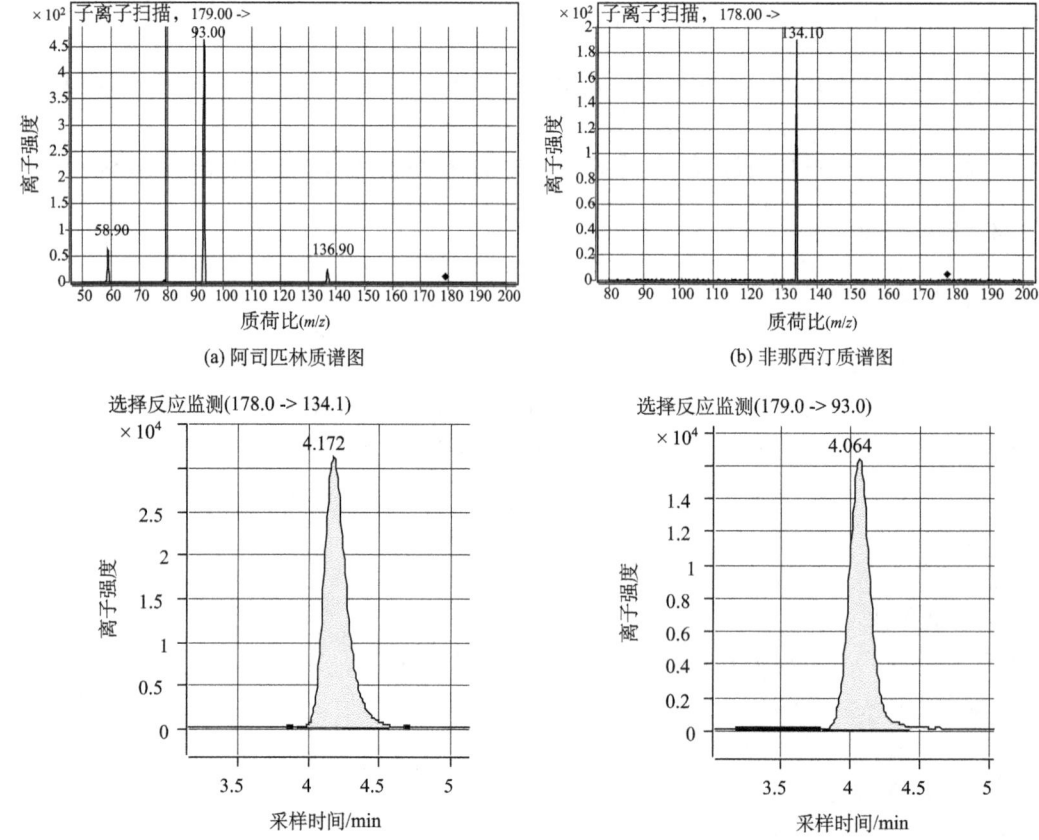

图 18-5 LC-MS/MS 测定血浆中阿司匹林及内标非那西汀的典型图谱

18.2.5 结果处理

(1) 以血浆样品中内标与阿司匹林色谱峰比值对阿司匹林血浆浓度作线性回归,得定量工作曲线方程。

(2) 将未知血样的内标与阿司匹林色谱峰比值代入工作曲线,计算其中阿司匹林浓度。

18.2.6 注意事项

(1) 操作时应参照仪器操作规程,可以根据仪器性能对阿司匹林和内标进行进一步的质谱条件优化。

(2) 注意血浆样品前处理过程中可能的污染，以免引起定量准确度下降；复溶后需要进一步离心，取上清液进样 LC-MS/MS，以减少内源性物质污染离子源。

【附】Agilent6410 型 LC-MS/MS 使用方法

1. 仪器的自动调谐

为了保证单位分辨率及质量轴的准确性，LC-MS/MS 必须进行调谐。

(1) 在软件打开后，从 Acquisition 切换到 Tune 画面，如图 18-6 所示。选择 Autotune 模式。

(2) Autotune 自动改变参数并校准 QQQ，以当前调入的调谐文件作为 Autotune 的起点，调谐完成后自动给出提示，给出调谐报告。

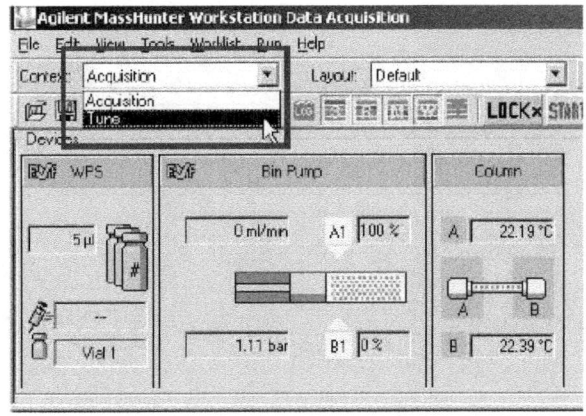

图 18-6　仪器调谐界面

2. 方法的建立以及运行

(1) 双击 MassHunter 数据采集图标。在数据采集界面可以看到仪器状态；实时绘图；方法编辑和编辑工作表，如图 18-7 所示。

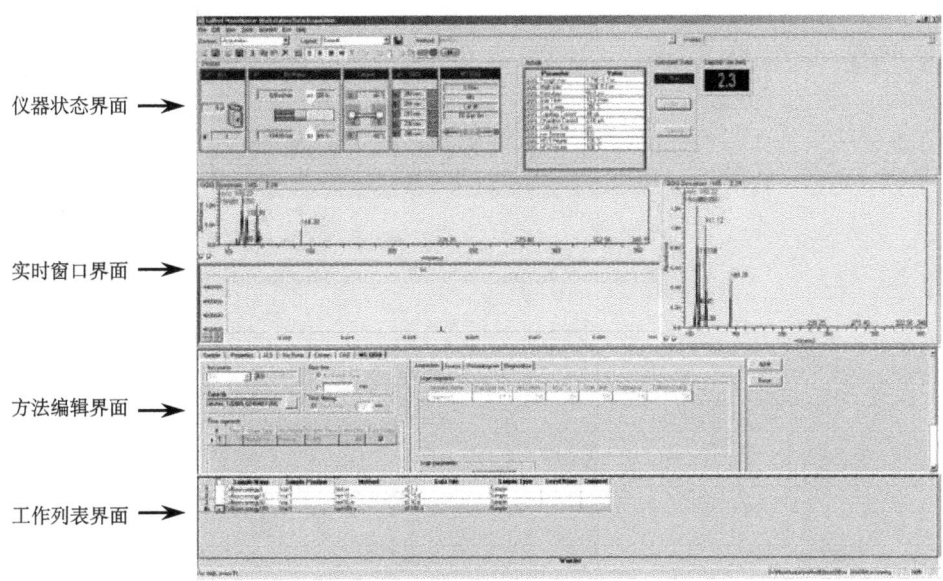

图 18-7　数据采集界面

(2) 在这个界面完成所有的方法编辑：输入自动进样器的参数、泵参数、柱温箱温度、质谱参数(如离子源、扫描方式等)，如果有紫外检测器就在这里设置参数。

(3) 使用工具栏中的 Save Method 图标或者文件菜单保存方法。

(4) 当设置完毕，确定方法无误后即可运行方法。

(沈阳药科大学　彭　缨)

第 19 章 综合性实验

中药栀子为茜草科植物栀子 *Gardenia jasminoides* Ellis 的干燥成熟果实,具有泻火除烦、清热利尿、凉血解毒等功效,为临床常用中药。它的主要活性成分为环烯醚萜苷类化合物,其中栀子苷是《中华人民共和国药典》规定的药材鉴别和含量测定的指标成分。本实验运用多种色谱技术,提取、分离和分析栀子中环烯醚萜苷类成分,主要包括 4 部分内容:①有效成分的提取和大孔吸附树脂柱色谱法分离纯化;②硅胶薄层色谱法鉴别;③高效液相色谱法测定主成分含量;④气相色谱法检查提取分离产品中有机溶剂残留量。通过本实验,让学生学会综合运用各种常用色谱技术分析研究中药等复杂体系的基本方法,认识和掌握各种色谱技术的特点、优势和适用条件,以及在实际应用中各种方法的选择、互补和结合。

实验 19.1 栀子中环烯醚萜苷类成分的提取及柱色谱法分离纯化

19.1.1 目的与要求

(1)掌握大孔吸附树脂柱色谱的原理和方法。
(2)熟悉柱色谱分离纯化中药提取物的方法与过程。

19.1.2 方法提要

50%乙醇为溶剂,回流提取栀子中环烯醚萜苷类有效成分,所得粗提物用大孔吸附树脂柱色谱法分离纯化,去除色素等成分,提高产品中有效成分的含量。

19.1.3 仪器与试剂

仪器:层析柱(4cm 内径玻璃柱),减压旋转蒸发仪,真空干燥箱,托盘天平。
试剂:栀子(江西产),D101 型大孔吸附树脂,95%乙醇加水配制各种浓度。

19.1.4 操作步骤

1. 提取

干燥栀子药材 100g 置于 1000mL 烧瓶中,加 50%乙醇 600mL,80℃回流提取 2h,过滤,滤渣再加 50%乙醇 500mL,于 80℃回流提取 2h,再过滤,合并滤液,40℃减压旋转蒸发回收溶剂,浓缩至 120mL,离心除去沉淀,得到含有栀子环烯醚萜苷类成分的粗提物浓缩溶液,量出其体积。留 10mL 浓缩提取液作为实验 19.2 和实验 19.3 的样品,其余用于柱色谱分离纯化。

2. 柱色谱分离纯化

(1)大孔吸附树脂预处理。树脂用 95%乙醇浸泡 4h,然后用乙醇淋洗,至流出液在试管中用水稀释不浑浊为止,最后用水反复洗涤至无明显乙醇气味后即可使用。
(2)装柱。洗净层析柱,底部塞入玻璃棉少许。取适量大孔吸附树脂于烧杯中,加水搅动倒入层析柱,控制层析柱出口水流(水面不能低于树脂,以免产生气泡),树脂约装满柱的 2/3,顶端再用少许玻璃棉覆盖,以防止上样和洗脱时树脂被冲起。

(3) 柱色谱分离。将浓缩的提取液上样,吸附约 1h,先用水洗脱约 1000mL,洗脱液弃去。然后用 20％乙醇洗脱,收集洗脱液约 3000mL,将此洗脱液减压旋转蒸发,回收溶剂,再真空干燥,得栀子环烯醚萜苷类有效部位的固体产品,称量,置干燥器中保存备用。

19.1.5 注意事项

(1) 树脂装柱应均匀紧密,洗脱时液面应保持在树脂以上,否则柱管内引进气泡,产生沟流现象,影响分离效果。控制洗脱液流速不能太快。

(2) 树脂使用后可回收再生,重复使用。若树脂使用一定周期后吸附能力降低或受污染严重,需强化再生,可用 3％～5％的盐酸溶液浸泡、淋洗,随后用水洗至接近中性,再用 3％～5％的氢氧化钠溶液浸泡、淋洗,最后用水清洗至中性,备用。

19.1.6 思考题

(1) 为什么新的大孔吸附树脂使用前需要预处理?
(2) 大孔吸附树脂的型号、洗脱液的选择、流速控制对柱色谱分离效果有何影响?

(第二军医大学 亓云鹏)

实验19.2 栀子中环烯醚萜苷类成分的薄层色谱法鉴别

19.2.1 目的与要求

(1) 掌握薄层板的制备和薄层色谱法的一般操作方法。
(2) 了解薄层色谱法分离鉴别中药活性成分的原理与操作。

19.2.2 方法提要

薄层色谱法常用于中药材的鉴别。《中华人民共和国药典》2010 年版规定,栀子药材的 TLC 法鉴别采用硅胶 G 薄层板,乙酸乙酯-丙酮-甲酸-水(5∶5∶1∶1)为展开剂,10％硫酸乙醇溶液为显色剂。栀子的环烯醚萜苷类成分中栀子苷的含量最高,本实验参照《中华人民共和国药典》规定的方法,以实验 19.1 得到的粗提物和柱色谱分离纯化后所得的有效部位为样品,以栀子苷为对照,进行 TLC 法鉴别。

硅胶是吸附薄层色谱中最常用的固定相,铺制薄层板常需加入黏合剂,常用的黏合剂有羧甲基纤维素钠(CMC-Na)和煅石膏($CaSO_4 \cdot 1/2H_2O$)。硅胶 G 是硅胶和煅石膏混合而成,硅胶 G 薄层板的机械性强度较差,易脱离。用 CMC-Na 为黏合剂制成的薄层板称为硅胶-CMC 板,这种板机械性强度好,但在使用强腐蚀性显色试剂时,要掌握好显色温度和时间,以免 CMC-Na 炭化而影响检测。

19.2.3 仪器与试剂

仪器:烘箱,10cm×20cm 玻璃板,层析缸,平口玻璃毛细管(内径约 1mm),显色喷雾瓶。

试剂：栀子粗提物溶液和环烯醚萜苷类有效部位固体粉末（由实验 19.1 制得），栀子苷对照品（纯度＞98%），硅胶 G，羧甲基纤维素钠（CMC-Na），10%硫酸乙醇溶液，甲醇、乙酸乙酯、丙酮、甲酸均为分析纯。

19.2.4 操作步骤

1. 薄层板的铺制

（1）硅胶-G 板的铺制。取硅胶 G 粉末 5g 于研钵中，分多次加入水约 10mL，每次加入后充分研匀，调成糊状，均匀涂布在玻璃板上，置水平台面上于室温下晾干，再在 105℃烘箱中活化 60min，储于干燥器中备用。

（2）硅胶-CMC 板的铺制。取硅胶 G 粉末 5g 于研钵中，分多次加入 0.5% CMC-Na 溶液 10mL，每次加入后充分研匀，调成糊状，均匀涂布在玻璃板上，置水平台面上于室温下晾干，再在 105℃烘箱中活化 60min，储于干燥器中备用。

2. 供试品溶液及对照品溶液的制备

粗提物浓缩溶液用 50%甲醇稀释约 10 倍，有效部位用 50%甲醇溶解配制成约 5mg/mL 的浓度，作为供试品溶液；栀子苷对照品用乙醇溶解配制成约 4mg/mL 的浓度，作为对照品溶液。

3. 薄层色谱法鉴别

（1）点样。用毛细管点样，取供试品溶液及对照品溶液，分别点于同一硅胶 G 板和同一硅胶-CMC 板上，点样基线距薄层板底边 2cm，点样原点直径应小于 2mm，各样品原点之间间距 1.5cm 以上，点样量为 2～5μL。

（2）展开。配制展开剂乙酸乙酯-丙酮-甲酸-水（5∶5∶1∶1），倒入层析缸内，待点样后斑点溶剂挥干后，将薄层板放入层析缸内饱和 15min，而后将薄层板下缘浸入展开剂中 0.5～1cm（展开剂切勿浸没样品原点），展开约 20min 后取出，标记展开剂前沿，放在空气中挥干。

（3）显色。待薄层板上的展开剂挥干后，喷以 10%硫酸乙醇溶液，在 110℃烘箱内加热至斑点清晰。

（4）鉴别。比较供试品和对照品展开后的斑点，测量计算 R_f 值。

19.2.5 注意事项

（1）溶解样品一般用甲醇、丙酮等挥发性有机溶剂。点样后要待斑点溶剂挥干才能放入层析缸内展开，否则残留溶剂会影响展开剂的性质。

（2）展开剂为混合溶剂，临用前新配，否则可能因较长时间的混合、储存、相互作用而发生层析性质的改变。

（3）点样量多少应视样品浓度（含量）及检测手段灵敏度而定。点样量太多容易形成拖尾点，太少则斑点显色不明显。

19.2.6 思考题

影响薄层色谱 R_f 值的因素有哪些？

（第二军医大学　亓云鹏）

实验19.3 高效液相色谱法测定栀子中栀子苷的含量

19.3.1 目的与要求

(1) 熟悉高效液相色谱法在中药有效成分含量测定中的应用。
(2) 掌握外标法定量的原理及其计算方法。
(3) 了解高效液相色谱法用于复杂体系分析时色谱条件的选择和系统适用性试验的方法。

19.3.2 方法提要

栀子中环烯醚萜苷类化合物成分复杂,到目前为止,已从栀子属植物中分离鉴定的环烯醚萜苷类化合物有栀子苷、去羟栀子苷、1β-龙胆苷、异羟栀子苷等二十多种。《中华人民共和国药典》2010年版规定用高效液相色谱法测定栀子中栀子苷的含量,按照药材干燥品计算,含栀子苷($C_{17}H_{24}O_{10}$)不得少于1.8%。

本实验参考《中华人民共和国药典》规定的方法,测定提取物中栀子苷的含量,根据提取所用原药材的质量,计算原药材中栀子苷的含量。测定大孔吸附树脂柱色谱分离后所得的总环烯醚萜苷有效部位中栀子苷的含量,计算分离纯化后得到栀子苷的得率。

19.3.3 仪器与试剂

仪器:高效液相色谱仪,电子分析天平。

试剂:栀子粗提物溶液和环烯醚萜苷类有效部位固体粉末(由实验19.1制得),乙腈(色谱纯),乙酸(分析纯),去离子水,栀子苷对照品(纯度>98%)。

19.3.4 操作步骤

1. 色谱条件

色谱柱	ODS(150mm×4.6mm×5μm)
流动相	乙腈-1%乙酸水溶液(15:85,体积比)
流速	1mL/min
柱温	室温
检测波长	238nm
进样量	20μL

2. 实验步骤

(1) 工作曲线制备。以流动相为溶剂,精密配制栀子苷对照品溶液(50μg/mL、100μg/mL、200μg/mL、300μg/mL、500μg/mL)。在上述色谱条件下分别进样,记录色谱图。

(2) 供试品的配制与测定。按照栀子原药材约2mg/mL的浓度用栀子粗提物浓缩溶液和有效部位粉末分别配制供试品溶液适量,溶剂为流动相。配制完毕后,用0.45μm微孔滤膜过滤后进样分析,记录色谱图。

3. 记录格式

按下表记录色谱峰面积。

溶液		栀子苷浓度/($\mu g/mL$)	栀子苷色谱峰面积
对照品	1	50	
	2	100	
	3	200	
	4	300	
	5	500	
样品1(粗提物)		—	
样品2(有效部位)		—	

4. 结果计算

以对照品溶液的浓度(c)和相应的色谱峰面积(A),拟合 A-c 工作曲线及其方程。将测得的样品溶液的栀子苷色谱峰面积代入工作曲线方程中,得出样品溶液中栀子苷的浓度,计算出粗提物溶液和有效部位粉末中栀子苷的含量。假设原药材中的栀子苷完全被提取到粗提物溶液中,再根据所用原药材的质量和所得有效部位粉末的质量,算出原药材中栀子苷的百分含量,及大孔吸附树脂柱色谱分离纯化后栀子苷的得率。

19.3.5 注意事项

(1) 根据《中华人民共和国药典》规定的系统适用性试验的要求,按栀子苷峰计算,理论塔板数应不低于1500。

(2) 实验结束后需要用相等比例乙腈(不含酸)的流动相冲洗色谱柱,去除流动相中的酸,以免对色谱柱造成损害。

19.3.6 思考题

根据粗提物和有效部位的 HPLC 色谱图及其中栀子苷的含量,说明柱色谱分离纯化的效果如何。色谱条件需要作何改进?

(第二军医大学　亓云鹏)

实验 19.4　气相色谱法检查栀子环烯醚萜苷类有效部位中的残留溶剂

19.4.1 目的与要求

(1) 掌握气相色谱法测定有机溶剂残留量的方法。
(2) 了解气相色谱法的基本特点及其在药物分析中的应用。

19.4.2 方法提要

药品中的残留溶剂是指在原料药或辅料的生产中,以及在制剂制备过程中使用的,但在工艺过程中未能完全去除的有机溶剂。栀子环烯醚萜苷类有效成分的提取和分离纯化过程中使用乙醇为溶剂和洗脱剂，《中华人民共和国药典》规定药品中残留乙醇的限度为0.5%。

本实验参照《中华人民共和国药典》规定的方法进行栀子环烯醚萜苷类有效部位中残留乙醇的限度检查。采用毛细管柱气相色谱法，N,N-二甲基甲酰胺为溶剂，内标法测定（正丁醇为内标物），根据残留乙醇的限度规定配制供试品和对照品溶液的浓度，以供试品溶液所得乙醇峰面积与内标峰面积之比与对照品溶液的相应比值相比较，判断乙醇残留是否符合限度要求。

19.4.3 仪器与试剂

仪器：气相色谱仪，电子分析天平。

试剂：栀子环烯醚萜苷类有效部位固体粉末（由实验19.1制得），N,N-二甲基甲酰胺(DMF)、乙醇、正丁醇均为分析纯。

19.4.4 操作步骤

1. 色谱条件

色谱柱	SPB-1毛细管柱（30m×0.25mm×0.25μm）
载气	高纯氮
流速	2mL/min
检测器及温度	FID检测器，温度250℃
进样口温度	230℃
分流比	30∶1
进样量	0.5μL
升温程序	初始温度50℃，恒温3min，而后40℃/min升温至230℃，并维持5min

2. 实验步骤

（1）供试品溶液和对照品溶液的配制。根据《中华人民共和国药典》规定的溶剂残留量限度要求，以正丁醇为内标物，DMF为溶剂，配制含栀子环烯醚萜苷类有效部位0.1g/mL和正丁醇0.5mg/mL的DMF溶液为供试品溶液，配制含乙醇和正丁醇均为0.5mg/mL的DMF溶液为对照品溶液。

（2）测定。按上述色谱条件进样检测，得到供试品溶液和对照品溶液的气相色谱图。

3. 结果计算

计算供试品溶液色谱图中乙醇峰面积与正丁醇峰面积的比值，若小于对照品溶液的相应峰面积比值，则可判定供试品中乙醇残留符合限度要求，否则，为不合格。

19.4.5 注意事项

根据《中华人民共和国药典》规定的残留溶剂测定法系统适用性试验的要求，毛细管色谱柱的理论塔板数应不低于5000；色谱图中，待测物色谱峰与相邻色谱峰的分离度应大于1.5；

以内标法测定时,对照品溶液连续进样 5 次,所得待测物与内标物峰面积之比的相对标准偏差(RSD)应大于 5%。

19.4.6 思考题

(1) 本次检测为什么要采用程序升温?

(2) 为什么要采用内标法定量?若供试品溶液和对照品溶液的进样量不精确相等,会不会影响限度检查的结果?

(第二军医大学　亓云鹏)

附 篇

常用分析仪器及萨特勒标准光谱查阅方法

第 20 章 分析天平

20.1 分析天平的称量原理

常用的等臂分析天平称量的基本原理是杠杆原理,如图 20-1 所示。L_1 和 L_2 分别为天平两臂的长度。一侧放质量为 M_1 的待称物,另一侧放质量为 M_2 的砝码。当受力平衡时,有

$$F_1L_1=F_2L_2$$

式中:F_1 和 F_2 为地心对待称物和砝码的吸引力,即二者的重量。等臂天平 $L_1=L_2$,所以 $F_1=F_2$,即 $M_1g=M_2g$,故 $M_1=M_2$,这样从砝码的质量 M_2 就可以知道被称物体的质量 M_1。

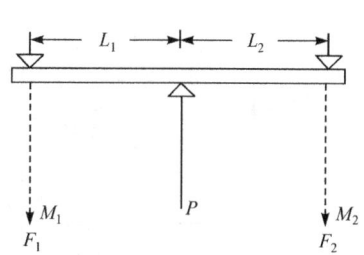

图 20-1 等臂天平的原理

质量不随地域改变,而重量则随地域的重力加速度(g)变化而改变。分析工作中通常所说的称量某物体的"重量"本质上应为物体的质量。

20.2 分析天平的分类

常用的分类方法是按天平结构或天平精度进行分类。

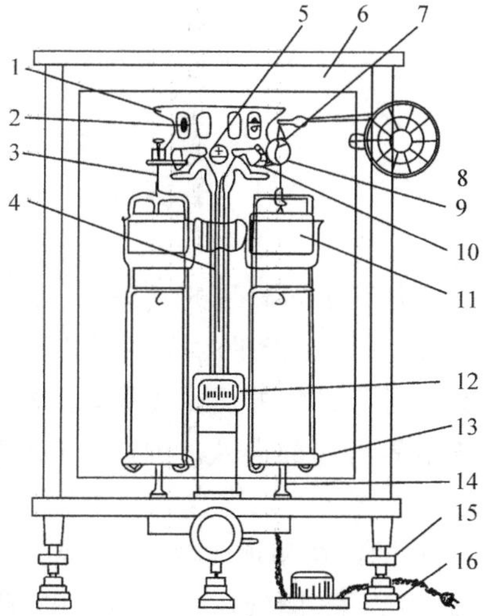

20.2.1 按天平结构分类

根据天平梁的结构特点,可分为等臂天平和不等臂天平。根据天平盘的多少,可进一步分为等臂单盘天平、等臂双盘天平和不等臂单盘天平。

早期使用的等臂双盘天平为摇摆天平和空气阻尼天平,摇摆天平的结构和台秤相近,称量时指针不停摆动,空气阻尼天平利用空气阻力减缓横梁摆动的速停装置,可使天平称量时较快地达到平衡。摇摆天平和空气阻尼天平称取 1mg 以下的质量时,需由指针在刻度标盘上的偏转格数计算,操作繁琐、费时,现已很少使用,逐渐被有光学读数装置的双盘半自动加码电光分析天平和单盘全自动加码电光分析天平所取代。

上海天平仪器厂生产的 TG-328B 型半自动电光分析天平(图 20-2)为目前在国内广泛使用的一种等臂双盘天平。TG-328A 型全自动电光分析天平(图 20-3)为等臂单盘天平。与 TG-328B 型半自动电光分析天平比较,不同之处在于只有一个天平盘,

图 20-2 双盘半自动加码电光分析天平
1.横梁;2.平衡螺丝;3.吊耳;4.指针;5.支点刀;6.框罩;7.圈码;8.指数盘;9.支柱;10.梁托架;11.阻尼筒;12.投影屏;13.天平盘;14.盘托;15.螺旋脚;16.旋钮

所有砝码都采用机械加减,设在天平左侧。全部砝码自上而下分为三组:10～990mg 组,1～9g 组和 10～190g 组。

不等臂天平几乎都是单盘天平,只有一个放置称量物体的天平盘。盘和砝码都悬挂在天平盘的同一臂上,天平的另一臂上装置有一个平衡锤和空气阻尼器,以保持天平梁的平衡,减小摆动速度,100mg 以下的质量值由投影仪读出。图 20-4 为单盘减砝码式全自动电光分析天平。

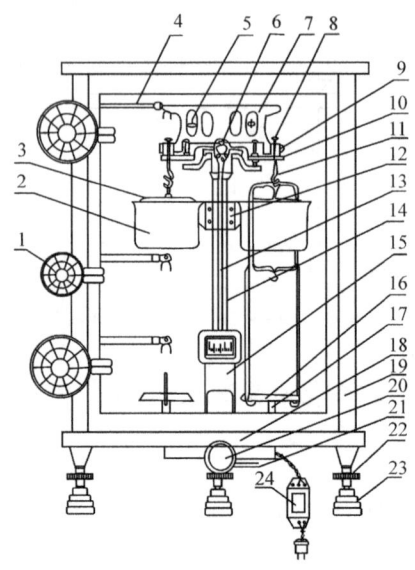

图 20-3　单盘全自动加码电光分析天平

1. 指数盘;2. 阻尼器外筒;3. 阻尼器内筒;4. 加码杆;5. 平衡螺丝;6. 中刀;7. 横梁;8. 吊耳;9. 边刀盒;10. 翼托;11. 挂钩;12. 阻尼架;13. 指针;14. 立柱;15. 投影屏座;16. 天平盘;17. 盘托;18. 底座;19. 框罩;20. 开关旋钮;21. 调零杆;22. 调水平底脚;23. 脚垫;24. 变压器

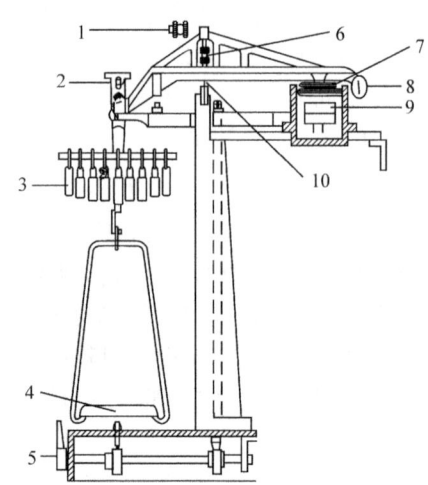

图 20-4　单盘减砝码式全自动电光分析天平

1. 平衡螺丝;2. 补偿结构;3. 砝码;4. 天平盘;5. 升降旋钮;6. 调重心螺丝;7. 空气阻尼器;8. 标尺;9. 天衡锤;10. 支点刀及刀承

单盘天平进行称量时,通过机械装置在天平盘的同一侧去下相同质量的砝码,以保持平衡。这种称量方法保持天平梁上质量负载的恒定,是砝码和被称物在天平的同一侧进行替代衡量,故又称替代衡量法。由于梁上负载恒定,天平的灵敏度与称量物的质量无关,故整个称量范围内,天平的分度值不变,也不存在等臂天平由于臂长不等引起的误差。因此,与双盘天平比较,单盘天平具有称量方便,准确度高的优点。

此外,在等臂或不等臂天平上加置某些附加装置或对天平的结构稍加改变,使之成为专门用途的天平,如真空天平、温差天平、测量磁性物质磁矩的磁力天平、测气压的压力天平、测气体密度的气体密度天平等。这些不同结构和原理的天平,在科研单位分析实验室中常有应用。

20.2.2　按天平精度分类

按天平的结构特点分类的缺点是不能反映出天平的精度。通常所说的"万分之一天平"、"十万分之一天平"等是指天平的分度值为万分之一克或十万分之一克,是按天平的分度值来分类的。分度值的大小反映了天平的精度。而分度值与最大载荷有密切关系。只讲分度值而不考虑最大载荷是不能反映天平性能的。因此,我国计量标准《电子天平检定规程 JJG 1036—2008》规定,按照天平名义分度值与最大载荷之比(相对精度)将天平分为 10 级(表 20-1)。

表 20-1　天平的分级

精度级别	1	2	3	4	5
名义分度值/最大载荷	1×10^{-7}	2×10^{-7}	5×10^{-7}	1×10^{-6}	2×10^{-6}
精度级别	6	7	8	9	10
名义分度值/最大载荷	5×10^{-6}	1×10^{-5}	2×10^{-5}	5×10^{-5}	1×10^{-4}

考虑到天平分度值与示值变动性之间的关系,还补充规定天平的示值变动性不得大于天平的一个标牌分度。

按精度分类的特点是只要知道天平的级别和分度值,就可知道它的最大载荷。同样知道了级别和最大载荷,也可算出分度值。这种分类方法不必考虑天平结构和用途,所以比较简单明了。但缺点也是显而易见的,即同一级别的天平有很多种。例如,3 级天平的最大载荷可以是 50kg、1kg、200g 等,其分度值分别为 25mg、0.5mg、0.1mg 等,不下几十种。

根据天平相对精度的定义(名义分度值/最大载荷)可知,天平的名义分度值越小,最大载荷越大,则天平的相对精度越高。例如,TG-328B 型半自动电光分析天平的名义分度值为 0.1mg,最大载荷为 200g,则其相对精度为 0.1mg/200g=5×10^{-7},应属 3 级天平。

20.3　分析天平的结构

大多数分析天平是由横梁、立柱、制动系统、悬挂系统、天平箱、砝码、读数系统等部件构成。

20.3.1　横梁

横梁是天平最重要的部件,被称为"天平的心脏"。天平通过横梁的杠杆作用实现称量,因此横梁的设计、用料和加工都直接影响天平的精度和计量性能。横梁的材料一般采用铝或铜合金,高精度天平则用非磁性的不锈钢或膨胀系数小的钛合金,制成矩形、三角形、桁架形等。例如,TG-328 型分析天平横梁采用矩形结构,为减轻其自重,提高天平灵敏度,在保证有足够强度的情况下,在上面对称地开了若干不同形状的孔。此外,在横梁上还装有起支承作用的玛瑙或宝石刀和调整计量性能的零件和螺丝。

(1) 支点刀和承重刀。横梁上装有三把三棱形玛瑙或宝石刀,通过刀盒固定在横梁上,起承受和传递载荷的作用。中间为固定的支点刀(中刀),刀刃向下。两边为可调整的承重刀(边刀),刀刃向上。刀的质地(刀的角度、刃部圆弧半径、光洁度等)及各刀的相对位置都直接影响天平的计量性能。三把刀的刀刃应平行,并处于同一平面上。使用天平时必须注意保护好刀口。

(2) 平衡螺丝。横梁两侧圆孔中间装有对称的平衡螺丝,用以调节天平空载时的平衡位置。平衡螺丝可水平移动,用以调节天平的零点,要求移动灵便,且螺杆应在横梁平面内,以便转动螺丝时,不影响天平的灵敏度。

(3) 重心球。横梁背后上部装有由上、下两个半球形螺母构成的重心球,又称重心螺丝。上下旋转重心球可改变横梁(包括悬挂系统)重心的位置,起调整天平分度值的作用,从而改变天平的灵敏度和稳定性。重心螺丝一般在安装和检定天平时已调节好,使用时不要随便再动。

(4) 指针及微分标尺。为便于观测天平横梁的倾斜度,在横梁下部装有与横梁相互垂直的指针,其末端附有缩微刻度的微分标尺。双盘半自动电光分析天平的微分标尺上刻有 $-10 \sim +110$ 共 120 个分度,每分度代表 0.1mg(即名义分度值),而单盘全自动电光分析天平则刻有 $-110 \sim +110$ 共计 220 个分度,名义分度值也为 0.1mg。

20.3.2 立柱

立柱是一空心金属柱,垂直固定在底板上,作为支撑横梁的基架。内有制动器的升降杆,可带动梁托架和盘托翼板上下运动。立柱上装有下列部件。

(1) 中刀承。用玛瑙或宝石制成,装在立柱顶端一个"土"形金属座上,用以支撑横梁。

(2) 阻尼架。立柱中上部设有阻尼架,上面固定外阻尼筒。

(3) 水准器。装在立柱上供核准天平的水平位置。

20.3.3 制动系统

制动系统是控制天平工作和制止横梁及悬挂系统摆动的装置,包括升降旋钮(天平前)、开关轴(底板下)、升降杆(立柱内)、梁托架(支柱上)、天平盘托翼板(底板下)、盘托(穿过底板)等。

升降旋钮又称开关旋钮。打开升降旋钮时,与旋钮相连的开关轴使升降杆上升,带动梁托架和盘托翼板同时下降。此时,天平梁的中刀落在立柱的刀承上,左右吊耳背落在天平梁的两只边刀上。同时,因盘托翼板下降,使盘托与天平盘脱离接触,天平盘即可自由摆动,从而使天平进入工作状态。反之,关闭旋钮时,天平进入休止状态。

为了保护刀刃,应随时关闭升降旋钮将横梁托起,使刀刃与刀承分开。

20.3.4 悬挂系统

本系统包括吊耳、天平盘、阻尼器等部件,其作用是承受和传递载荷。

(1) 吊耳。两只边刀通过吊耳承受天平盘。吊耳是一个结构精巧的部件(图 20-5),不管被称物置于天平盘什么位置上,或当横梁摆动时,吊耳支架均能平稳地保持水平状态,使载荷的重力均匀地分布在吊耳支架底部的刀承上。吊耳上标有区分左、右的标记"1"和"2"。右吊耳上还装有一条装置环码的横杆,供机械加减环码用(图 20-6)。

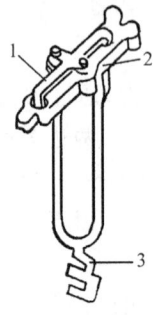

图 20-5 吊耳
1. 十字架;2. 支架;3. 挂钩

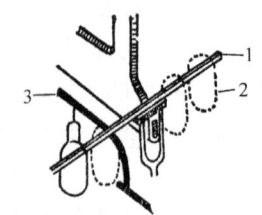

图 20-6 机械加码装置
1. 横杆;2. 环码;3. 加码杆

(2) 天平盘。挂在吊耳钩的上钩槽内,供放置砝码或被称物。天平盘上也刻有区分左右的标记。

(3) 阻尼器。这是利用空气阻力减缓横梁摆动的停装,由内、外筒组成。外筒固定在立柱上,内筒悬挂在吊耳钩的下钩槽内。内、外阻尼筒应保持同轴,以防止内筒上下运动时与外筒擦碰,这可通过改变外筒位置加以调整。阻尼器也有左右之分,标记刻在内筒上。

20.3.5 天平箱

天平箱包括框罩、底板等部分。框罩的作用除了保护天平外,还可防止外界气流、热辐射、湿度、尘埃等对称量的影响。天平箱左、右和前方共有三个门,前门只在必要时(如拆装、修理天平)才能打开。取放砝码和被称物只能由左、右两个边门出入,并随时关好。

底板一般用大理石或厚玻璃制成,框罩和立柱固定在底板上。底板下有三只底脚,前面两只为调水平底脚,供调水平用,后一只是固定的。每只底脚下垫一只脚垫,以保护桌面。

20.3.6 砝码

(1) 砝码。每台天平配有一盒铝合金、表面镀铬的砝码,并附有取放砝码的镊子。砝码的组合形式多为 5、2、2、1 制,即为 50g、20g、20g、10g、5g、2g、2g、1g。为保证称量准确,砝码的使用应严格遵守天平使用规则。标示值相同,即名义质量相同的砝码,其实际质量仍然有一定差异。《电子天平检定规程 JJG1036—2008》规定了砝码允差,大砝码允差大,小砝码允差小,见表 20 - 2。如用于分析天平的三等普通天平,面值为 50g 的砝码允差为 ±2mg,而 500mg 的允差为 ±0.2mg。由此,我们在使用天平时,要尽量按照平行原则使用同一砝码,并遵循"最少砝码个数"的原则,且多用减重法或加重法进行称量,以减小称量误差。

表 20 - 2 砝码允差表

等级 允差/mg 名义质量	一等		二等		三等		四等	五等
	质量允差	检定精度	质量允差	检定精度	质量允差	检定精度	质量允差	质量允差
100g	±0.4	±0.1	±1.0	±0.3	±2	±1	±5	±25
50g	±0.3	±0.1	±0.5	±0.3	±2	±1	±3	±15
30g	—	—	±0.4	±0.2	±1	±0.6	±2	±10
20g	±0.15	±0.03	±0.3	±0.1	±1	±0.5	±2	±10
10g	±0.10	±0.02	±0.2	±0.06	±0.8	±0.4	±2	±10
5g	±0.05	±0.01	±0.15	±0.03	±0.6	±0.3	±2	±10
3g	—	—	±0.15	±0.03	±0.5	±0.2	±2	±10
2g	±0.05	±0.05	±0.10	±0.03	±0.4	±0.2	±2	±10
1g	±0.05	±0.05	±0.10	±0.03	±0.4	±0.2	±2	±10
500mg	±0.03	±0.04	±0.05	±0.02	±0.2	±0.1	±1	±5
300mg	—	—	±0.05	±0.02	±0.2	±0.1	±1	±5
200mg	±0.03	±0.04	±0.05	±0.02	±0.2	±0.1	±1	±5
100mg	±0.03	±0.04	±0.05	±0.02	±0.2	±0.1	±1	±5
50mg	±0.02	±0.04	±0.05	±0.02	±0.2	±0.1	±1	—
30mg	—	—	±0.05	±0.02	±0.2	±0.1	±1	—
20mg	±0.02	±0.04	±0.05	±0.02	±0.2	±0.1	±1	—
10mg	±0.02	±0.04	±0.05	±0.02	±0.2	±0.1	±1	—
5mg	±0.01	±0.04	±0.05	±0.02	±0.2	±0.1	—	—

(2)环码。1g以下的砝码做成环状,称为环码,又称圈码。

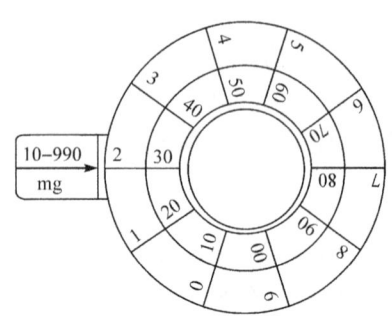

环码的使用靠机械加码装置(图 20-6)和加码指数盘完成(图 20-7)。双盘半自动电光分析天平的加码指数盘设置在框罩前右侧门框上。有内外两圈,上面刻着所加环码的质量值。转动外圈可加 100~900mg,内圈加 10~90mg。当天平达到平衡时,可直接从标线处读出环码的质量。图 20-7 中所示为 320mg。机械加码装置用于控制加减环码,通过一系列齿轮组合与加码指数盘连接,杆端有小钩,用来挂环码。

图 20-7 半自动电光分析天平的加码指数盘

双盘全自动电光分析天平的加码指数盘设置在框罩前左侧门框上,共有三套机械加码装置,以全部机械加码。这种天平的被称物放在右盘,机械加码加在左盘,微分标尺的刻度是左为正,右为负。如图 20-8 所示,被称物的质量是 15.0263g。

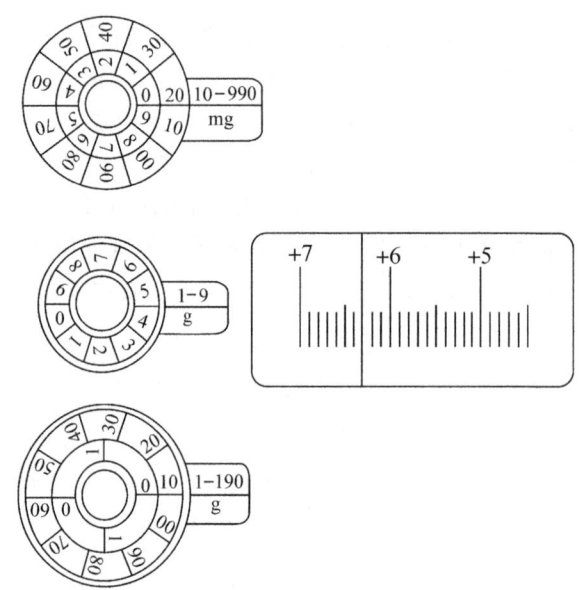

图 20-8 全自动电光分析天平的加码指数盘

20.3.7 光学读数装置

为提高称量速度,减轻操作者的视力疲劳,保证称量准确度,目前实验室使用的 3 级以上天平均为电光分析天平,即设有光学读数装置(图 20-9),其由以下几个部分组成。

(1)变压器。将 220V 电源降至 6~8V,作为灯泡电源。

(2)灯泡。6~8V,作为读数系统的光源,外有灯罩保护灯泡,光源发出的光线通过聚光管变为平行光束,起聚光作用。

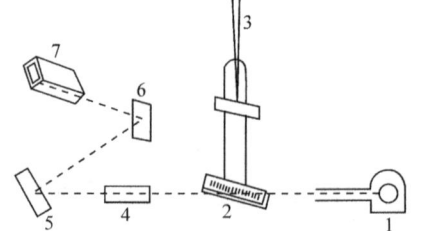

图 20-9 光学投影装置
1. 光源;2. 微分标尺;3. 指针;
4. 透镜;5,6. 反射镜;7. 光幕

(3) 微分标尺。天平指针下端固定的透明小标尺上刻有若干条格线称为微分标尺,每大格相当于 1mg,每大格又分为 10 小格,每一小格相当于 0.1mg。微分标尺随天平指针左右摆动。

当打开升降旋钮时,天平横梁架起,灯泡通电发光,经聚光后的光线通过微分标尺后,经透镜放大,再经反射镜将微分标尺投影到光幕上。

(4) 光幕。又称投影屏,与底板下的微调杆相连,左右拨动微调杆可移动投影屏作天平零点的微调。光幕上有一竖标线,在天平空载时,标线应与微分标尺上的"0"位重合。零点调整好以后,称量过程中切勿拨动微调杆。如仍不能调到准确至"0",则需打开天平箱,调节横梁上的平衡螺丝,使竖标线和标尺的"0"相符。

通过微分标尺在光幕上的投影直接读出 10mg 以下的质量,10mg 以上的质量则由加码指数盘读出。

20.4 分析天平的使用规则和称量方法

20.4.1 分析天平的使用规则

分析天平是精密的称量仪器,正确地使用和维护,不仅能称量快速、准确,而且可保证仪器的精度,延长使用寿命。

1. 称量前

(1) 天平应处于休止状态,横梁、吊耳等位置正常。

(2) 检查专用砝码、环码的数目和位置。旋转器上的读数盘应指零。查看天平上标明的最大载重量,切勿超过。

(3) 检查天平的水平位置和天平盘的清洁,如有灰尘可用软毛刷清扫干净。

(4) 接通电源,检查和调整天平的零点。未载重时天平的平衡点称为天平的零点,天平的零点常会有变动,每次称量之前必须进行测定,并立即记录在记录本上。待称量完毕时核对天平零点有无变动。

(5) 天平箱内的各部件尽可能不要用手直接接触,如必须接触时(调节平衡螺丝等),应将手指擦干净,最好是戴上干净的手套或指套。

2. 称量

(1) 被称物必须干净,不得将称量的药物直接放在天平盘上。被称物和砝码应放在盘的正中。

(2) 过冷和过热的物品都不能在天平上称量(会使水汽凝结在物品上,或引起天平盘内空气对流,影响准确称量)。凡是经过干燥或灼烧的物品,必须放在干燥器内在天平室中冷却至室温后方可称量。

(3) 称量能吸收或放出水分和其他具有挥发性的物品时,必须放在严密盖好的称量瓶中,以尽快速度进行称量。为了缩短称量时间,可在称量之前估计它的质量,把砝码预先放好,以提高称量速度。

(4) 称量时不要使用前门,以防呼出的热气、水汽、二氧化碳和气流影响称量。读数时,一定要关上天平两侧的门。

(5) 取放砝码必须使用镊子。

(6) 取放被称物和加减砝码时,都必须关好升降旋钮,否则会使横梁或吊耳移位甚至掉落,损坏刀口和刀承。开关升降旋钮动作要轻。开启天平升降旋钮要先半开,看指针移动情况,如明显不平衡,应立即关上,增减砝码或样品,直到半开升降旋钮后指针移动缓慢且平稳时,才可逐渐全开。读数时,升降旋钮一定要处于全开的位置。

(7) 进行同一项分析工作的所有称量必须使用同一架天平,以减小误差。

(8) 称量数据要立即记在专用的记录本上。

3. 称量后

(1) 轻关升降旋钮。

(2) 取下被称物和砝码,旋转器的读数盘应恢复指零。

(3) 关好天平门。

(4) 切断电源。

(5) 罩好天平罩。

(6) 在"使用天平登记本"上登记。

20.4.2 称量方法

1. 直接称量法

用干净的塑料薄膜或纸条套住被称器皿,或用洁净的手套取放物品也可。被称物可在台秤上先粗称一下质量。打开天平左门,把被称物放在天平盘中央,关左门。开右门,加砝码于右盘中央。左手慢慢地半开升降旋钮,观察指针偏转情况,如光幕标尺上的读数向"+"方向移动,则表示砝码过重,轻轻关上升降旋钮,按砝码盒内砝码大小顺序换上小一点的砝码,再半开升降旋钮观察;如光幕标尺上的读数向相反方向移动,则表示被称物比砝码重,轻轻关上升降旋钮,按顺序换上大一点的砝码,半开升降旋钮观察;如此试称,直到加1g砝码过重,不加又过轻时,关上天平右门,转动读数盘的外圈,先加500mg,仍按以上顺序调试至100mg以后,再由读数盘内圈50mg开始试称。10mg以下的质量由光幕标尺上直接读取,被称物的质量为克组砝码质量,加上读数盘上的百位、十位毫克组环码质量,再加上光幕标尺上指示的毫克和点几毫克数之和。

2. 固定质量称量法

此法主要用于称量不易吸水、在空气中稳定的试样。固体样品应为不结块的粉末状试样;液体样品则应不易挥发。装被称物的容器可为已清洁干燥的小烧杯或表面皿,也可使用专用的小片油光纸作为称量纸,用洁净的小药匙取样。若称量液体样品,应使用小容量瓶或专用的加盖称量瓶或称量管,用洁净的细口滴管取样。

首先调节好零点,用洁净的金属镊子将空容器或称量纸放在天平盘上,加砝码至等重,记录其质量,再加上待称试样质量的砝码,然后用小药匙将试样慢慢加入容器中或称量纸上(图20-10),直至平衡点与称量空容器的平衡点一致即可。如需称量确定质量的样品,可在加入的被称物质量接近

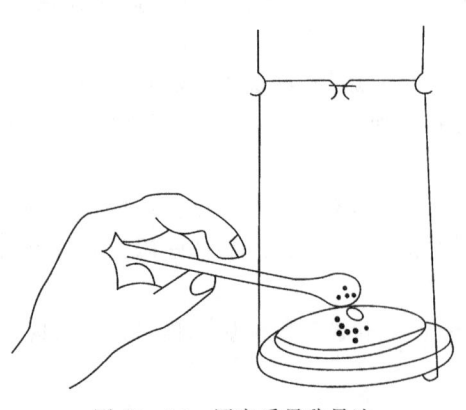

图 20-10 固定质量称量法

欲称物体时,微微开启天平,小心地缓缓加样,至光幕标尺恰好移动到所需质量时立即停止。

3. 减重称量法

此法用于称取易吸水、易氧化或易与 CO_2 反应的物质。将适量试样装入称量瓶中,称得质量为 $W_1(g)$,在容器上方,取下瓶盖,将称量瓶倾斜,用瓶盖轻敲瓶口,使试样慢慢落入容器中,接近所需要的质量时,用瓶盖轻敲瓶口,使粘在瓶口的试样落下,同时将称量瓶慢慢直立,然后盖好瓶盖,如图 20-11 所示。再称称量瓶质量为 $W_2(g)$。两次质量之差,就是试样的质量。如此继续进行,可称取多份试样。

图 20-11 减重称量法

$$第一份试样质量 = W_1 - W_2(g)$$
$$第二份试样质量 = W_2 - W_3(g)$$
$$\vdots$$

20.5 电 子 天 平

20.5.1 概述

近年来,使用方便的电子天平已越来越多地被分析实验室所使用。电子天平的原理(图 20-12)不同于使用力学杠杆原理的一般分析天平,是利用被称物体质量改变,引起零点位置改变,而导致探测器中电流的变化,引发差示信号输入至控制器中产生校正电流信号,通过受此校正信号控制的伺服电机,使电磁铁上所绕线圈中的电流发生变化,改变了电磁铁的电磁力的大小,直至天平盘回到原有的位置,由此所需校正电流的大小和被称物体的质量成正比。

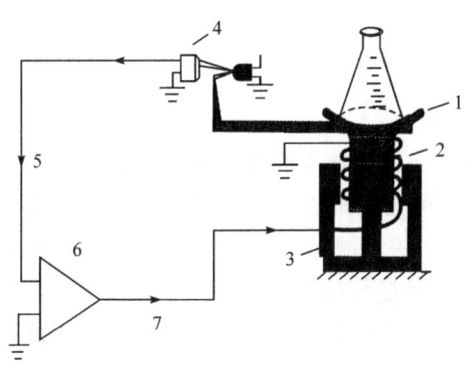

图 20-12 电子天平的结构和原理示意图
1. 天平盘;2. 电磁线圈;3. 伺服电机;4. 零点探测器;
5. 差示信号;6. 控制电路;7. 校正电流

电子天平的外形和单盘天平相仿,仅有一只天平盘,如前所述,其原理和结构是完全不同的,但其称量方法和杠杆式天平相近。

电子天平的特点是灵敏度好,准确度高,使用方便,仪器保养维护相对比较容易,最大载荷一般为 100g 或 200g,分度值可达到 0.1mg 或 0.01mg。

20.5.2 电子天平的分类

电子天平是用电磁力平衡被称物体重力的天平,其特点是称量准确可靠、显示快速清晰并且具有自动检测系统、简便的自动校准装置以及超载保护等装置。

按电子天平的精度可分为以下几类。

1. 超微量电子天平

超微量电子天平的最大称量是 $2\sim 5g$,其标尺分度值小于最大称量的 10^{-6},如 Mettler 的 UMT2 型电子天平等。

2. 微量天平

微量天平的称量一般为 $3\sim 50g$,其分度值小于最大称量的 10^{-5},如 Mettler 的 AT21 型电子天平以及 Sartorius 的 S4 型电子天平。

3. 半微量天平

半微量天平的最大称量一般为 $20\sim 100g$,其分度值小于最大称量的 10^{-5},如 Mettler 的 AE50 型电子天平和 Sartorius 的 M25D 型电子天平等。

4. 常量电子天平

常量电子天平的最大称量一般为 $100\sim 200g$,其分度值小于最大称量的 10^{-5},如 Mettler 的 AE200 型电子天平和 Sartorius 的 A120S、A200S 型电子天平。

5. 精密电子天平

准确度级别为 2 级(即名义分度值与最大载荷之比为 2×10^{-7})的电子天平的统称。

20.5.3 使用注意事项

1. 如何选择电子天平

(1) 精度等级。从电子天平的绝对精度(分度值 e)上考虑是否符合称量的精度要求。如选 0.1mg 精度的天平或 0.01mg 精度的天平,切忌不可笼统地说要万分之一或十万分之一精度的天平,因为国外有些厂家是用相对精度来衡量天平的,否则买来的天平无法满足用户的需要。例如,在实际工作中遇到这样一个情况,用一台实际标尺分度值 d 为 1mg,检定标尺分度值 e 为 10mg,最大称量为 200g 的 Mettler 电子天平,用来称量 7mg 的物体,这样是不能得出准确结果的:在《JJG98-90 非自动天平试行检定规程》中规定,最大允许误差与检定标尺分度值"e"为同一数量级,此天平的最大允许误差为 $1e$,显然不能称量 7mg 的物体;称量 15mg 的物体用此类天平也不是最佳选择,因为其测试结果的相对误差会很大,应选择更高一级的天平,有的厂家在出厂时已规定了最小称量的数值。因此我们在选购及使用电子天平时必须考虑精度等级。

(2) 对称量范围的要求。选择电子天平除了看其精度,还应看最大载荷是否满足量程的需要。通常取最大称量并适当放宽,也就是常用载荷再放宽一些即可,不是越大越好。

2. 电子天平的校准

对天平进行首次计量测试时有时误差较大,究其原因是相当一部分仪器,在较长的时间间隔内未进行校准,而且认为天平显示零位便可直接称量。需要指出的是,电子天平开机显示零点,不能说明天平称量的数据准确度符合测试标准,只能说明天平零位稳定性合格。因为衡量一台天平合格与否,还需综合考虑其他技术指标的符合性。

因存放时间较长,位置移动,环境变化或为获得精确测量,天平在使用前一般都应进行校准操作。校准方法分为**内校准**和**外校准**两种。德国生产的 Sartorius,瑞士产的 Mettler,上海产的"JA"等系列电子天平均有校准装置。如果使用前不仔细阅读说明书很容易忽略"校准"操作,造成较大称量误差。

下面以上海天平仪器厂 JA1203 型电子天平为例说明如何对天平进行外校准。轻按"CAL"键当显示器出现 CAL-时,即松手,显示器就出现 CAL-100,其中"100"为闪烁码,表示校准砝码需用 100g 的标准砝码。此时就把准备好的"100g"校准砝码放上秤盘,显示器即出现"----"等待状态,经较长时间后显示器出现 100.000g,拿去校准砝码,显示器应出现 0.000g,若不是为零,则再清零,再重复以上校准操作。注意为了得到准确的校准结果最好重复以上校准操作步骤两次。

以瑞士 Mettler Toledo AG 系列电子天平为例说明如何进行天平内校准。方法如下:天平置零位,然后持续按住"CAL"键直到 CAL int 出现为止,下述情况将在校准时显示

天平置零	天平报告校准过程
内部校准砝码装载完毕	天平报告校准完毕
天平重新检查零位	天平自动回复到称重状态

有的人认为在电子天平量程范围内称量的物体质量越大对天平的损害也就越大。这种认识是不完全正确的。一般衡器最大安全载荷是它所能够承受的、不致使其计量性能发生永久性改变的最大静载荷。由于电子天平采用了电磁力自动补偿电路原理,当秤盘加载时注意不要超过称量范围,电磁力会将秤盘推回到原来的平衡位置,使电磁力与被称物体的重力相平衡,只要在允许范围内,称量大小对天平的影响是很小的,不会因长期称量而影响电子天平的准确度。

3. 电子天平简易操作程序

(1) 调水平。调整地脚螺栓高度,使水平仪内空气气泡位于圆环中央。

(2) 开机。接通电源,按开关键("ON/OFF"键);全屏自检通过后,液晶显示屏上将显示为零。

(3) 预热。天平在初次接通电源或长时间断电之后,至少需要预热 30min。为获得理想的测量结果,天平应保持在待机状态。

(4) 校准。如果改变了天平的工作场所或者工作环境(特别是环境温度)发生了变化,都需要重新进行校准。

(5) 称量。开始称量前如果示值不为零,使用除皮键("Tare"键),除皮清零后,放置样品进行称量。待示值稳定后记录读数。若电子天平连接有打印机,称好样品后,按打印键("PRINT"键)即可将结果打印出来。

(6) 关机。天平应一直保持在通电状态(24h),不使用时将开关键设置为待机状态,可延长天平使用寿命。

20.5.4 电子天平的维护与保养

(1) 将天平置于稳定的工作台上,避免振动、气流及阳光照射。

(2) 在使用前调整水平仪气泡至中间位置。

(3) 电子天平应按说明书的要求进行预热。

(4) 称量易挥发和具有腐蚀性的物品时,要盛放在密闭的容器中,以免腐蚀和损坏电子天平。

(5) 经常对电子天平进行自校或定期外校,保证其处于最佳状态。

(6) 如果电子天平出现故障应及时检修,不可带"病"工作。

(7) 操作天平不可过载使用,以免损坏天平。

20.6 天平室规则

(1) 天平室应远离热源、震源,并和产生腐蚀性气体的环境隔离。室内应清洁无尘,门窗严密,室温以 18~26℃ 为宜,且应相对稳定。室内应保持干燥,相对湿度一般应低于 75%。

(2) 天平必须安放在牢固而不易振动的平台或水泥台上。天平室应悬挂窗帘挡光,避免阳光直射,以免天平两侧受热不匀,横梁发生形变或使天平箱内产生温差,形成气流,从而影响称量。天平也不可靠近火炉、暖气设备和其他热源装置。

(3) 不得在天平室中存放挥发性、腐蚀性的试剂(如浓酸、强碱、氨、溴、碘、苯酚及其他有机试剂等)。如欲称量这些物质,宜用特制玻璃器皿(如小容量瓶、毛细管等)装取,并关严或把出口熔封后再进行称量。

(4) 不得带潮湿的器皿进入天平室。需要称取水溶液时,应装入密封性好的容器(容量瓶、细颈比重瓶等)称量,且应尽量缩短称量时间。

(5) 天平室应保持肃静,禁止喧哗。

(中国药科大学 严拯宇 陈 蓉)

第 21 章　常用分光光度计

21.1　752 型紫外-可见光栅分光光度计

21.1.1　仪器构造

752 型紫外-可见光栅分光光度计构造如图 21-1 所示。

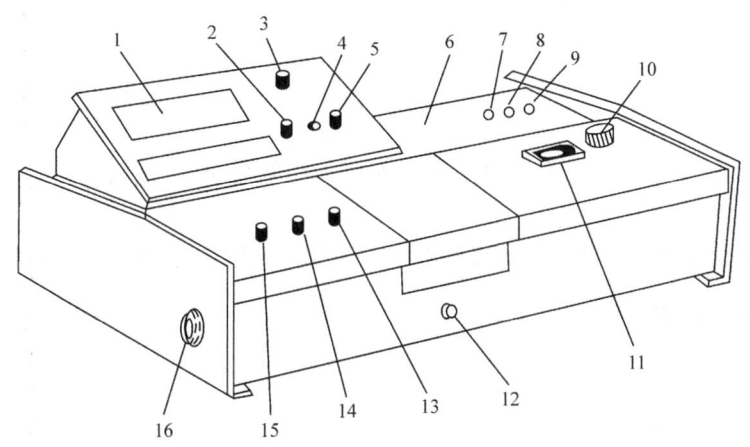

图 21-1　752 型紫外-可见光栅分光光度计
1. 数字显示器；2. 吸光度调零旋钮；3. 选择开关；4. 吸光度斜率电位器；5. 浓度旋钮；
6. 光源室；7. 电源开关；8. 氢灯电源开关；9. 氢灯触发按钮；10. 波长手轮；11. 波长刻度窗；
12. 试样架拉手；13. 100%T 旋钮；14. 0%T 旋钮；15. 灵敏度旋钮；16. 干燥器

21.1.2　使用方法

（1）将灵敏度旋钮调至"1"挡。

（2）按"电源"开关（开关内 2 只指示灯亮），钨灯点亮；按"氢灯"开关（开关内左侧指示灯亮），氢灯电源接通，再按"氢灯触发"按钮（开关内右侧指示灯亮，氢灯点亮）。仪器预热 30min。（注：仪器后背部有一"钨灯"开关，不需要钨灯时可将其关闭）

（3）选择开关置于"T"挡。

（4）打开样品室盖（光门自动关闭），调节 0%T 旋钮，使数字显示"00.0"。

（5）将波长指示置于所需测的波长。

（6）将装有待测溶液的比色皿放置在比色皿架中。（注：波长在 360nm 以上时，可以用玻璃比色皿，波长在 360nm 以下时，要用石英比色皿）

（7）盖上样品室盖，将参比溶液比色皿置于光路，调节透光率 100%T 旋钮，使数字显示为"100.0"［如果显示不到 100，可适当增加灵敏度的挡数，同时应重复操作"（4）"，调整仪器的"00.0"］。

（8）按上述方法连续几次调节"00.0"和"100.0"位置。

（9）将待测溶液置于光路中，从数字显示器上直接读出待测溶液的透光率（T）值。

(10) 吸光度 A 的测量。参照"(4)"和"(7)",调整仪器的"00.0"和"100.0"。将选择开关置于"A"。旋动吸光度调整旋钮,使数字显示为"00.0",然后移入待测溶液,显示值即为试样的吸光度 A 值。

(11) 浓度 c 的测量。选择开关由"A"旋至"c",将已标定浓度的溶液移入光路,调节"浓度"旋钮,使数字显示为标定值。将待测溶液移入光路,即可读出相应的浓度 c 值。

(12) 如果大幅度改变测试波长,需要等数分钟后,才能正常工作(因波长由长波向短波或由短波向长波移动时,光能量变化急剧,使光电管受光后响应缓慢,需一定的移光响应平衡时间)。

(13) 改变波长时,重复"(4)"及"(7)"两项操作。

(14) 每台仪器所配套的比色皿不能与其他仪器上的比色皿单个调换。

(15) 本仪器数字显示后背部带有外接插座,可输出模拟信号。插座 1 脚为正,2 脚为负,接地线。

(贵阳医学院　郝小燕)

21.2　UV-9100 型紫外-可见分光光度计

UV-9100 型紫外-可见分光光度计体积小巧,全部采用按键自动调整方式,使用起来更加简便。

21.2.1　仪器技术参数

波长范围:200~800nm

波长准确度:±2nm

波长重复性:1nm

透光率($T\%$)准确度:±0.5%T

透光率($T\%$)重现性:0.3%T

光谱带宽:2nm

光度范围:0~110%T;0~2A

仪器稳定性:光电流　0.5%T/3min

　　　　　　暗电流　0.3%T/3min

光学系统:光栅分光

仪器外形尺寸:472mm×372mm×175mm

电压使用范围:220V±10%;(50±1)Hz

21.2.2　仪器基本原理方框图

仪器基本原理方框图如图 21-2 所示。

21.2.3　使用方法

安装好仪器后,检查样池位置,使其处在光路中(拉动拉手应感到每挡的定位)。关好样品室门,选择光源(氘灯适用波段 200~360nm,溴钨灯适用波段 330~800nm),拨杆位于仪器后部,D 表示氘灯,W 表示钨灯。先打开仪器电源开关(在仪器右侧。若联用打印机,则应先开主机后开打印机),再打开高压开关(在仪器左侧),方式选择指示灯应在透光率($T\%$)位置,工作曲线选择点应在第一点,显示器应显示为"××.×",预热 10min,即可以进行测量。

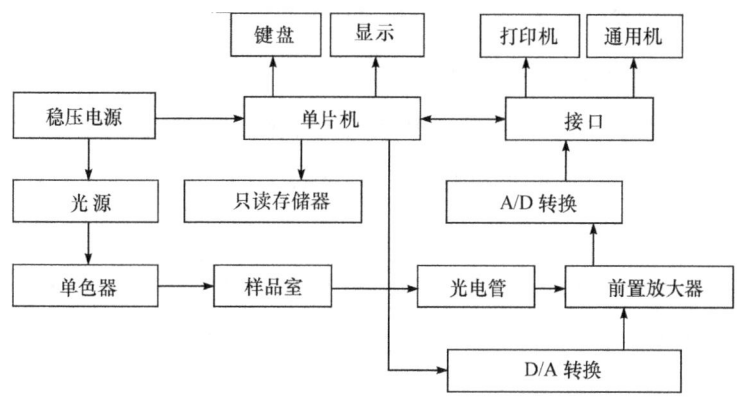

图 21-2 UV-9100 型紫外-可见分光光度计原理方框图

1. 开启电源及所需要光源

开关在面板上均有标志,请注意识别(各指示灯亮且能听到调制电机及风扇的嗡嗡声)。在操作中,必须遵循测定要求,以延长光源寿命。

2. 透光率($T\%$)测量

在样品室中,放置空白及样品。

(1) 按需要调节波长旋钮,使波长显示窗显示所需波长值。

(2) 按 方式选择 键使透光率($T\%$)指示灯亮,并使空白溶液处在光路中。

(3) 按 100%T 键调 100,待显示器显示"100.0"时即表示调好 $100\%T$。

(4) 打开样品室门,在样品池架中放遮光板,关闭样品室门,观察显示器是否为零,如不是 0.0 则按 0%T 调零。

(5) 取出遮光板,放入空白溶液,关好样品室门,显示器应显示为"100.0"。若不是 100.0,则应重调 $100\%T$[重复(3)]。

(6) 拉动样品拉手使待测样品依次进入光路,则显示器上依次显示样品的透光率($T\%$)值。

3. 吸光度测量

吸光度测量与透光率($T\%$)基本相同,只是有一点要注意:按 方式选择 键时,应使吸光度指示灯亮。

4. 浓度直读

1) 选择定量方法

定量分析可用三种方法:一点法(工作曲线的截距为零时)、二点法、三点法。现以二点法为例。

(1) 先将配好的两个浓度标准液及空白液放入样品池架。

(2) 按需要调整波长。

(3) 按 方式选择 键至透光率($T\%$)挡,将空白液拉入光路,按 100%T 键调 100.0。

(4) 打开吸收池暗箱盖,按 0%T 键调零后需检查 100.0,若有变化应重调 $100\%T$。

(5) 按 方式选择 键至建曲线挡,按 工作曲线选择 键至第二点,显示器应显示 500。

(6) 将第一点标样拉入光路,按 置数加 或 置数减 键,使显示器显示标样浓度按 确认 键,确认此组数据。

(7) 将第二点标样拉入光路,按 置数加 或 置数减 键,使显示器显示第二点标样浓度值,按 确认 键,确认此组数据。

2) 浓度测量

(1) 将空白液及待测样品放在样品室内。

(2) 按 方式选择 键至透射挡。

(3) 在空白液时调 $100\%T$ 及 $0\%T$[方法同透光率($T\%$)测量]。

(4) 按 方式选择 键至浓度挡。(按 MODE 键使其左侧的 CONC 灯点亮)

(5) 拉样品至光路中,显示应为样品在二点曲线下的浓度值。

若要改为一点法,则在建曲线挡,把 工作曲线选择 设在第一点,然后再进行浓度测量,此时即为第一个标样所建标准曲线下的样品浓度值。

(贵阳医学院　郝小燕)

21.3　岛津 UV-2401 型紫外-可见分光光度计

21.3.1　仪器外形及组成

UV-2401 型紫外-可见分光光度计为双光束分光光度计,其外形如图 21-3 所示。仪器的主要部件包括光源、单色器、吸收池、检测器和计算机显示系统。其中,光源紫外区用氘灯,可见区用钨灯;单色器的色散元件为闪耀全息光栅;吸收池由熔融石英制成,分别为参比池和样品池;检测器为光电倍增管;由计算机工作站控制仪器并显示测定结果。

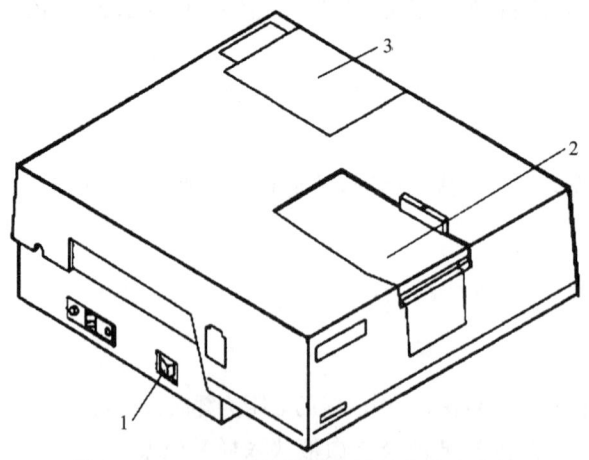

图 21-3　UV-2401 型紫外-可见分光光度计
1. 电源开关;2. 样品室;3. 光源

21.3.2 仪器光路示意图

仪器光路示意图如图 21-4 所示。

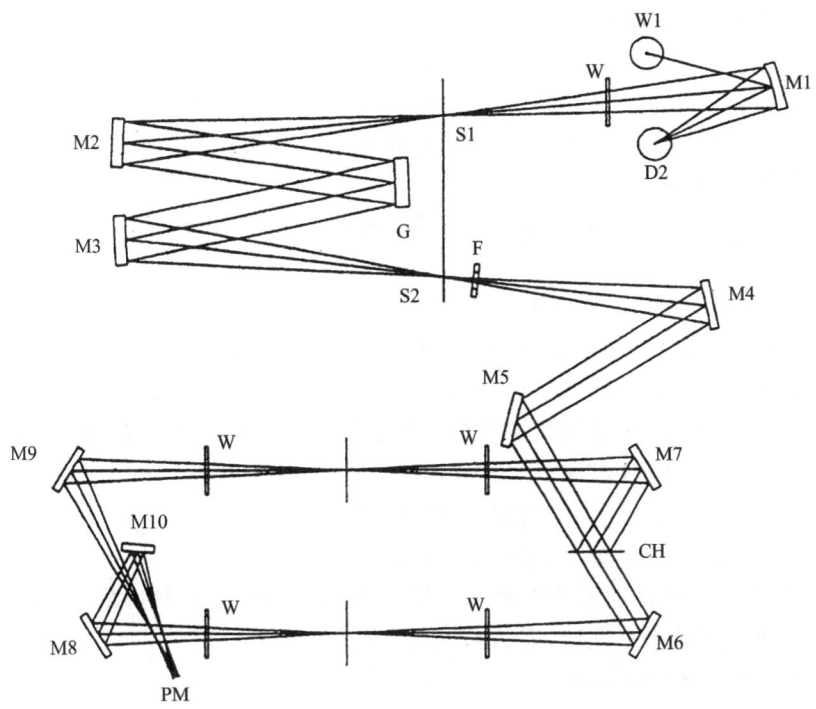

图 21-4 UV-2401 型紫外-可见分光光度计光路示意图
D2. 氘灯;W1. 卤钨灯;W. 石英窗;S1. 进口狭缝;G. 衍射光栅;S2. 出口狭缝;
F. 滤光器;CH. 切光器;PM. 光电倍增管;M1~M10. 反射镜

21.3.3 仪器技术参数

波长范围:190~1100nm(有效测量范围为 190~900nm)

谱带宽度(狭缝宽度):6 个可选项,分别为 0.1、0.2、0.5、1、2、5

分辨率:0.1nm

波长显示:增幅 0.1nm

波长设置:扫描的开始和结束波长可设置为增幅 1nm。使用"设定波长"选项,波长可设置为增幅 0.1nm

波长准确度:±0.3nm(狭缝宽度 0.2nm)
　　　　　　波长自动校正可用

波长重现性:±0.1nm

波长扫描速率:各选项设置分别为

　　　　"设定波长"选项:约 3200nm/min

　　　　"弹出扫描框"选项:约 1400nm/min(采样间隔为 2nm)

　　　　"快速"选项:约 550nm/min

　　　　"中速"选项:约 210nm/min

"慢速"选项:约 140nm/min

"非常慢"选项:约 85nm/min

(以上四项扫描速率的采样间隔为 0.5nm)

光源开关:光源随波长扫描自动切换(光源切换波长可在 282~393nm 范围按增幅 0.1nm 选择)

杂散光:≤0.015%(220nm,NaI 10g/L;340nm,UV-39 滤光器)

光学系统:双光束,采用倍增反馈法直比测量系统。采用加和反馈系统,负吸光度或超过 100%透光率可准确测量

记录范围:-9.999~9.999A(最大扩展满量程的 0.001A);-999.9~999.9%T(最大扩展满量程的 0.1%)

光度范围:-4~5A;0~999.9%T

光度准确度:±0.002A(0~0.5A);±0.004A(0.5~1.0A);±0.3%T

光度重复性:±0.001A(0~0.5A);±0.002A(0.5~1.0A);±0.1%T

响应速度:根据狭缝宽度和扫描速率自动设定最适宜的响应速度(最快响应速度为 0.1s)

漂移:≤0.0004A/h(预热 2h 后)

基线平直度:起伏在±0.001A 之间(狭缝宽度为 2nm)
"慢速"扫描选项,基线校正,无尖峰噪声

光源:50W 卤钨灯(2000h 长寿命型),氘灯(插座型)(自动定位校准最大灵敏度)

单色器:高性能闪耀全息光栅,安装 Czerny-Tumer 相差校正

检测器:R-928 型光电倍增管

样品室:内部尺寸为 150W×260D×120H(mm)
光束间距为 100mm
样品池架间距为 100mm

环境温度:15~35℃

环境湿度:45%~80%(温度高于 30℃时需小于 70%)

电源要求:交流 100V,120V,220V,230V,240V;50~60Hz(光学平台)

功耗:190VA(光学平台)

21.3.4 使用方法

1. 开机自检

取出样品室中的干燥剂,关闭样品室门,开启主机电源,开启计算机,运行 UV-2401 PC 工作站软件,自动开始主机初始化自检,共十四项。如各项检查正常,界面中各项在检查后显示为绿色图标,并于自检完成后自动进入操作界面。检查界面右下角方框内显示仪器是否处于工作状态,如果方框内显示"OFF",选择操作界面最上方主菜单栏"配置"项下"系统开关",在"分光光度计"一栏选择"开",点击"确认"即可。如自检过程中发现故障,则该项在检查后显示红色图标,需排除故障后方能进行测定。

2. 光谱扫描操作

(1) 参数设置。选择主菜单栏"采样方式"项下"光谱模式",然后选择"配置"项下"参数",在"波长范围"一栏的开始和结束对话框中输入扫描波长范围,同时选择适宜的扫描速率、狭缝

宽度和采样间隔，点击"确认"即可。

（2）仪器调零。在两个吸收池中都装入空白溶液，将吸收池放入样品池架中，注意应使透光面对着光源的出口狭缝，关闭样品室门，点击界面下方"基线调零"。调零完成后，界面右下角方框内吸光度应显示为0。

（3）样品测定。取出外侧样品光路中的吸收池，同法润洗和装入样品溶液，并放入样品室中，关闭样品室门。点击界面下方"扫描"，即开始由长波向短波方向进行扫描。扫描完成后，在自动弹出的窗口中，输入文件名，点击"保存"即可。

（4）光谱分析。选择主菜单栏"处理数据"项下"峰检测"，即会在弹出窗口中显示各吸收峰最大吸收波长，在该窗口菜单栏上选择"输出"项下"保存表格"，即可保存数据为文本文档；另外，还可选择"处理数据"项下"点检测"，在波长点对话框中，输入相应波长，点击"确认"，即可检测该波长处相应的吸光度。

（5）数据打印。选择主菜单栏"显示"项下"打印"，在 A、B、C、D 项后选择要打印内容及文件名，然后在1、2、3、4位置排好版位，点击"打印"，即可将扫描所得光谱图、前述保存的光谱数据的文本文档、测定参数等打印在一起。

3. 定量测定操作

（1）参数设置。选择"采样方式"项下"定量计算"，即会自动弹出定量参数窗口。在"方法"一栏的对话框中选择适宜的方法，在"波长"一栏的对话框中输入测定波长，一般选择样品吸收光谱中的最大吸收波长；在"记录模式"一栏的对话框中设定记录范围；同时选择适宜的狭缝宽度和重复次数，点击"确认"即可。

（2）仪器调零。按前述光谱扫描操作，在两个吸收池中都装入空白溶液，点击界面左下角"自动调零"，右下角方框内吸光度显示为0即可。

（3）样品测定。照前述操作，在样品池中装入待测样品溶液，点击界面下方"读取"，弹出窗口的"absorbance"对话框中显示的即为此样品溶液的吸光度值，据此即可计算样品中相应组分的含量。

（4）绘制标准曲线。如前述操作，进行参数设置时，"方法"一栏需选择"Multi Point Working Curve"；此外，还需在主菜单栏的"显示"项下"设定显示范围"中设定 Y 轴和 X 轴的界限。点击"读取"后，在自动弹出窗口的浓度对话框中，输入所测标准溶液的浓度，点击"确认"即可。依此类推，同法操作，所有标准溶液测定完成后即可得标准曲线。

4. 关机

测定结束后，退出工作站软件，关闭计算机。关闭主机电源，取出吸收池，洗净后倒置使自然晾干。待仪器冷却至室温后，将干燥剂放入样品室中，关好样品室门。填写仪器使用记录。

21.3.5 注意事项

（1）仪器的光学系统是仪器的心态部分，切勿轻易拆卸，要保持内部干燥、绝缘良好，若长时间不用时应罩上机罩，以免光学系统染上灰尘，影响测定结果。

（2）样品室应保持干燥，防止试样交叉污染。试样不宜长时间放置在样品室。挥发性试样应在吸收池上加盖。

（3）待测溶液应呈澄清状，不得有沉淀、分层或为悬浮液，否则影响测定结果。

(4) 手只能拿吸收池的两个磨砂面,先用待装入的溶液将吸收池润洗 2~3 次,溶液装入量为池体积的四分之三左右,将池外壁的溶液擦干,并用擦镜纸将两个透光面擦拭干净。

(5) 在扫描光谱时,计算机不能进行其他操作。

(6) 打印测定结果时,检查"配置"项下"PC 配置"中打印机设置是否与将要使用的打印机一致。

(贵阳医学院　梁　妍)

21.4　MPF-4 型荧光分光光度计

21.4.1　仪器光路示意图

仪器光路示意图如图 21-5 所示。

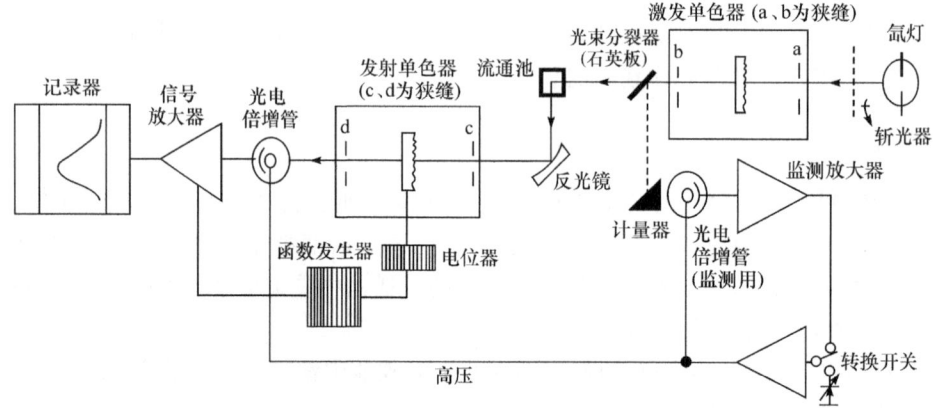

图 21-5　MPF-4 型荧光分光光度计光路示意图

21.4.2　使用前检查

(1) 按规定将各单元的导线接好,检查各单元电源开关是否在"OFF"位置,然后接好电源。

(2) 检查以下各项。

① 主机

　　DRIVE(驱动)开关:OFF

　　FILTER(滤光片)选择器:S

　　SHUTTER(灯室开关):推入

② 放大器

　　M.MODE(测定方法)开关:ENERGY

　　FLUO-PHOS(荧光-磷光)选择器:FLUO

　　ZERO SUPPRESSION(零抑制)钮:OFF

　　DYNODE VOLTAGE(倍增管电极电压)选择器:INT

　　REPEAT(重复)开关:OFF(后面板)

　　MONITOR DYNODE VOLTAGE COARSE(监控倍增管电压粗调)钮:1

METER(计量表)选择器:DYNODE VOLTAGE
SAMPLE SENS COARSE(样品灵敏度粗调):0.1
③ 记录仪
POWER(电源)开关:OFF
CHART(记录纸)开关:FREE
PEN(记录笔)开关:UP
RANGE-X 选择器:X1
RANGE-Y 选择器:Y1

21.4.3 预备操作

1. 点氙灯

(1) 置氙灯"POWER"开关于"ON"。
(2) 约 10s 后,按"START"开关。

2. 开放大器

(1) 按下放大器"POWER"开关使发亮。
(2) 调节"DYNODE VOLTAGE ADJUST"钮,使电表读数为 $700\sim800V$。

3. 开记录仪

(1) 置记录仪"POWER"于"ON",指示灯亮。
(2) 置"CHART"开关于"HOLD",将记录纸定位。
(3) 置"PEN"开关于"AUTO"。
(4) 分别将"RANGE-X、RANGE-Y"置适当位置,分别按 X-ZERO、Y-ZERO、CHECK 开关,并调 X-ZERO、Y-ZERO 钮至适当的起始位置。

4. 开数据处理器

(1) 置数据处理器"POWER"开关(后面板)于"ON"。
(2) 在"DIRECT"方式中(其他操作方式详见说明书),依次按下"CLEAR"、"0"、"SET"和"DATA"键,即可显示光度值。
(3) 按下"EX"键以测定激发光谱。按下"EM"键以测定发射光谱。

21.4.4 使用方法

1. 能量(ENERGY)方式

(1) 测定激发光谱。
① 置样品池于池架相应位置。
② 将"FILTER"选择器由"S"转至"0"。
③ 置"EXCITATION"和"EMISSION WAVELENGTH"于最适合位置。
④ 调"EXCITATION"和"EMISSION SLIT"于适当宽度。
⑤ 转动放大器"SAMPLE SENS"钮使记录笔近于两量程。
⑥ 置"SCAN SPEED"选择器于适当位置。
⑦ 置"EXCITATION WAVELENGTH"于欲扫描范围的最小波长处。

⑧ 将"DRIVE"开关由"OFF"转至"EXCITATION"处。
⑨ 当扫描至欲扫描范围的最大波长处,将"DIRIVE"开关转至"OFF"。
⑩ 将"SHUTTER"开关由"OPEN"转至"CLOSE"。

(2) 测定发射光谱。

① 按上述①~⑥操作。
② 置"EMISSION WAVELBNGTH"于欲扫描范围的最小波长处。
③ 将"DRIVE"开关由"OFF"转至"EMISSION"处。
④ 如上述⑨、⑩操作。

注意:除非"DRIVE"开关在"OFF"位置,否则不得转动波长读数钮。

2. 比例(RATIO)方式

(1) 激发光谱。将"M.MODE"开关置"RATIO"处,调节"MONITOR DYNODE VOLTAGE"的"COARSE"及"FINE"钮,使在所需的"EXCITATION WAVELENGTH"扫描范围内,光电倍增管高压在 1000V 以下,其余操作与能量方式相似。

(2) 发射光谱。将"EXCITATION WAVELENGTH"置于最值位置,调节"MONITOR DYNODE VOLTAGE"钮至电表读数 750V,其余操作同上述比例方式激发光谱。

注意:用比例方式操作,应防止光电倍增管高压超过 1000V,狭缝不宜过窄,不得拉出光源室"SHUTTER",调节"MONITOR DYNODE VOLTAGE"钮,使在整个测定波长范围内均保持光电倍增管高压在 1000V 以下。

3. 定量测定

按比例方式的激发光谱操作,唯将"EXCITATION"和"EMISSION WAVELENGTH"固定于最佳波长,不进行扫描。制备一标准系列,将浓度最高的溶液置样品池,读取荧光相对强度近于 100%,然后在该条件下,读取其余标准液及样品液的读数,用工作曲线法求得样品含量。

21.4.5 关机步骤

(1) 置"FILTER"选择器于"S"位置,"DRIVE"开关于"OFF"。
(2) 将"M.MODE"开关置"ENERGY"位置,"SAMPLE SENS COARSE"开关于 0.1。
(3) 依次将记录仪、数据处理器、放大器及氙灯各"POWER"开关置"OFF"位置。

注意:不要将样品池留在样品室内。若仪器短时间内不再使用,取下记录笔;仪器应及时更换干燥剂。

(贵阳医学院 郝小燕)

21.5 Cary Eclipse 型荧光分光光度计

Cary Eclipse 型荧光分光光度计是美国瓦里安(Varian)公司于 2000 年推出的一款多功能荧光分光光度计,其将光谱校正功能,发射与激发滤光片,以及扩展量程的光电倍增管检测器等都作为仪器标准配置,从而使一台仪器满足多种应用,可测量化合物的荧光发射/激发光谱,磷光光谱和化学/生物发光,并可进行浓度和动力学测定。另外,Cary Eclipse 独有的闪烁式氙灯电源,水平式狭缝设计,保证了仪器的高灵敏度。插入即可自动识别的各种附件,功能明确的操作软件使其应用更加简便快捷。

21.5.1 仪器外形及组成

荧光分光光度计(图 21-6)由激发光源、激发和发射单色器、样品池及检测系统组成。一般采用氙弧灯作光源,激发光通过入射狭缝,经激发单色器分光后照射到样品池。样品池采用石英玻璃制成,四面透光。样品池中的溶液被入射光激发后,可以在溶液的各个方向观察荧光强度,但为了避免激发光的透射光干扰荧光测定,通常是在与激发光源垂直的方向观测荧光。发射的荧光再经发射单色器分光后,用光电倍增管检测,并经信号放大系统放大后记录。

图 21-6 Cary Eclipse 型荧光分光光度计
1. 样品室盖;2. 样品室前面板

21.5.2 仪器光路示意图

仪器光路示意图如图 21-7 所示。

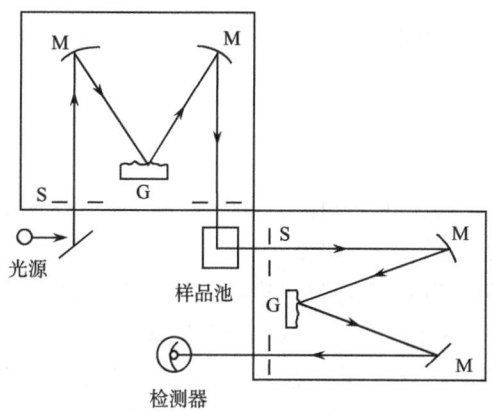

图 21-7 荧光分光光度计光路示意图
S. 狭缝;M. 反射镜;G. 光栅

21.5.3 仪器技术参数

工作条件:温度 10~35℃;湿度 8%~80%。
功率:220V,50Hz。
光源:长寿命闪烁式氙灯,只在测量时闪烁,可实现开盖测量,闪烁半峰宽约为 2μs,峰值功率相当于 75kW。所有反射光学系统采用石英涂层的 Schwarzschild 光学系统。
谱带宽度:激发/发射　1.5nm、2.5nm、5nm、10nm、20nm,水平透光。
激发单色器/发射单色器:Czerny-Tumer 单色器,焦距 F3.6,0.125m。
光栅:激发态 30×35mm,1200 线/mm,闪烁角为 370nm。
　　　发射态 30×35mm,1200 线/mm,闪烁角为 440nm。
滤光片:激发单色器配有 4 个、发射单色器配有 5 个不同范围的滤光片,标准配置,软件自动选控,有效消除杂散光和散射光。
检测器:高性能的 R928 光电倍增管检测器,另一个 R 928PMT 用于参比信号。
波长范围:激发态/发射态　200~900nm 零级可选。
波长准确度:±0.5nm(541.92nm);±1.0nm(200~900nm)。
波长重复性:±0.2nm。
灵敏度:>1000:1RMS,350nm 激发,发射和激发狭缝为 10nm,平均采样时间为 1s。
最小样品体积:0.5mL(使用 10mm 标准荧光池)。
平均采样时间:荧光 0.0125~999s;磷光 1μs~10s;生物/化学发光 4μs~10s。
最大扫描速率:24 000nm/min,1 839 080cm^{-1}/min,240 000A/min,228eV/min。
扫描速率:0.010~24000nm/min,增幅 0.15nm。
数据间隔:0.15~30nm,9.3711~140.0566cm^{-1},1.5~300A,0.0012~0.0174eV。
数据采集速率(动力学研究)(数据点/分钟/样品池):1 个样品池　4800 点。
用户发展语言(ADL):用户可根据需要,自己编写测定方法,或从网站免费下载。
中英文软件:Windows 98 或 Windows 2000/XP 操作系统,符合 GLP 规范。

21.5.4 使用方法

1. 开机

取出样品室中的干燥剂,关闭样品室门,开启主机电源,开启计算机,运行 Cary Eclipse 工作站软件。

2. 图谱扫描

(1) 在工作站主菜单显示窗中,选择"scan"(扫描)进入图谱扫描程序。点击界面上方"connect"(连接)图标,待其变为 start(开始)。

(2) 点击界面左侧"setup"(设置)图标,进入参数设置。首先在 cary 选项卡中的"instrument setup"(仪器设置)选项框内,设定"data mode"(读数方式),选择"fluorescence"(荧光)。接着在"scan setup"(扫描设置)选项框内点击"emission"(发射),设置发射波长的有关参数,将 X mode(X 轴)设为 wavelength(波长),单位为 nm;设定 excitation(激发波长),在"start"(开始)和"stop"(结束)对话框中输入激发波长的扫描范围。设置完成后,点击 OK 退出

"setup"界面。

（3）在样品池中装入空白溶液，将样品池置于样品池架，关闭样品室门。点击界面左侧"zero"（调零）图标，进行仪器调零。调零完毕，将空白溶液换成样品溶液，点击界面上方"start"图标，在弹出的"sample name"（样品名称）对话框中输入样品名称，点击 OK，即开始在设置的发射波长范围内进行扫描，扫描完成后，可根据样品荧光强度的大小调整 Y 轴范围，在所得发射光谱中选择最佳发射波长。

（4）再次点击"setup"图标，进入参数设置，在 cary 选项卡中的"scan setup"选项框内点击"excitation"（激发），设置激发波长的有关参数，设定 emission（发射波长）为之前所得的最佳发射波长，在"start"和"stop"对话框中输入激发波长的扫描范围，点击 OK 退出"setup"界面。再次点击"start"图标，即开始在设置的激发波长范围内进行扫描，扫描完成后，即可在所得激发光谱中选择最佳激发波长。

3. 浓度测定

（1）返回工作站主菜单显示窗，选择"concentration"（浓度）进入浓度测定程序。同样点击界面上方"connect"图标，待其变为 start。

（2）点击界面左侧"setup"图标，进入参数设置。首先在 cary 选项卡中的"wavelength setup"（波长设置）选项框内，在"Ex. Wavelength"（激发波长）和"Em. Wavelength"（发射波长）对话框中，输入最佳激发波长和最佳发射波长。然后在 standards（标准）选项卡中选择标准溶液的浓度单位；接着在 Std 表格中的浓度对话框中输入标准溶液的浓度；最后在 samples（样品）选项卡中的"No. of samples"（样品个数）对话框中输入样品个数。设置完成后，点击 OK 退出"setup"界面。

（3）照前述光谱扫描操作，放入空白溶液，点击界面左侧"zero"图标，进行仪器调零。调零完毕后，点击界面上方"start"图标，会弹出待测标准溶液及样品溶液列表，确认点击 OK 后，即出现"present standard"（当前标准）对话框，根据提示放入相应浓度的标准溶液，点击 OK 即可。依此类推，同法操作，待所有标准溶液测量完成后，即会出现"present samples"（当前样品）对话框，放入相应编号的样品溶液，点击 OK 进行测量。依此类推，同法操作，直至所有样品溶液测量完成。

4. 保存数据

在界面顶端任务栏的"File"（文件）下拉菜单中选择"save as"（保存为），在弹出的对话框中输入文件名，点击"save"（保存），保存即可。

5. 关机

退出工作站软件，关闭计算机，关闭主机电源。取出吸收池，洗净，倒置使自然晾干。待仪器冷却至室温后，将干燥剂放入样品室中，关闭样品室门。填写仪器使用记录。

21.5.5 注意事项

（1）开启仪器时，样品室内必须是空的。

（2）手只能拿样品池的棱角部位，先用待装入的溶液将吸收池润洗 2～3 次，溶液装入量为样品池体积的四分之三左右，将池外壁的溶液擦干，并用擦镜纸擦拭干净。

（3）在整个测定过程中，每次放入样品池时均应使池上的标志位于同一方向，以保证入射及发射光强一致。

（贵阳医学院　梁　妍）

21.6　Bruker VECTOR 22 型傅里叶变换红外光谱仪

21.6.1　工作原理

傅里叶变换红外光谱仪（Fourier transform infrared spectrometer，FT-IR）与色散型红外光谱仪在单色器和检测部件上有很大不同。如图 21-8 所示，由光源发出的红外辐射，通过干涉仪调制得到一束干涉光，干涉光通过样品后得到带有样品信息的干涉图。用计算机解出干涉图函数的傅里叶（Fourier）余弦变换，从而将干涉信号所带有的光谱信息转换成以波数为横坐标的红外光谱图，然后再通过数/模转换器（D/A）送入绘图仪，便得到与色散型红外光谱仪完全相同的红外光谱图。

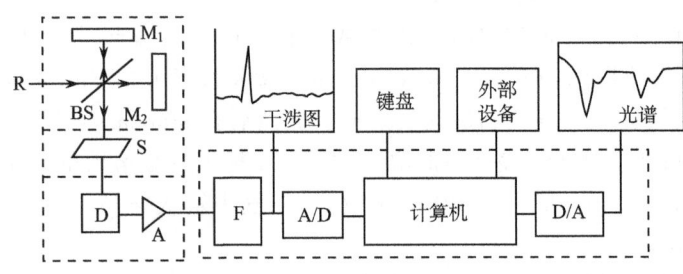

图 21-8　FT-IR 工作原理示意图

R. 红外光源；M_1. 固定镜；M_2. 可动镜；BS. 光束分裂器；S. 样品；D. 检测器；
A. 放大器；F. 滤光器；A/D. 模数转换器；D/A. 数模转换器

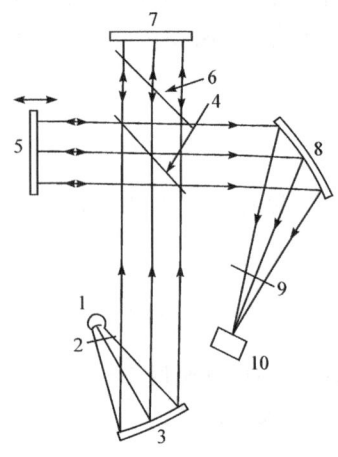

图 21-9　迈克尔森干涉仪示意图
1. 光源；2. 斩光器；3. M_3 准直镜；4. P_1 分束器；5. M_1 可动镜；6. P_2 补偿器；7. M_2 固定镜；8. M_4 聚光镜；9. 光谱滤光器；10. 探测器

傅里叶变换红外光谱仪的工作原理和色散型红外光谱仪有很大不同。图 21-8 为傅里叶变换光谱仪的工作原理示意图。由光源发出的红外辐射，通过迈克尔森（Michelson）干涉仪，通过样品后，得到带有样品信息的干涉图。用计算机解出干涉图函数的傅里叶余弦变换，就得到了样品的红外光谱。

迈克尔森干涉仪（图 21-9）是由互相垂直排列的两个平面反射镜 M_1（可动镜）、M_2（固定镜）和光束分裂器（P_1）组成的。可动镜 M_1 可沿镜轴方向前后移动。而光束分束器 P_1 是在一片合适的涂覆以特殊材料的半透膜作成的，红外辐射照于其上时，一部分发生反射，一部分透过。P_2 称为补偿器，与 P_1 材质、厚度相同，但不涂半透膜，通常放在 P_1 和固定镜 M_2 之间，起着补偿光路的作用。自光源发出的红外辐射经准直镜 M_3 后变为平行光束，在光束分裂器 P_1 上被分裂成两束，一束被反射至 M_1，又被 M_1 反射至光束分裂器，并在光束分裂器上再次发生反射和透射，透射部分照向 M_4 方向。另

一束透过 P_1 及 P_2 射向 M_2,并被 M_2 反射回光束分裂器,在光束分裂器上再次发生反射和透射,反射部分也照向 M_4 方向,因而这两复合的光束是相干光,移动可动镜 M_1,可改变两光束的光程差,并在 M_4 的反射方向可以看到干涉条纹。当光程差是波长的整数倍时,为相长干涉,亮度最大(亮条);当光程差是半波长的奇数倍时,为相消干涉,亮度最小(暗条);在连续改变光程差的同时,记录下中央干涉条纹的光强变化,即得到干涉图。作出表示此干涉图函数的傅里叶余弦变换,就得到了光谱。

21.6.2 仪器特点

1. 光学稳定性好

VECTOR 22 型仪器使用的干涉仪是 Bruker 公司在原军工技术上开发出的 ROCKSOLID 干涉仪,该干涉仪采用电磁驱动、无摩擦轴承系统,精度高、长期稳定性好,在受外界振动等恶劣条件下仍能正常工作,从而避免了传统红外光谱仪需要专用光学台、易受外界干扰、响应调整慢及维修昂贵等缺点。

2. 仪器防潮性能好

该仪器光学腔采用了上压盖、真空胶圈及卡口式螺丝密封,且配有湿度显示的分子筛吸潮,具有很好的密封防潮效果。

3. 方便实用的操作系统

VECTOR 22 型操作软件是基于 OS/2 操作系统的 OPUS 软件,其中带有两个操作界面,一个是简单的用于常规测试的界面,一个是可用于仪器调整、参数设置及数据详细处理等功能的高级界面,可以使使用者根据自己的需要选择不同的操作界面。

4. 高灵敏度和信噪比

VECTOR 22 的信噪比在分辨率为 $4cm^{-1}$、背景和样品各扫描 1min、$2100\sim2200cm^{-1}$ 的标准条件下,P-P 值(峰-峰值)信噪比达到 30 000∶1,在 $8000cm^{-1}$ 处分辨率为 $2cm^{-1}$。

[注:P-P 值(峰-峰值)信噪比是信噪比的一种表示方法,是指在样品室中不放样品(空光路)时所测得的光谱的信号值(一般假设为 $100\%T$)与 P-P 噪声值的比值。P-P 噪声值是指在样品室中不放样品(空光路)时所测得的光谱在某一波数区间内的最大值与最小值之差。]

21.6.3 使用方法

(1) 接通电源,打开主机预热 30min。
(2) 启动计算机,打开 OPUS 红外光谱仪操作软件。
(3) 光源检查。点击"Measure"按钮,在下拉菜单中选择"Advanced Measurement"项,即弹出"Measurement"对话框,在此对话框中选择"Check Signal"检查红外线能量。
(4) 方法设定。在"Measurement"对话框下选择"Advanced"输入相应信息:文件名(Filename)、保存路径(Path)、分辨率(Resolution)、样品扫描次数/时间(Sample Scan Time)、背景扫描次数/时间(Background Scan)、所需记录的波数范围(Save Data from);以及选择测试方法:吸光度法(Absorbance)或衰减全反射法(ATR)等。

注：在一般情况下：KBr 压片法，扫描次数 32，分辨率 $4cm^{-1}$；ATR，扫描次数 64，分辨率 $4cm^{-1}$。

（5）样品制备。

液体样品：以试样易溶有机溶剂，制成 1%～10% 浓度的溶液，注入适宜厚度的液体池中测定。常用溶剂有二氯乙烷、四氯化碳、三氯甲烷、二硫化碳、己烷及环己烷等。

注：不可用水作试样溶剂。使用完后，用相应溶剂立即将液体池清洗干净。

固体样品：在红外灯下取样品 1～1.5mg 与 KBr 200～300mg（样品与 KBr 的比为 100∶1～200∶1）于玛瑙研钵中研磨成混合均匀的粉末，用小药匙转移至制片模具中，用压片机加压使样品保持在 10t 的压力下 1～2min，撤去压力取出制成的供试片，目视检测，供试片应呈透明状，然后取出样品片装入样品架。

注：每次做完一个样品，应彻底清洗压片器具，以防样品交叉污染。

（6）样品测量。在"Measurement"对话框下选择"Basic"项，设置样品名称（Sample Name）、样品来源（Sample From）；将背景样品置于样品室样品固定座上，点击"Start Background Measurement"键进行背景扫描；背景扫描完成后，将待测样品置于样品室固定座上，点击"Start Sample Measurement"键进行样品测量。

（7）打印图谱。在主操作界面下点击"Print"按钮，弹出打印对话框，点击选择所需打印的文件，点击"Plot"键开始打印。

（8）测试完毕后，退出 OPUS 操作系统，关机；登记实验及仪器运行情况，将使用的试剂及物品整理干净。

21.6.4 注意事项

（1）保持室内清洁，干燥。
（2）保持样品室干燥，压片操作应在灯下进行，防止样品受潮。
（3）光学台不要受震动，取样、放样时，样品盖应轻开轻闭。
（4）眼睛不要注视氦-氖激光，以免受伤害。
（5）使用的红外样品制备组件立即以甲醇或乙醇洗干净，窗片不得用水清洗，各组件用后归还原位。

附：VECTOR 22 型的 FT-IR 的主要参数（表 21-1）。

表 21-1　Bruker VECTOR 22 型傅里叶变换光谱仪的主要参数

参数	说明	参数	说明
分辨率	优于 $1cm^{-1}$	测试范围	$370\sim7500cm^{-1}$
波数精度	$<0.01cm^{-1}$	光源	无需水冷的 Gbbar 光源
分束器	Ge/KBr	干涉性	60b 永久固定的 Rocksolid 干涉仪
检测器	高灵敏度 DTGS（氘代硫酸三甘肽）	光学腔	密封干燥
光路设计	三面反光镜，光能效率高	信噪比	30 000∶1（峰-峰值比），$4cm^{-1}$ 分辨率；测量范围 $2100\sim2200cm^{-1}$
傅里叶变换	AQP 硬件傅里叶变换，快速		
可扩展性	与色谱、TGA、显微镜及发射光谱联用		

（第二军医大学　范国荣）

21.7 WFX-1D 型原子吸收分光光度计

WFX-1 型原子吸收分光光度计为北京第二光学仪器厂产品,分为 A、B、C 及 D 四种型号,本书简要介绍 D 型仪器。WFX-1D 型原子吸收分光光度计的光源供电脉冲的占空比可连续调节,能提高光源的发光强度,利于弱光元素分析,其石墨炉控制电源的体积小、升温快;放大器全部采用集成运算放大器;光路为单光束型式。单色器采用艾伯特型光栅单色器。

21.7.1 仪器光路示意图

仪器光路示意图如图 21-10 所示。

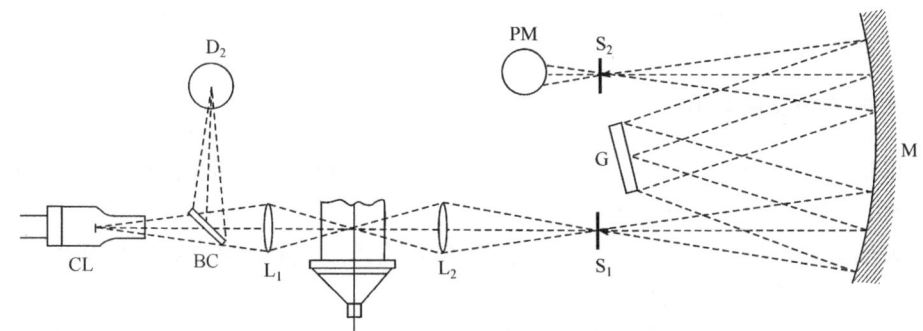

图 21-10 光路示意图(1B、1D 型)
CL. 空心阴极灯;D_2. 氘灯;BC. 光束合成器;L_1,L_2. 聚光镜;
S_1. 入射狭缝;S_2. 出射狭缝;M. 球面反射镜;G. 光栅;PM. 光电倍增管

空心阴极灯发出的光,经聚光镜 L_1 成像在原子化器中心(对波长 250nm 而言)。又经聚光镜 L_2 聚焦在入射狭缝 S_1 上,通过 S_1 进入单色器。设有氘灯背景校正器的型号,氘灯发出一束与空心阴极灯光时间相位不同的光,经光束合成器 BC 后,与空心阴极灯光合并为同一光路。

21.7.2 火焰法测定的操作

主机调整操作完毕,应按下列操作规程进行火焰法分析测定。
(1) 连接空气压缩机和气体流量控制器。
(2) 连接燃气钢瓶或发生器与气体流量控制器燃气进口。
(3) 用塑料管分别连接雾化燃烧器与流量控制器上气路接头。
(4) 用塑料管连接雾化燃烧器上废液嘴,并构成水封后,插入废液桶内。
(5) 用仪器配带遮光板按说明书所述方法,粗调燃烧器缝口与光轴方向平行,且位于光轴正下方适当高度。
(6) 接通空气压缩机电源,按说明书所述调整空气压缩机出口压力。
(7) 转动流量计阀门,调节空气流量至最大值。
(8) 开启燃气气源开关后,转动燃气流量计阀门,调节燃气流量至适当值。
(9) 用点火枪点火。
(10) 吸入空白溶液后,调整光电倍增管高压,使能量表针仍位于 70%~90% 区域,然后按自动调零。

(11) 吸标准溶液,记录吸光度值。

(12) 若仪器灵敏度低,则关闭火焰后,按说明书中所述方法调整喷雾器喷雾,重新点火测试。反复几次,直至获得较满意结果。

(13) 测定一组标准溶液,记录其相应吸光度值。

(14) 绘制工作曲线,测定待测试样溶液。

(15) 测定完毕,吸干净去离子水数分钟冲洗雾化室。

(16) 继续保持火焰数分钟后,务必先关断燃气气源,再关断助燃气气源。

(17) 点氧化亚氮-乙炔火焰的规程是:先点空气-乙炔火焰,再加大乙炔流量比例后,将空气转换成氧化亚氮。熄灭时,务必先将氧化亚氮-乙炔火焰转变成空气-乙炔火焰后,再切断乙炔,最后关闭空气。

石墨炉法及氢化法的操作方法见仪器说明书。

21.7.3 仪器维护及注意事项

(1) 仪器使用过程中,若突然停电,应先迅速关闭燃气气源,然后将空压机及主机上所有电子开关和旋钮都恢复至操作前的状态。

(2) 火焰呈锯齿状时,应关闭气源,取下燃烧器,用薄刀片清除燃烧器缝隙间的堵塞物,并用丙酮或无水乙醇将其表面清洗干净。

(3) 操作时,若嗅到乙炔气味,则可能有管道或接头漏气,应立即关闭燃气,室内通风,避免明火,进行检查。

(4) 火焰骚动不稳,这可能是燃气、助燃气比例不对,或燃气严重污染,应立即关闭燃气进行处理。

(5) 指示仪表突然波动,应立即关闭电源,检查有关电气部件和电源电压变动情况。

(6) 防止回火。

① 防止废液排出管漏气,出口处应水封。

② 用氧化亚氮-乙炔火焰时,乙炔流量不能过小(不小于 2L/min)。

③ 当从空气-乙炔火焰变换为氧化亚氮-乙炔火焰时,注意不能使乙炔流量过小。

④ 助燃气与乙炔流量比例不能相差过大。

(7) 通风在仪器的原子化器上方,应安装耐腐蚀材料制作的排风罩及通风管道,排风罩离仪器排烟窗口 20~30cm,抽气量为 1700~2500L/min,不宜过大或过小,简单的测试方法是在排风罩旁点燃香烟的烟雾能流畅地进入排风罩,室外的出口管道应弯曲向下,防止空气倒流。

(8) 乙炔钢瓶的使用。

① 乙炔钢瓶应放置阴凉、干燥处,远离热源(阳光、暖气、炉火等),以免内压增大造成漏气,发生爆炸。

② 搬运乙炔钢瓶要轻、稳,要旋上瓶帽,放置牢靠。

③ 使用时须装减压阀,为保证安全,安装时减压阀有左旋、右旋之分,各种气压表一般不可混用;开启时应避免站立在减压阀的正面及出口处,并缓慢开启,以免发生事故。

④ 开启乙炔钢瓶气体出口阀门前,减压阀应左旋到最松位置上(减压阀关闭),然后开启钢瓶出口阀,再右旋减压阀调节螺杆,使分压表指示在需输出的压力,否则会因高压气流的冲击而使调压阀门失灵。

⑤ 连接乙炔气的管道和接头应禁止用紫铜管制作,否则易生成乙炔铜引起爆炸。

⑥ 绝不允许将油或其他易燃性有机物沾在气瓶上(特别是出口和气压表上)。

⑦ 不可将瓶内气体用尽,应有几个 kgf/cm(kgf 为非法定计量单位,1kgf=9.806 65N)的剩余残压,以防重灌时有危险。

(第二军医大学　范国荣)

21.8　WFX-130 型原子吸收分光光度计

21.8.1　仪器组成

WFX-130 型原子吸收分光光度计为北京瑞利分析仪器公司产品。该仪器主要由工作站、主机、电源、检测系统、冷却系统等部件组成。各部分的操作及数据处理均由工作站计算机控制完成,其操作系统为 Windows XP 中文版,工作站软件版本为 BRAIC 1.0 版 AAS。

21.8.2　开机

依次打开打印机,显示器,计算机电源开关,等计算机完全启动后,打开原子吸收主机电源。

21.8.3　设置仪器条件

(1) 在计算机桌面上双击仪器软件图标 WFX130C,出现仪器控制界面。

(2) 编辑方法:创建新元素或修改原有元素测定方法。

(3) 依照具体测定需要设置仪器条件(波长、元素灯位置、背景校正、狭缝、灯电流及预热灯电流等)。

(4) 设置测量条件:选择分析信号、测量方式。

(5) 设置工作曲线参数:方程、标准空白、进样体积、曲线参数等。

(6) 设置石墨炉条件(参照相关分析方法手册设定)。

21.8.4　设置样品表

(1) 点击"文件"—"新建",选择"方法",选择"确定",开始分析任务设计(建立样品表)。

(2) 设置样品类型(液体、固体)、取样量、定容体积。

(3) 选择方法:待测定的元素。

(4) 选择样品稀释参数。完成,回到仪器控制界面。

21.8.5　预热元素灯(15～20min)

装上待测元素空心阴极灯,调节灯电流与波长至所需值,将元素灯预热 15～20min。

21.8.6　火焰法的测量过程

点火:依次打开空气压缩机的风机开关、压机开关,调节压力调节阀,使得空气压力稳定在 0.2～0.3MPa 后,打开乙炔钢瓶主阀,调节出口压力在 0.05～0.07MPa,检查水封,根据需要用皂液检查各连接处是否漏气。快速按下主机上点火键开始点火,点火后可调节乙炔流量控制火焰,注意观察乙炔气路流速器上指示小球停在 0.8~2.0L/min。等火焰稳定后首先吸喷去离子水,以防止燃烧头结盐。

测量:稳定燃烧 3min 后,把吸液管放入空白去离子水中用鼠标点击"调零"键进行调零,然后把吸液管按顺序放入标准空白、标准系列溶液中依次点击"读数"。

21.8.7 关机

(1) 测量完成后,退出测量窗口。如果不再需要继续测量其他元素,先关闭乙炔钢瓶主阀,让火焰自动熄灭。吸喷去离子水 1min,清洗燃烧头,防止燃烧头结盐。

(2) 关闭空压机压机开关,按放气阀,排空压缩机中的储气(压力表回零),10min 后关闭风机开关。

(3) 依次关闭软件、原子吸收主机电源、稳压器电源。退出计算机 Windows 操作程序,关闭计算机及所有各部件电源开关。检查乙炔、氩气、冷却水是否已经关闭。

(福建中医药大学 李 琦)

21.9 岛津 AAS-670 型原子吸收分光光度计

21.9.1 仪器光路示意图

仪器光路示意图如图 21-11 所示。

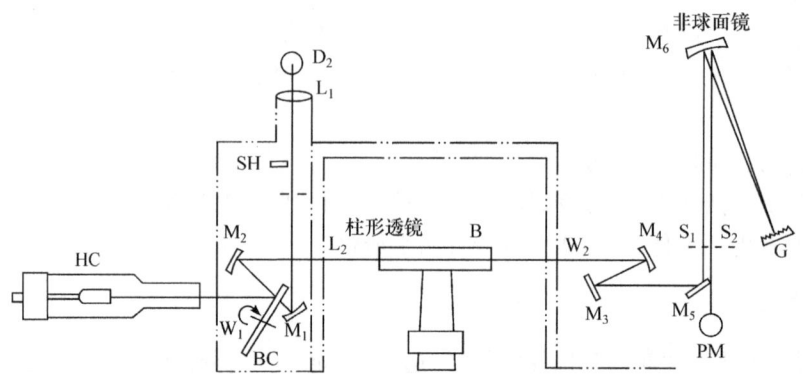

图 21-11 AAS-670 型原子吸收分光光度计光路示意图

HC. 空心阴极灯;D_2. 氘灯;M_1~M_6. 反光镜;L_1,L_2. 透镜;W_1,W_2. 窗板;SH. 光阑;
B. 燃烧器;S_1,S_2. 狭缝;G. 衍射光栅;BC. 光束合成器;PM. 光电倍增管

21.9.2 使用方法

1. 开机

(1) 供给仪器助燃气(0.35MPa)和燃烧气(0.09MPa)。

(2) 将电源开关(POWER)开至"ON",接通电源后 35~140s 内完成初始条件设定。如仪器正常,打印出"READY";如仪器有故障,即打印出故障信息。

(3) 若要进行校正或背景测定时,将氘灯开至"ON"。

(4) 安装空心阴极灯,将需要使用的空心阴极灯按照使用顺序,从奇数到偶数插入管座内,并安装上相同数号的灯座,将有标签的一面朝向灯塔周围方向。

(5) 选择燃烧灯头和设定燃烧灯选择开关。

① 采用氧化亚氮-乙炔火焰时,选用高温燃烧灯头,将 BURNER SELECT 开关转到"N_2O-C_2H_2"位置。

② 采用氩气-乙炔火焰或氩气(空气)-氢气火焰时,按照需要选择高温燃烧灯头或标准燃烧灯头,将 BURNER SELECT 开关转到"STANDARD"位置。

③ 调整灯头高度和角度。

2. 设定分析条件和确定灯的位置

(1) 采用 ELEMENT 键,调出待测元素的标准分析条件。该仪器存储有 61 个元素的标准分析条件(包括灯电流、波长、狭缝宽度、燃气流率、燃气种类等),每个元素编有号码,只要输入待测元素的号码,PR-4 即打印出该元素的标准分析条件。若要改变条件,可采用 PR-4 上的功能键设定输入新的测定条件。

(2) 将待测元素的空心阴极灯设定于光路内,按 HC LAMP、灯号、ENTER 键。

(3) 调出待测元素的标准测定条件,按 ELEMENT、待测元素号、ENTER 键。

测定条件也可按照需要采用 PR-4 上的多功能键、双功能键或单功能键设定输入,采用单功能键设定仪器条件操作如下。

① 设定灯电流(mA):按 mA、数、ENTER 键。

② 设定狭缝(nm):按 SLIT、数、ENTER 键。

③ 设定波长(nm):按 nm、数、ENTER 键。

采用多功能键设定仪器条件操作如下:

按 SHIFT DOWN、功能键、数、ENTER 键(改变预设条件);

按 ENTER 键(使用条件);

使用多功能键设定仪器条件按功能键,INST,进入人机对话。

④ 调整灯的最佳位置采用 EMISSION 方式,慢慢转动灯,直至显示最大值为止;也可采用 HC LAMP 或 BGC 方式,慢慢转动灯,直至显示最小值为止。

⑤ 设定测定方式,按 MODE、数、ENTER 键。

采用不需要背景校正的原子吸收分析方式,按数 2 键;

采用需要背景校正的原子吸收分析方式,按数 3 键;

采用发射方式,按数 1 键;

采用氘灯方式,按数 4 键。

3. 数据采集处理

(1) 设定数据采集数(N)、最多重复测定次数(MAX-N)、相对标准偏差(RSD)、预喷时间和积分时间。设定方法是按 MEASURE,进行人机对话。

(2) 设定信号处理方式。按 SIGNAL PROC、数、ENTER 键。数字 1 为 DIRECT 方式,2 为 INTG HOLD 方式,3 为 INTG CONT 方式,4 为 PEAK HEIGHT 方式,5 为 PEAK AREA 方式。

(3) 设定积分时间。按 INTEG TIME、VALUE、ENTER 键。要求高精度,10~15s;不要

求高精度,5～10s。

(4) 测定吸收曲线记录条件。按 PESP、数、ENTER 键。低噪声,响应 1 或 2;高噪声,响应 3 或 4;棒状图,响应 5 BAR。

扩张:XM……满标度范围吸收值为 0～1/M,其中 M 为测定值。操作:按 EXP、数、ENTER 键。

纸速:10～20mm/min,可用;ANALOG OUT 设定。

(5) 设定样品数(3 位数字:101～999),操作,按 SPL、样品数、ENTER 键。

4. 样品分析

(1) 采用标准曲线法(标准校正法)。

① 选择浓度校正法,按 SHIFT DOWN、CONC CALIB、2、ENTER 键。

② 按由低到高顺序输入标准溶液浓度,按浓度、ENTER。浓度的有效数字为四位,使用的标准溶液浓度的吸收值可为 0.001 或大于 0.001。如果标准溶液系列少于 6 个,只按 ENTER 即可。

③ 记录吸收值刻度,按 SHIFT DOWN、SCALE 键。

④ 点燃火焰。

a. 接通 FLAME MONITOR 开关和 PRESSURE MONITOR 开关。

b. 关 LEACK CHK 开关,该开关必须在供电 10min 后才能关。

c. 按 PURGE 键,设定空气的压力和流速。空气(氢气)压力为 0.25MPa,流速为 8.0L/min,若需要增加或减少燃气率可按 INC 或 DEC 键。

d. 按 IGNITE 键,点燃火焰,若燃气难以点燃时,应增加燃气量。

e. 点燃火焰后,需确定助燃气的压力和流速仍保持在上述数值。

f. 当使用氧化亚氮-乙炔火焰时,按 OXIDANT 键,使"AIR"转变成"N_2O"。

g. 按 START/STOP 键,使 PR-4 开始工作。

h. 喷空白,按 ZERO SET 键。

i. 喷标准溶液,按 STD 键。

j. 重复上述两项操作,完成全部标准溶液的测定。如果基线漂移不大,零点可不必每次校正。

k. 在画完工作曲线后,需要消除不正常校正点,按 DATA OMIT、消除点数、ENTER、ENTER 键,若不需要消除任何校正点,按 ENTER 键两次。

l. 喷空白,按 ZERO SET 键。

m. 喷样品溶液,按 MEASURE。

n. 重复上述两项操作,完成全部未知样品的测定。

o. 喷空白和设定零点后,喷最高浓度的标准溶液,按 SCT 键,该操作是校正分析灵敏度的漂移,使最后列出正确数值。若待测样品很多时,每 10～15 个样品进行一次分析灵敏度漂移的校正。

p. 喷纯水 5min,按 START/STOP 键,停止 PR-4。

⑤ 熄火。

a. 若使用氧化亚氮-乙炔火焰时,按 OXIDANT 键,首先转变成空气-乙炔火焰。

b. 按 EXTINGUISH 键,熄火。

需要消除不必要数据时,按 SHIFT DOWN、DATA OMIT、样品数键,按 ENTER 键两次。

列出测定结果和分析条件,按 LIST、DATA/MEASURE、ANALOG OUT/CONC CALIB 键。

关闭燃气,按 PURGE 键,放掉管中余气。关仪器,关电源,放掉剩余压缩空气。

(2) 采用标准加入法。

① 选择浓度校正法,按 SHIFT DOWN、CONC CALIB、3、ENTER 键。

② 设定加入标准溶液的浓度。设定零浓度,其他要求见标准曲线法。

③ 以下操作按标准曲线法步骤④(c~k)进行。

④ 如果要求精密测定,测全部样品都应按上述规定步骤操作;为了简化测定手续,从测定第二个未知样品开始,在完成标准加入法步骤③后,按 MEASURE 键即可。

⑤ 完成全部样品的测定后,消除不需要的数据并列出测定结果和分析条件。

⑥ 关闭燃气缸,按 PURGE 键,放掉管中余气。关仪器,关电源,放掉剩余压缩空气。

21.9.3 结果计算

1. 标准曲线法

配制一组不同浓度的待测元素标准溶液,在与供试液完全相同的条件下,按浓度由低到高的顺序测定吸光度 A,以吸光度 A 为纵坐标、标准溶液的浓度 c 为横坐标绘制标准曲线,如图 21-12 所示。

2. 标准加入法

同时取几份等量的待测元素试液,分别加入不同量的待测元素标准溶液,其中一份作为空白,稀释至相同体积,使加入的标准溶液浓度依次递增,然后分别测定它们的吸光度,以吸光度 A 为纵坐标、标准溶液的浓度 c 为横坐标绘制标准曲线,如图 21-13 所示。将该曲线外推至与浓度轴相交,交点至坐标原点的距离即是待测元素稀释后的浓度。

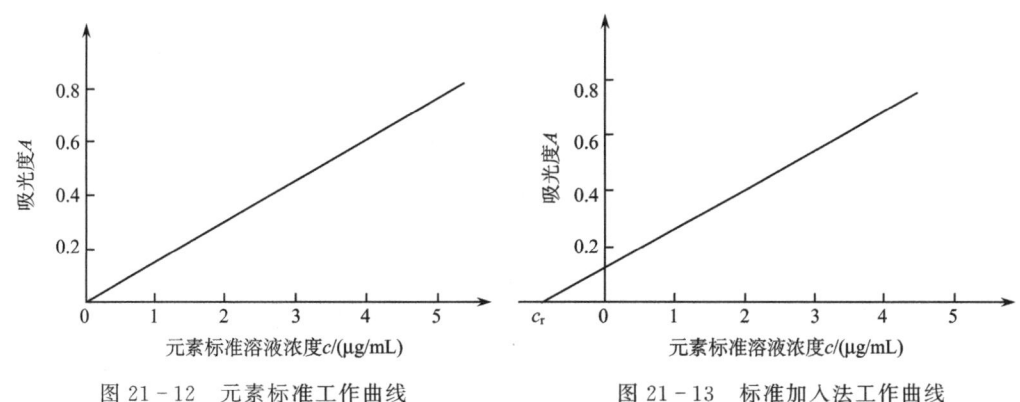

图 21-12　元素标准工作曲线　　　图 21-13　标准加入法工作曲线

3. 内标法

在标准样品和未知样品中加入内标元素,测定分析样品和内标样品吸收的光强度比,以吸收的光强度比值对待测元素含量绘制校正曲线,然后从校正曲线上推算出待测元素的含量。内标应选择与待测元素吸收特性相近的元素。

21.9.4 注意事项

(1) 样品取样要有代表性。取样量应根据待测元素的性质、含量、分析方法及要求的分析精度决定。标准样品的组成应尽可能与待测样品接近。

(2) 实验中应用去离子水或超纯水。储水的容器一般用聚乙烯塑料瓶等耐腐蚀性的材料。

(3) 试剂的纯度要高。容量器皿尽可能使用耐腐蚀塑料器皿，不能用玻璃器皿。

(4) AAS使用的器皿不能用含铬离子的清洗液，以硝酸或硝酸-盐酸混合液清洗后再用去离子水清洗为佳。

（第二军医大学　范国荣）

第 22 章 常用色谱仪器

22.1 通用型气相色谱仪

要实施气相色谱法的分析就必须借助相应的仪器,即气相色谱仪。全世界第一台气相色谱仪是由 Pekin-Elmer 公司于 1954 年出品的。随着科技的进步,目前市场上的仪器型号繁多,功能各异,已逐渐发展到了成熟的阶段。气相色谱仪具有操作简单,分析速度快,灵敏度高的特点。

22.1.1 气相色谱仪的组成

虽然不同型号和厂家的仪器在外观及配置上有一定的差别,但总体来说,主要由以下几部分组成(图 22-1)。

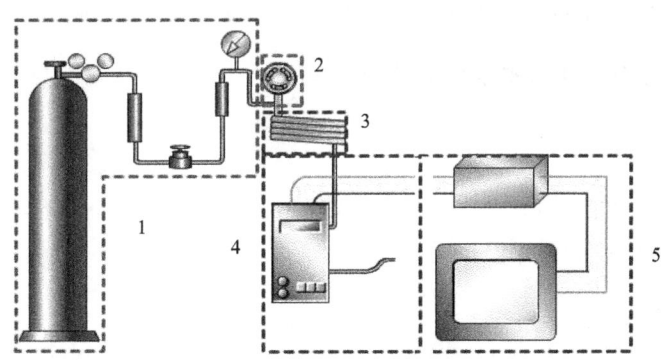

图 22-1 气相色谱仪结构图
1. 气路系统;2. 进样系统;3. 柱箱系统;4. 检测系统;5. 数据处理系统及控制系统

1. 气路系统

包括载气和检测器所用气体的气源、气体净化装置、气体流速控制和测量装置。气源多采用高压瓶(氢、氮、氩等)作高纯气的储存器,并装有减压阀,使高压气体减压成低压气体(0.1~0.5MPa)以供使用。流量调节阀可以调节载气的流速,常用的有稳压阀和针形阀。流速计用以测量载气流速。常用的有转子流量计和皂膜流速计等。

2. 进样系统

包括气化室和进样工具,气化室的作用是将液体或固体样品瞬间气化为蒸气。进样工具常有定量阀和注射器。进样系统的作用是有效地将样品导入色谱柱。

3. 柱箱系统

包括加热箱、色谱柱及其与进样口和检测器的接头。色谱柱的作用是把混合物分离成单一组分。一般常用不锈钢管或铜管内填充固定相。恒温器是为了保持色谱柱或检测器内的温度恒定,色谱柱和检测器多置于恒温器内。一般常采用空气恒温方式。

4. 检测系统

用来检测柱后流出的组分,并以电压或电流信号显示出来,常用的检测器有热导池式、氢火焰离子化式、电子捕获式和火焰光度式检测器数种。

5. 数据处理系统及控制系统

数据处理系统是对原始数据进行处理,给出色谱图及定性定量数据。控制系统主要是指对检测器、进样口、柱温及检测信号进行控制的装置。

气相色谱仪的控制系统可分为控温及控气两大部分。国内 20 世纪 90 年代以后的产品,控温部分基本上采用了微机系统,由面板上的按键进行相应温度的设定。由于这类仪器类似"傻瓜"仪器,操作极其简便,具有很强的通用性,人们往往可以通过按键上的文字标志,猜出该键的功能并进行相应的设定,因而很容易举一反三。数据处理系统是气相色谱仪的主要组成部分,目前已由工作站替代了记录仪。较高级的仪器的工作站还具有仪器的气体流量、温度及自动进样等实验条件的控制与优化功能。本节介绍一般气相色谱仪的使用方法及一般原则。

22.1.2 气相色谱仪面板上按键的主要功能

1. 设定柱温

该按键英文标志通常为 OVEN TEMP(oven temperature),操作者可根据需要设定相应温度,操作方法与操作一般计算器相同。

2. 设定气化室温度

该按键英文标志通常为 INJ TEMP(injection temperature),设定方法同上。

3. 设定检测器温度

该按键英文标志为 DET TEMP(detector temperature)。有的仪器可以同时安装两个以上的检测器,因此会有 DET1 TEMP 及 DET2 TEMP 或 DETA TEMP,DETB TEMP 等,要注意辨识,通常氢焰检测器的排序在前。

4. 设定桥流

又称设定热导电流,该按键英文标志通常为 TCD CURRE(TCD current),设定方法同上。注意:有些仪器(如天美 7890 型)面板上没有上述标志,逐个按键试探并观察液晶屏的显示,发现按下 RANGE B 键后,屏幕上显示出 TCD CURRE 字样,据此可以断定,该键是设定桥流的功能键。

5. 设定基线电压

基线电压通常可以设定为比 0V 略高,如基线平直稳定,可将基线电压设定为检测系统量程范围的 1% 以内(量程 1V,可将基线电压设定在 10mV 以内),但如刚开机不久,基线不稳,又急于进样试看,则不妨将基线电压设定为较高的数值(100mV以上),以便给基线留出较宽的漂移空间。**切记:不要让基线电压漂移到0V以下。**老式仪器基线电压均由电位器旋钮控制,新式仪器有的仍采用旋钮,有的则改为按键,在没有说明书的情况下,要注意观察辨识。该按键英文标志通常为ZERO(或ZERO1、ZERO2、ZEROA、ZEROB等,对应于不同的检测器),也有用OFFSET的,按一下,可以设定基线偏离0V的具体数值。

6. 设定衰减

如果仪器的输出信号太强,超出了记录系统的量程范围,可以考虑按此键进行适当的衰减。该按键英文标志通常为ATT(attenuation)或ATT1、ATT2、ATTA、ATTB等,该键设定值与衰减倍数的对应关系各类仪器不尽相同,在没有说明书的情况下,可通过尝试找到合适的设定值。

气相色谱仪的控气系统无一不采用稳流阀或针形阀,这些阀在仪器面板上的表现形式为旋钮,数量很多,有文字标志。通常载气稳流阀的英文标志为CARRI(英文carrier gas的字头)或N_2(注:即使用氢气为载气,也要调节此钮而不能调H_2钮)。通常仪器面板还装有燃气调节钮和助燃气调节钮,其英文标志分别为H_2和AIR,这是厂商为用户加装氢焰检测器而配备(注:通常主机和检测器分开出售,即使没有购买氢焰检测器,这些阀也是有的)。如果是双通道的气相色谱仪,上述控制阀还得加倍。由于阀多,面板拥挤,现代仪器往往不装流量计,流量的控制依靠调节上述控制阀的刻度值。刻度值越大,气体流量越大,但不是线性关系,可参考厂家提供的数据,但最好还是由用户自己校正。某些较高级的气相色谱仪装有电子流量计,流量由面板上按键控制,其英文标志通常为FLOW,操作简便,无需赘述。

22.1.3 气相色谱仪的一般操作步骤

1. 打开气源

实验教学中,学生很少能直接操作这一步,故更应仔细阅读体会,以备用时之需。

(1) 打开压缩气体钢瓶总阀。该阀位于钢瓶顶端,逆时针方向旋转为开,必要时需借助扳手(因该旋转手轮是活的,实验室如不特意经管,运输过程中极易丢失)。

(2) 打开减压阀。该阀与两块压力表连在一起构成一个部件(学名减压器,俗称压力表),接在钢瓶顶部侧面,顺时针方向旋转(往紧拧)为打开(给气),越往紧拧,输出压力越大;逆时针方向旋转(往松拧)为关闭(停气)。如气源为氢气,可将出口压力设定在$2\sim3kg/cm^2$;如气源为氮气,出口压力可加倍。

(3) 打开进气总阀。此阀指连接在进气管路与仪器之间的控制阀,通常装在过滤器下方,因未装在仪器面板上,容易忽略。如减压阀打开,仪器压力表仍无读数,应想到是否忘开此阀,可顺进气管路寻找;很多仪器并没有安装此阀,这种情况下此步骤可省。

2. 设定载气流量

将载气稳流阀调节在适当位置(该阀通常不需关闭,故实际使用中此步骤往往可省略,只需查验一下该阀是否已调到适当位置,因为该阀通常已被先前的使用者设定在正常使用位置;使用中如流量不合意,随时可调)。**特别要注意**柱前压力表是否有压力指示,如柱前压力为0,提示系统泄漏,要特别注意检查气化室胶垫是否扎漏;如压力过高(双柱系统可与参比柱前压比较;单柱系统可与平时比较或与气源出口压力比较),提示系统堵塞,多数情况为胶垫碎屑因高温炭化黏结成团,需要卸柱通透(用适当粗细的钢丝捅)。

3. 打开电源开关

4. 设定有关参数

(1) 设定柱温。一般原则:比最高沸点组分的沸点略低。

(2) 设定气化室温。一般原则:比最高沸点组分的沸点略高,但不得高于组分的分解温度。

(3) 设定检测器温度。一般原则:与柱温相同或略高。

(4) 用热导检测器时设定桥流。一般原则:在灵敏度够用情况下越小越好。

(5) 打开记录系统(记录仪、积分仪或色谱工作站)并进行相应设定。

(注:上述5项设定顺序要求不严)

(6) 设定基线电压。通常在温度达到、仪器稳定后再设。

(7) 设定衰减。热导检测器通常靠调节桥流大小控制信号强度,故无需设定衰减以保持输出最大;氢焰检测器需根据信号大小临时调整。

5. 进样

气相色谱法要求样品的进样量较少,而且进样需要准确、快速,并有较高的重现性。通常使用的进样技术主要有分流进样、不分流进样、柱头进样、程序升温进样、顶空进样等。

1) 分流进样

先将液体样品注入进样器的加热室中,加热室迅速升温使样品瞬间蒸发。在大流速的载气的吹扫下,样品与载气迅速混合。混合气通过分流口时,大部分的混合气体被排出而少量的混合气体进入色谱柱,进行分析。分流有两个目的:一是减少载气中样品的含量使其符合毛细管色谱进样量的要求;二是可以使样品以较窄的带宽进入色谱柱。这种进样方式不适合样品中痕量组分的分析。但由于它操作简便、适应性强,是分析工作中最常使用的进样方式之一。

2) 不分流进样

不分流进样和分流进样需要的设备相似。与分流进样模式相比,不分流进样更适于用对痕量组分的分析。

3) 柱头进样

柱头进样是将液体样品在不加热的状态下直接注入毛细管色谱柱内,中间不经过蒸发过程。在程序升温的过程中溶质的蒸气压不断升高,这时开始分析。由于初始温度低于溶剂的沸点,避免了热歧视效应。柱头进样能将分析样品全部导入色谱柱中,这种技术适合于检测样品中的痕量组分和热不稳定性物质。

4) 程序升温蒸发进样方式

该进样方式结合了传统的分流/不分流进样技术,并增加了温控系统。它能实现热分流/不分流进样,冷分流/不分流进样,冷柱头进样。还可以实现大体积进样。其功能多,适用范围广,是理想的进样方式。

5) 顶空进样

只取复杂样品基体上方的气体部分进行分析,有静态顶空及动态顶空之分。当需要定量分析挥发性有机物,想要有最少的样品前处理,想要提高分析效率,或样品不适合直接进样时,可采用该方式进样。

总之,在选择进样方式时,要考虑各方面因素,以达到理想的检测效果。

【附注】 如果使用氢焰检测器,则无需设定桥流,在打开记录系统并进行完相应设定后,还需要设定燃气和助燃气的流量。通常燃气流量可选择与载气流量相同(但一开始燃气流量可高出数倍,这样容易点着),空气流量可选择为燃气流量的2~10倍,流量设定好后可立即点火,点火按钮的英文标志通常为FIRE。按住点火按钮不放,同时观察记录系统(记录仪指针或微机屏幕),如果基线电压突然升高,并能维持住,说明点火成功,此时可小心地将燃气流量降下来,并重新设定基线电压至一适当值。至于关机,通常按照与开机完全相反的顺序即可。

(沈阳药科大学 彭 缨)

22.2 天美7890型气相色谱仪

目前国产气相色谱仪基本上可与进口仪器分庭抗礼,天美7890型是其中有代表性的一种。因前述使用方法主要针对一般气相色谱仪,虽涵盖了一般仪器的主要功能,但不可能将气相色谱仪的所有功能一一列举,现将该仪器面板(图22-2)按键的具体功能,简述如下。

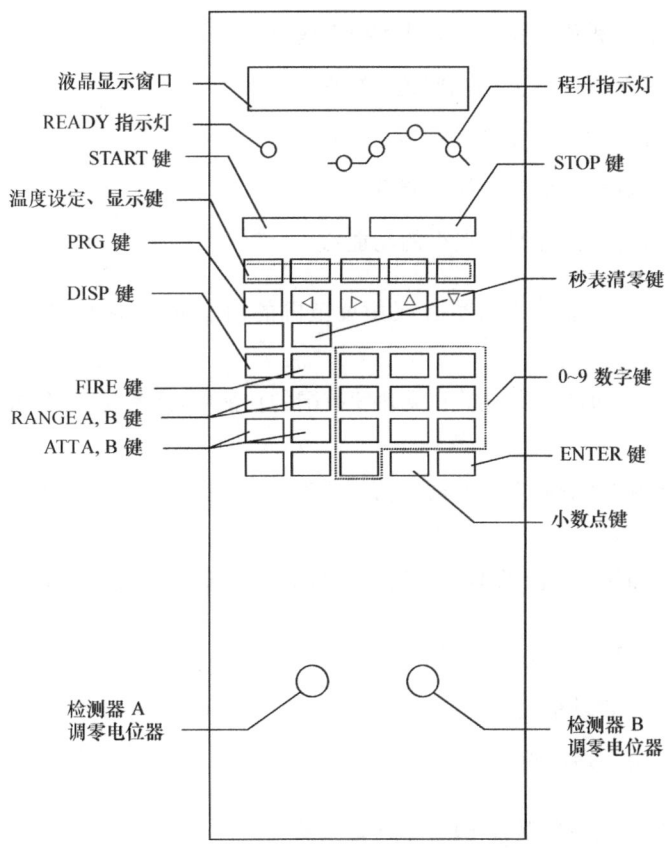

图22-2 天美7890型气相色谱仪面板

22.2.1 仪器面板按键的主要功能

OVEN TEMP	设定和显示柱箱温度功能键
INJ TEMP	设定和显示进样器温度功能键
DET1 TEMP	设定和显示检测器 1 温度功能键（通常是 FID）
DET2 TEMP	设定和显示检测器 2 温度功能键（通常是 TCD 或 ECD）
AUX TEMP	设定和显示 AUX 温度功能键
START	启动柱箱程序升温键
STOP	停止柱箱程序升温的功能键
PRO	设置柱箱程序升温的功能键
◁	用于显示电源电压
▷	用于显示程序升温时间以及秒表功能键
△	设置柱箱程序升温的功能键（逆序）
▽	设置柱箱程序升温的功能键（顺序）
DISP	显示温度控制精度的功能键
FIRE	火焰离子化检测器点火的功能键
RANGE A	设定和显示检测器 A 灵敏度范围的功能键（通常是 FID）
RANGE B	设定和显示检测器 B 灵敏度范围的功能键（通常是 TCD 或 ECD）
ATT A	设定和显示检测器 A 输出信号衰减的功能键（通常是 FID）
ATT B	设定和显示检测器 B 输出信号衰减的功能键（通常是 TCD 或 ECD）
0～9	0～9 数字设定功能键
·	小数点设定功能键
ENTER	输入功能键

22.2.2 天美 7890 型气相色谱仪 FID 毛细管气路

天美 7890 型气相色谱仪 FID 毛细管气路图如图 22-3 所示。

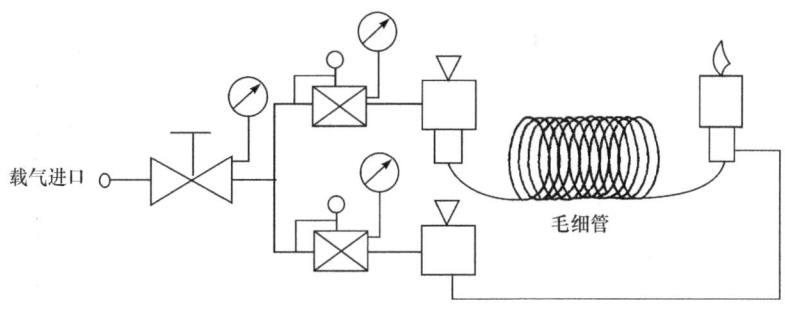

图 22-3　天美 7890 型气相色谱仪 FID 毛细管气路

(沈阳药科大学　彭　缨)

22.3　Agilent 7890A 型气相色谱仪

Agilent 7890A 气相色谱仪是由美国 Agilent 公司生产。该仪器以气体为流动相,试样被载气带入色谱柱内进行分离,主要用于易挥发物质的分析。在医药化工、环境监测、生物化学等领域得到广泛的应用。在药学和中药学领域,气相色谱法已成为药物含量测定、杂质检查、中药挥发油分析、体内药物分析等的一种重要分析手段。

气相色谱仪主要由载气系统、进样系统、分离系统、检测系统和记录系统组成。

22.3.1　气相色谱仪的流程图

气相色谱仪流程图如图 22-4 所示。

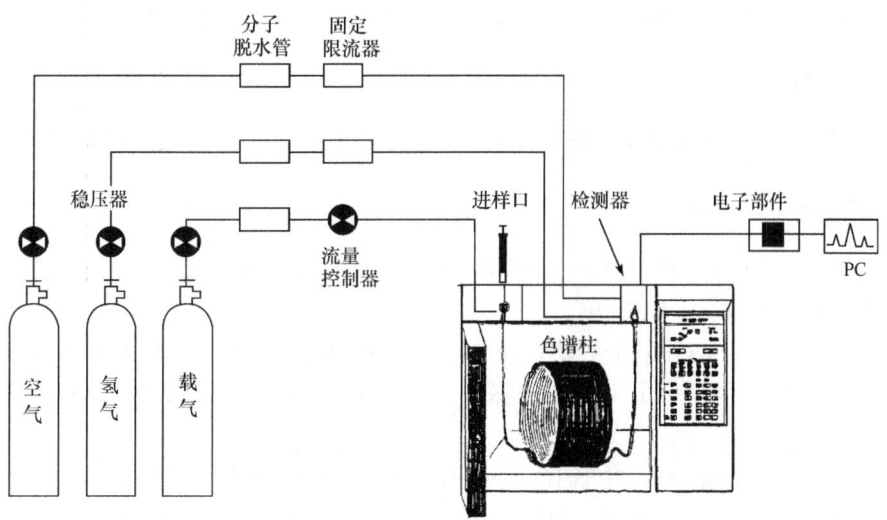

图 22-4　气相色谱仪流程图

22.3.2　Agilent 7890A 型气相色谱仪使用方法

1.开机

(1)检查仪器电源线连接是否正常、气路管线连接是否正常。打开气源(按相应的检测器选择所需气体)。

(2) 打开稳压电源,打开计算机,进入 Windows XP 画面。打开 7890A 气相色谱仪电源开关。

(3) 待仪器自检完毕,双击 Instrument Online 图标,化学工作站自动与 7890A 通信,待 Remote 灯亮。

(4) 从 View 菜单中选择 Method and Run Control 画面,单击 Show Top Toolbar,Show Status Toolbar,Instrument Diagram,Sampling Diagram,使其命令前有√标志,来调用所需的界面。

2. 数据采集方法编辑

(1) 编辑完整方法。打开 Method 菜单,单击 Edit Entire Method,选中除 Data Analysis 外三项,点击 OK。

(2) 方法信息。打开 Method Comments 中输入方法的信息,点击 OK。

(3) 进样设置(以手动进样为例)。在 Select Injection Source 画面中选择 Manual ,并选择所用的进样口的位置 Front 或 Back,点击 OK。

(4) 整个参数设定。分别点击以下参数图标,进入设定画面,设置所需的参数。①进样口参数的设置;②色谱柱参数的设置;③炉温的设定;④检测器参数的设置;⑤输出信号的设置;以上参数编辑完成后,单击 OK。

(5) 保存编辑的方法。从 Method 中选择 Run Time Checklist,选中其中的 Data Acquisition,单击 OK。再单击 Method 菜单,选中 Save Method as,输入一方法名,单击 OK。

(6) 从 Run Control 菜单中选择 Sample Info 选项,输入操作者名称,在 Data File 中选择 Prefix。在 Sample Parameters 栏下后的框中输入样品瓶所在的位置,单击 OK。

3. 样品分析

待基线稳定后,从进样口注入样品,同时按主机键盘上的"Start"键进行样品分析。

4. 数据分析方法编辑

(1) 从 View 菜单中,单击 Data Analysis 进入数据分析画面。从 File 菜单选择 Load Signal,选中您的数据文件名,单击 OK。

(2) 做谱图优化,从 Graphics 菜单中选择 Signal Options 选项,从 Ranges 中选择 Auto Scale 及合适的显示时间,单击 OK 或选择 Use Ranges 调整。反复进行,直到图的比例合适为止。

(3) 积分。从 Integration 中选择 Auto Integrate,如积分结果不理想,再从菜单中选择 Integration Events 选项,选择合适的 Slope Sensitivity, Peak Width, Area Reject, Height Reject 参数,从 Integration 菜单中选择 Integrate 选项,则数据被积分。单击左边√图标,将积分参数存入方法。

5. 打印报告

从 Report 菜单中选 Print Report,则报告结果将打印到屏幕上,如想输出到打印机上,则单击 Report 底部的 Print 按钮。

6. 关机

实验结束后,调出提前编好的关机方法,关闭检测器,降温各热源,关闭气体(氢气,空气)。待各处温度降下来后(低于 50℃),退出化学工作站,退出 Windows 所有的应用程序。关闭计算机,关气相色谱仪电源,最后关闭载气。

7. 仪器维护与保养

(1) 开启仪器前,一定确保已接通载气气路,否则会损坏检测器,造成很大损失。

(2) 一根新的色谱柱在使用前需要老化,在老化时,勿将柱端接到检测器上,防止污染检测器。通常在室温下通载气 10min 后,再老化,以防色谱柱损坏。

(3) 色谱柱的柱温一定要低于固定相的最高使用温度。

(4) 氢焰离子化检测器是气相色谱仪常用的检测器,在使用时应调节氢气与空气流量的比例,使氢焰正常燃烧。检测器的使用温度要高于 100℃,否则氢气燃烧生成的水蒸气会在离子化室冷凝,导致漏电并使色谱基线不稳定,影响分析结果的准确性。

(5) 氢焰离子化检测器内的喷嘴和收集极要经常清洗,以防产生的灰烬堵塞喷嘴或污染收集极,使检测器的灵敏度下降。

(佳木斯大学　丁立新)

22.4　通用型高效液相色谱仪

高效液相色谱是目前应用最多的色谱分析方法,高效液相色谱系统由流动相储液器、输液泵、进样器、色谱柱、检测器和记录器组成。储液器中的流动相被高压泵打入系统,样品溶液经进样器进入流动相,被流动相载入色谱柱(固定相)内,由于样品溶液中的各组分在两相中具有不同的分配系数,在两相中做相对运动时,经过反复多次的吸附-解吸的分配过程,各组分在移动速度上产生较大的差别,被分离成单个组分依次从柱内流出,通过检测器时,样品浓度被转换成电信号传送到记录仪,数据以图谱形式打印出来。高效液相色谱仪的操作大同小异,熟悉一种高效液相色谱仪的操作,也就不难掌握其他型号仪器的操作。

22.4.1　输液泵的操作

1. 流速的设定

英文标志为 FLOW SET,输入适当的数值即可。

2. 梯度洗脱程序

在各工作站 METHOD 项下设定洗脱的程序。先输入 A、B、C、D 泵各是什么溶剂,然后在梯度设定中输入时间段(TIME PROG)及各泵中有机项混合的比例。

3. 最高保护柱压的设定

输入一个数值,英文标志有 MAX 字样。该数值通常高于正常柱前压,如仪器出现堵塞等故障升高到此数值,则会自动报警,泵自动停止。

4. 最低柱压的设定

输入一个数值,英文标志有 MIN 字样。此数值的设定也是为了保护仪器,该数值通常低于正常柱前压,如仪器出现漏液等故障降低到此数值,也会产生自动报警,泵停止工作。

5. 泵停止/启动

"PUMP ON/OFF"。泵在工作时则为 ON 状态,完成测试工作后,要停止泵的运行,则按下"PUMP OFF"键,泵停止工作。

22.4.2 检测器

1. 紫外检测器(ultraviolet detector,UVD)

紫外吸收检测器简称紫外检测器,是基于溶质分子吸收紫外光的原理设计的检测器,其工作原理是朗伯-比尔定律,即当一束单色光透过流动池时,若流动相不吸收光,则吸光度 A 与吸光组分的浓度 c 和流动池的光径长度 L 成正比。物理上测得物质的透光率,然后取负对数得到吸光度。根据被分析物在流动相中的最大吸收波长,设定紫外检测器的吸收波长值,英文标志为 WAVE LENGTH,输入数值即可。选择所使用的检测器光源为 D_2 灯或 W 灯。

2. 二极管阵列检测器(diode-array detector, DAD)

以光电二极管阵列(或 CCD 阵列,硅靶摄像管等)作为检测元件的 UV-VIS 检测器。可构成多通道并行工作,同时检测由光栅分光,再入射到阵列式接收器上的全部波长的信号,然后,对二极管阵列快速扫描采集数据,得到的是时间、光强度和波长的三维谱图。普通 UV-VIS 检测器是先用单色器分光,只让特定波长的光进入流动池;而二极管阵列 UV-VIS 检测器是先让所有波长的光都通过流动池,然后通过一系列分光技术,使所有波长的光在接收器上被检。DAD 与 UVD 相比,可同时设定多个波长进行检测,并且能通过三维谱图,验证被分析物的纯度。

3. 荧光检测器(fluoresce detector,FLD)

荧光检测器也是高效液相色谱仪常用的一种检测器。用紫外线照射色谱馏分,当试样组分具有荧光性能时,即可检出。其特点是选择性高,只对荧光物质有响应;灵敏度也高,检出限可达 10~12ng/mL,适合于多环芳烃及各种荧光物质的痕量分析。也可用于检测不发荧光但经化学反应后可发荧光的物质。如在酚类分析中,多数酚类不发荧光,为此先经处理使其变为荧光物质,而后进行分析。按"ZERO"将基线调零,输入激发波长(excitation wavelength)、发射波长(emission wavelength)、采集频率、步长等数值。

4. 蒸发光散射检测器(evaporative light scattering detector,ELSD)

蒸发光散射检测器的检测原理是恒定流速的色谱仪(高效液相、逆流色谱、高效毛细管电泳等)洗脱液进入检测器后,首先被高压气流雾化,雾化形成的小液滴进入蒸发室(漂移管,drift tube),流动相及低沸点的组分被蒸发,剩下高沸点组分的小液滴进入散射池,光束穿过散射池时被散射,散射光被光电管接收形成电信号,电信号通过放大电路、模数转换电路、计算机成为色谱工作站的数字信号——色谱图(图 22-5)。

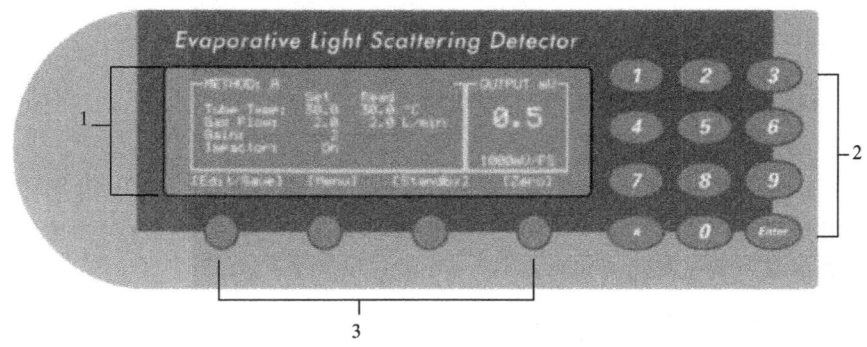

图 22-5 Waters 2000 的荧光检测器控制面板

1. 参数设置窗口(设置漂移管温度、气体流量、补偿值等);2. 数字控制面板(按"Enter"键调整参数);
3. 屏幕控制键(功能与液晶屏上的显示对应)

这里仅介绍常用的检测器,现代检测器还有许多其他的功能,具体请参考有关说明书。

(沈阳药科大学 彭 缨)

22.5 日立 L-7100 型高效液相色谱仪

日立 L-7100 型高效液相色谱仪由 L-7400 型紫外检测器、L-7100 型输液泵及 D-7500 工作站组成。

22.5.1 仪器外形(不包括工作站)

仪器外形(不包括工作站)如图 22-6 所示。

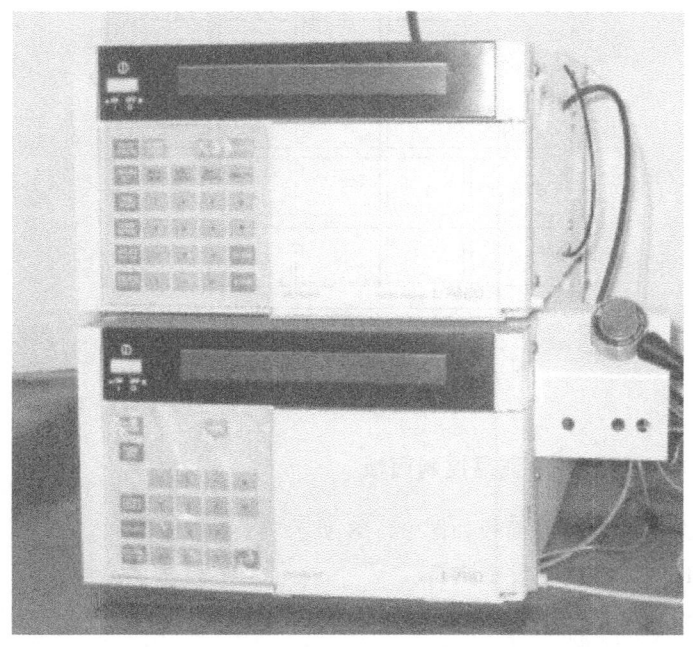

图 22-6 日立 L-7100 型高效液相色谱仪
UV 检测器(上部);输液泵(下部)

22.5.2 L-7100 型输液泵控制面板

L-7100 型输液泵控制面板如图 22-7 所示。

1. PUMP ON/OFF 键。

2. PURGE 键　通常不用。但如仪器不能输出液体(新仪器或久置不用,泵体内充满空气),可按此键解决。但必须先打开排泄阀,因此键功能是大流量输出液体,如排泄阀未打开,必因柱前压升高导致超过最高限压而停泵。

3. "△"键　上翻监视屏。

4. "▽"键　下翻监视屏。

5. ENTER 键。

6. CL 键　清除按 ENTER 键前不慎输入的错误信息。

7. "·"键。

8. ESCAPE 键　返回监视状态(正常使用状态)及解除键盘锁定。

9. UTILITY 键　设置辅助功能,具体可通过人机对话领略;但通常很少使用(出厂时设定的缺省值往往很合适)。

10. CONFIDENCE 键　确定和设定使用记录(记录自某设定日至按此键时共输出了多少流动相,以便决定是否更换密封圈),通常不用。

11. FLOW SET 键。

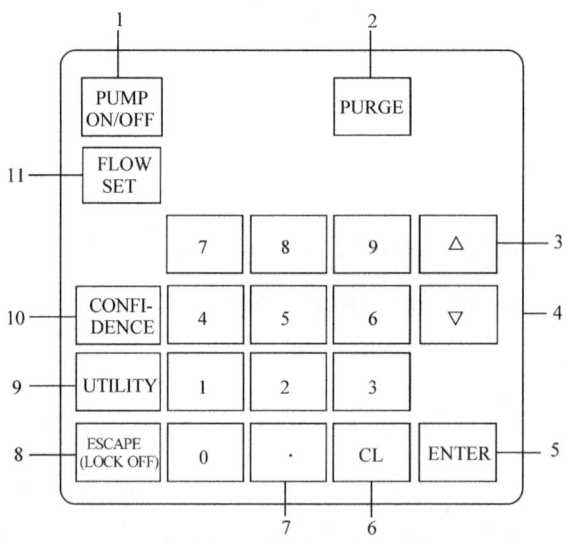

图 22-7　L-7100 型输液泵控制面板

22.5.3 日立 L-7400 型紫外检测器控制面板

L-7400 型紫外检测器控制面板如图 22-8 所示。

1. WAVE LENGTH 键　设定波长。

2. START/STOP 键　启动或终止时间程序;启动或终止内存光谱数据的模拟输出(参考 7,10)。

3. AUTO ZERO 键。

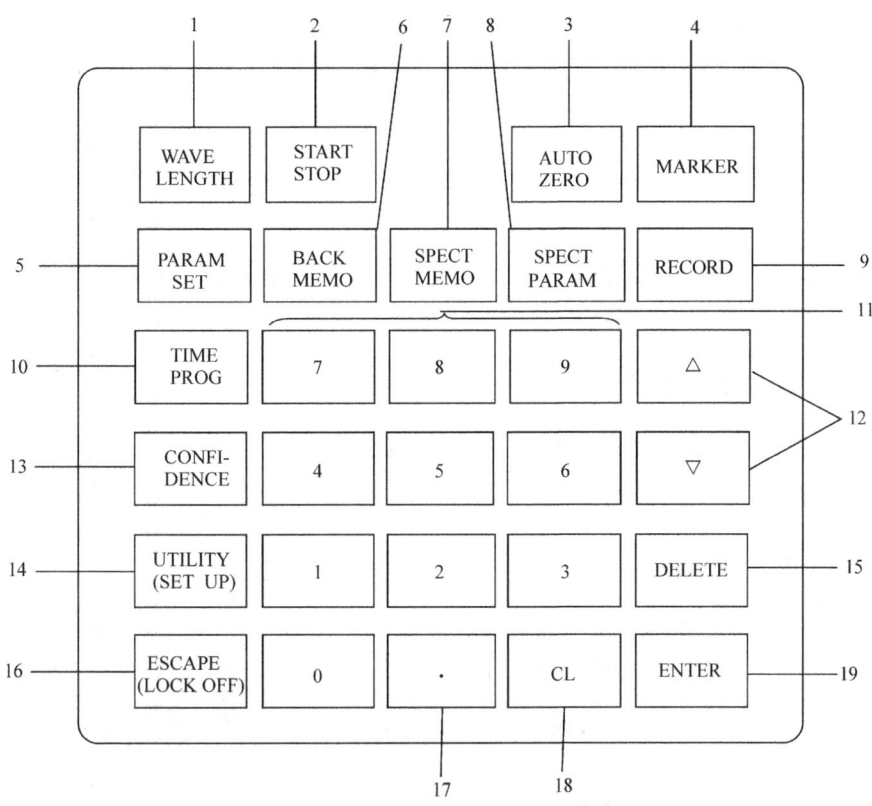

图 22-8 L-7400 型紫外检测器控制面板

4. MARKER 键。

5. PARAM SET 键 通过人机对话共有 4 项设定：①时间单位；②纵坐标范围；③启动时间程序；④灯开启。

6. BAKE MEMO 键 用来记忆背景光谱。此步应在扫描紫外光谱前完成（参考 7,8）。

7. SPECT MEMO 键 用来扫描紫外光谱。扫描时应停泵，以确保被测样品停在流通池内，背景光谱会被自动减去。最多可存 7 个光谱（参考 6,8）。

8. SPECT PARAM 键 用来设定扫描光谱的波长范围（参考 6,7）。

9. RECORD 键 用来设定紫外光谱的：①纵坐标；②输出速率（nm/min）；③光谱图号数，设定完毕后按 START 键（参考 2,6,7,8）。

10. TIME PROG 键 用来设定时间程序（某段时间用某个波长）。设定完毕后按 START 键（参考 2,5）。

11. 数字键。

12. △/▽键。

13. CONFIDENCE 键 通过人机对话共有 4 项设定：①锁键盘；②检查 D_2 灯能量和波长精度；③显示 D_2 灯日志，包括使用时间和开闭次数；④重新设定 D_2 灯日志。注：可通过按 ESCAPE 键随时解锁键盘。

14. UTILITY 键 通过人机对话共有三项设定：①设定 offset 相当于提高基线或设定基线电压，但单位为吸光度而非 mV；②设定打印操作可以打印参数和日志；③设定 D_2 灯关闭是否受并行口信号控制。

15. DELETE 键　用于清除时间程序中的错误设定(未按 ENTER 键前用 CL 键清除)。

16. ESCAPE 键　主要用于由其他状态返回监控状态和键盘解锁,也可用于中止扫描光谱和记忆背景(参考 6,7)。

17. "·"键。

18. CL 键。

19. ENTER 键。

限于篇幅,此处只简要地介绍了各键的功能而未给出设定实例。实际上,由于现代仪器都有人机对话功能,实际按相应的功能键,再循着菜单提示往下进行,不难完成正确设定。

22.5.4　L-7400 型紫外检测器的光路图

L-7400 型紫外检测器的光路图如图 22-9 所示。

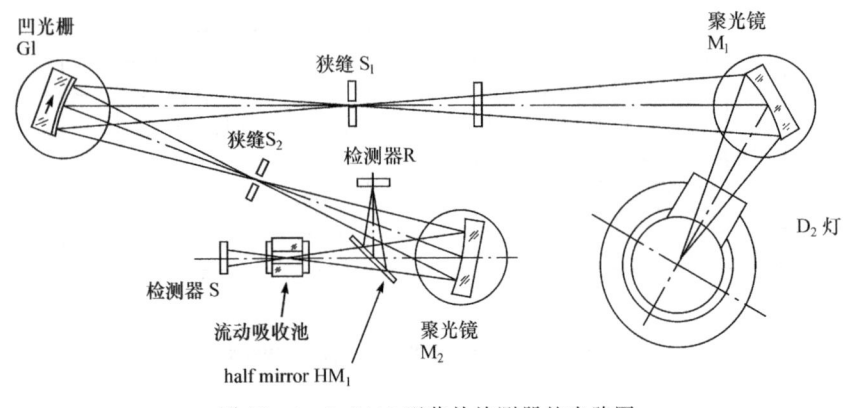

图 22-9　L-7400 型紫外检测器的光路图

(沈阳药科大学　彭　缨)

22.6　Agilent 1100 型高效液相色谱仪

Agilent 1100 型高效液相色谱仪是由美国 Agilent 公司生产的一种重要的分离分析仪器。该仪器采用高压输液泵将规定的流动相泵入装有填充剂的色谱柱内进行分离测定的色谱方法。可用于高沸点、热稳定性差及具有生物活性物质的分析,目前已广泛应用于生命科学、材料、航天、食品、环境、生化、医药、公安、化工等领域的复杂化合物的分离与分析。

该仪器主要由输液系统、进样系统、色谱柱系统、检测系统和数据处理系统组成。

22.6.1　高效液相色谱仪的流程图

高效液相色谱仪的流程图如图 22-10 所示。

22.6.2　Agilent 1100 型高效液相色谱仪使用方法

1. 开机前准备工作

(1) 单元泵系统。选择分析所用的色谱纯试剂配制成流动相,并将流动相经微孔滤膜过滤后装入溶剂瓶中。

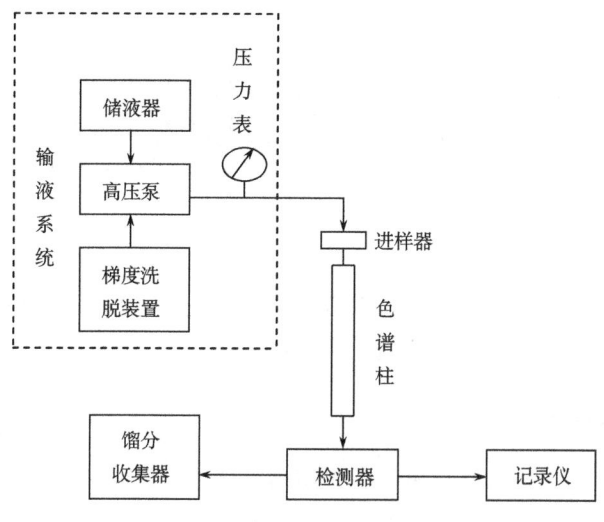

图 22-10 高效液相色谱仪流程图

(2) 四元泵系统。将超纯水装入棕色瓶(A 瓶)中,将甲醇经微孔滤膜过滤后装入 B 瓶中,其他的流动相经微孔滤膜过滤后装入 C 瓶或 D 瓶中。

2. 开机

(1) 打开计算机,进入 Windows 系统桌面,运行 Bootp Server 程序。

(2) 打开 Agilent 1100 型高效液相色谱仪各模块电源,待各模块自检完成后,双击 Instrument 1 Online 图标,进入化学工作站。

(3) 打开"Purge"阀,单击 Pump 图标,设 Flow 为 2～5mL/min,单击 OK。直到所选定的通道内无气泡为止。单击 Pump 图标,设 Flow=1mL/min,单击 OK。关闭"Purge"阀。

(4) 单击泵下面的瓶图标,输入溶剂的实际体积和瓶体积。

3. 数据采集方法编辑

(1) 开始编辑完整方法。从 Method 菜单中选择 Edit Entire Method 项,选中除 Data Analysis外的三项,单击 OK,进入下一画面。

(2) 在 Method Comments 中,单击 OK。

(3) 泵参数设定(以二元泵为例)。在 Flow 处输入流量,在 Solvent B 处输入数值(A=100－B),也可 Insert-timetable ,编辑梯度。在 Pressure Limits Max 处输入柱子的最大耐高压,以保护柱子,单击 OK。

(4) 进样器参数设定。点击 Instrument 中的进样图标,在菜单中选择 Setup Injector,选择 Standard Injection 或 Injection with Needle Wash,在 Injection Volume 后输入进样体积,在 Wash Vial 后输入洗瓶位置,单击 OK。

(5) 柱温箱参数设定。点击 Instrument 中的柱温图标,在菜单中选择 Setup Column Thermostat,在 Temperature 下面的方框内输入所需温度或选择 No Control,单击 OK。

(6) 检测器参数设定。点击 Instrument 中的检测器图标,在菜单中选择 Setup Column DAD Signals,在 Wavelength 下方的空白处输入所需的检测波长,带宽;参比波长及其带宽,单击 OK。

(7) 保存编辑的方法。从 Method 中选择 Run Time Checklist,选中其中的 Data Acquisition,单击 OK。再单击 Method 菜单,选中 Save Method as,输入一方法名,单击 OK。

(8) 从 Run Control 菜单中选择 Sample Info 选项,输入操作者名称,在 Data File 中选择 Prefix。在 Sample Parameters 栏下面的框中输入样品瓶所在的位置,单击 OK。

4. 进样

从 Instrument 菜单选择 System on,待屏幕显示 Ready,基线平稳后,单击屏幕上的 Start 按钮,系统开始按照设定的方法进样测定,并记录色谱图。

5. 数据分析方法编辑

见 22.3 节 Agilent 7890A 型气相色谱仪使用方法"4. 数据分析方法编辑"部分。

6. 打印报告

从 Report 菜单中选 Print Report,则报告结果将打印到屏幕上,如想输出到打印机上,则单击 Report 底部的 Print 按钮。

7. 关机

关机前,用 10% 的有机溶剂(如甲醇)冲洗系统约 20min,保证流动相中添加的酸或者盐完全从色谱系统中冲洗出;随后按实验需求用不同浓度的有机溶剂(如 20%~90% 甲醇)依次冲洗系统约 30min(适于反相色谱柱),关泵。退出化学工作站及其他窗口,关闭计算机,关掉 Agilent 1100 型高效液相色谱仪电源开关。

8. 仪器的维护与保养

(1) 所选用的流动相为色谱纯试剂。溶剂在使用前应先脱气、过滤,以除去溶剂中的微小颗粒,避免堵塞色谱柱。

(2) 拿到一根从未使用过的色谱柱时,一定要先仔细看其使用说明。在使用新柱之前,最好用强洗脱强度溶剂在低流速下($0.2 \sim 0.3 \text{mL/min}$)冲洗 30min,长时间未用的分析柱也要同样处理。

(3) 定期使用强洗脱强度溶剂冲洗分析柱;色谱柱不使用时,要封紧柱两端,避免固定相干涸;样品溶液必须用 $0.45\mu m$ 的微孔滤膜过滤后进样。

(4) 用六通阀手动进样时,应使用液相色谱专用平头进样针,转动阀芯时不能太慢,更不能停留在中间位置。

(5) 分析前,柱平衡 10min 后打开检测器;在分析完毕后,先关紫外灯,频繁地开关灯会缩短灯的使用寿命。

(6) 每天分析工作结束后,要用适当的溶剂清洗柱及进样阀中残留的样品,防止进样阀及色谱柱被污染或堵塞。

(佳木斯大学 丁立新)

22.7 北京彩陆 CL 1020 型高效毛细管电泳仪

CL 1020 型高效毛细管电泳仪由北京彩陆科学仪器有限公司生产,具有高效、快速、经济等优点,可广泛应用于环境保护、生物化学、医学卫生、临床检测、食品卫生、药品检测、农业化学等领域的生产、教学和科学研究。

22.7.1 仪器组成

CL 101A　　高压电源
CL 1020　　紫外检测器
CT-22　　　数据采集及处理工作站

22.7.2 仪器外形(不包括工作站)

仪器外形(不包括工作站)如图 22-11 所示。

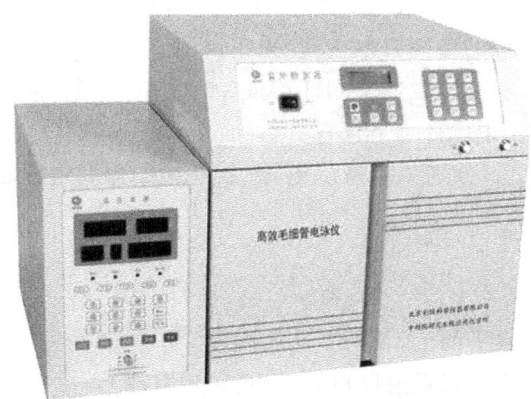

图 22-11　CL 1020 型高效毛细管电泳仪

22.7.3 主要性能指标

主要性能指标见表 22-1。

表 22-1　CL 1020 型高效毛细管电泳仪的主要性能指标

项目	参数
输出电压	0～30kV,连续可调
电流范围	0～900μA
冲洗方式	弹簧助推正压冲洗
波长范围	190～700nm
带宽	5nm
波长精度	±1nm
波长重复性	±0.4nm
噪声	5×10^{-5}AU(P-P)
漂移	1×10^{-3}AU(P-P)
时间常数	0.05s, 0.5s, 5s
检测限	$\leqslant 1\times10^{-6}$g/mL

22.7.4 基本操作步骤

(1) 开机,接通电源,依次打开高压电源、紫外检测器和电泳箱的开关,仪器自检。
(2) 打开色谱信号采集单元及工作站,启动数据采集和处理软件。
(3) 参数设定。

紫外检测器参数设定:按"WL"键,选择所需检测波长,按"ENTER"键确认;若基线漂离零点,可以通过按自动调零"A/Z"键将基线调整在零点附近;时间常数"TC"和量程"RNG"为默认值。

高压电源参数设定:选择设定所需"电压"、"电流"、"组次节次"等参数,然后按"确认"键。

(4) 实验操作。
① 配制电泳运行缓冲液,并用 0.45μm 的微孔滤膜过滤,超声脱气。
② 分别用 1mol/L NaOH 溶液、水、运行缓冲液冲洗毛细管。
③ 把毛细管的两端放入缓冲液瓶,同时保证两端电极浸入缓冲液中,采集基线,待平衡后进样。
④ 将样品瓶放至一定高度,然后把毛细管的进样端插入样品瓶,待达到预定时间后取出,放入缓冲液瓶,按"启动"键和"谱图采集按钮"采集谱图。
⑤ 分析完毕,依次用水、1mol/L NaOH 溶液、水冲洗毛细管,若长时间不用毛细管,应在清洗后用氮气吹干,并放于干燥环境下保存。

(5) 关机。实验结束后,分别关闭高压电源、紫外检测器和电泳箱的开关,关闭工作站及信号采集单元,关闭电源。

22.7.5 注意事项

(1) 仪器应严格放在水平面上,否则会造成误差。
(2) 不应有任何遮挡物在仪器通风口处,以免影响散热。
(3) 适时检查缓冲液瓶,避免电极裸露在外面。
(4) 要在不加电压时操作电极,避免触电。

(河北大学　郭怀忠)

22.8　Beckman P/ACE™ MDQ 高效毛细管电泳仪

Beckman P/ACE™ MDQ 高效毛细管电泳系统是模块化、自动化的毛细管电泳系统,专为复杂样品的快速分离分析所设计,是进行研究工作、方法开发及质量控制的理想工具,由美国贝克曼库尔特公司生产。广泛用于环境、食品和工业中的离子分析,手性药物的拆分,PTA 工业杂质测定以及核酸的分离分析等。

22.8.1　仪器外形(不包括工作站)

仪器外形(不包括工作站)如图 22-12 所示。

图 22-12 P/ACE™ MDQ 高效毛细管电泳仪

22.8.2 操作步骤

1. 方法设定

开机,自检及准备完成后即可创建方法,选择主界面下的 File—Method—New,回到主界面,选择 Method 菜单下的 Instrument Setup,可进入方法设定界面。也可直接通过 Open 调用现成方法,或根据需要修改原有方法。

双击 Event 项目,进行如下操作:

选择 Rinse(冲洗)—再次双击打开设定栏,根据提示选择冲洗的方式(Pressure—压力、Vaccum—虹吸),数值(如压力选择 80psi),持续时间,点 Trays 查看样品盘,选择所用进样瓶位置,点 OK 完成。

右键单击左侧项目符号,选择 Insert 在下方插入新项目。同法操作,选择 Inject,选择冲洗方式(Voltage—电压、Pressure—压力、Vaccum—虹吸),按上述方法确定数值、持续时间及所选瓶号。(注:进样量与数值与持续时间之积成正比)

同法操作,选择 Separate,注意此时在第一项 Time 位置输入 0,因分离开始时刻系统默认必须为 0 时刻。同样选择分离方式(即固定某个数值,如 Voltage—电压、Pressure—压力、Current—电流等),其余操作同前,Ramp Time 为加至该数值所需时间。持续时间以不超过 30min 为准,进样瓶尽量不要选择前述操作中已使用的,以维持进出两端离子平衡。

完成方法设定后,选择 File 下的 Method,选 Save(修改已有方法则选 Save as)输入保存名称及路径,点击 OK。

2. 分析样品

点击主界面下 Load 按钮,此时进样盘退出,可打开仪器样品盖(点击 Home,待样品盘移动到位后也可打开,其余状态下绝不可开启特别是分析操作时,否则系统默认外界干扰,强制停止分析)。按方法设定位置放入流动相及样品后,盖上样品盖,选择右上角蓝色箭头。在 Sample ID 及 Data File 上键入此次分析所得数据保存名,Data Path 为保存时间,Method 则为选择分析方法。最后点 Start 自动开始分离,认为获得所需数据而程序设定分离时间未到,可点右上角红灯按键手动停止。仪器操作界面如图 22-13 所示。

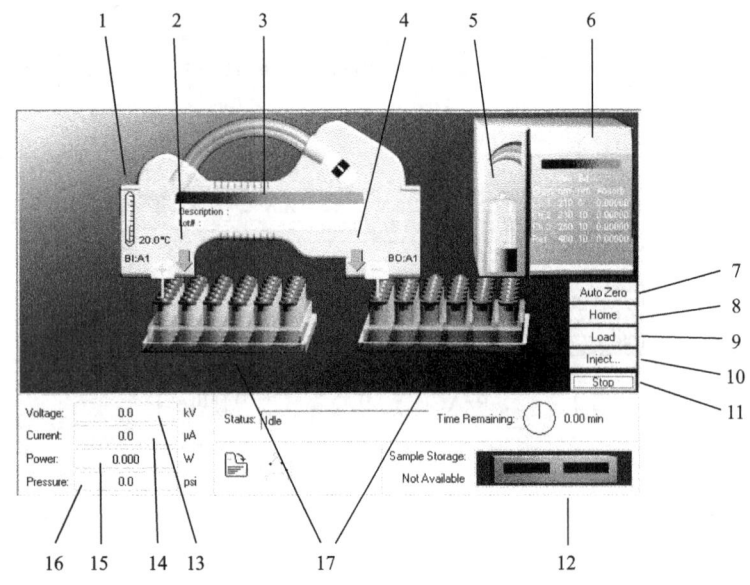

图 22-13 仪器操作界面

1. 毛细管温度;2. 托盘上/下;3. 标签对话框;4. 托盘上/下;5. 灯开关;6. 检测器对话框;7. 调零;
8. 托盘回到原始位置;9. 托盘到装载位置;10. 进样对话框;11. 停止当前步骤;12. 样品存储温度;
13. 电压对话框;14. 电流对话框;15. 功率对话框;16. 压力对话框;17. 瓶位置对话框

3. 谱图查看、数据处理及报告输出

选择电泳软件 32Karat 的 Open Offline 选项,打开离线工作站,在 File 中选择 Open Data,选择所需数据进行分析。

(第二军医大学 范国荣)

22.9 Agilent 7890A-5975C 气相色谱-质谱联用仪

Agilent 7890A-5975C 气相色谱-质谱联用仪是由美国 Agilent 公司生产。该仪器是将挥发性的复杂混合物首先通过气相色谱仪分离后得到各个组分,然后经质谱仪将分离后的各组分形成离子和碎片离子,按其质荷比的不同进行定性鉴别。气相色谱-质谱联用仪是解决复杂未知物定性问题的有效工具之一,目前已广泛应用于药物的生产、质量控制和研究、中药挥发性成分的鉴定、食品和中药中农药残留量的测定、体育竞赛中兴奋剂等违禁药品的检测以及环境监测等领域的分析。

该仪器由气相色谱部分、接口和质谱部分和数据处理系统部分组成。

22.9.1 气相色谱-质谱联用仪的流程图

气相色谱-质谱联用仪流程图如图 22-14 所示。

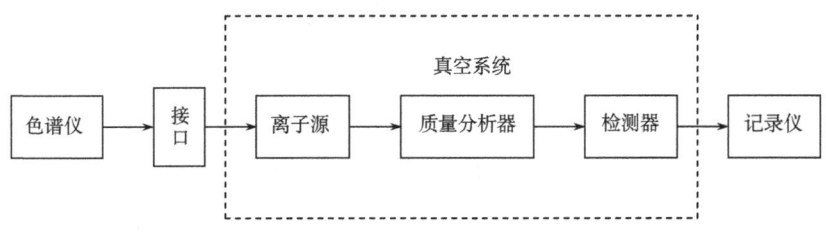

图 22-14 气相色谱-质谱联用仪的检测流程图

22.9.2 Agilent 7890A-5975C 气相色谱-质谱联用仪使用方法

1. 开机

(1) 打开载气瓶总阀调节分压阀压力至 0.5MPa。

(2) 启动计算机,开启 7890GC/5975MSD 电源,等待仪器自检完毕。双击桌面 Instrument #1 图标,进入 MSD 化学工作站。

(3) 在 Instrument Control 界面下,单击 View 菜单,选择 Tune and Vacuum Control 界面,在 Vacuum 菜单中选择 Vacuum Status,观察真空泵运行状态。

2. 调谐

(1) 首先确认打印机已连好并处于联机状态。

(2) 在操作系统桌面双击 Instrument #1 图标进入工作站系统。在 Instrument Control 界面下,单击 View 菜单,选择 Tune and Vacuum Control 进入调谐与真空控制界面。单击 Tune,选择 Autotune 或 Tune MSD,进行自动调谐,调谐结果自动打印。

3. 数据采集方法编辑

见 22.3 节 Agilent 7890A 型气相色谱仪数据采集方法编辑操作。

4. 编辑质谱参数

点击 Edit Scan Params 编辑扫描参数,包括设置调整倍增器电压、设置溶剂延迟时间、设置选择采集模式。同时还需根据分析需要设置阈值和采样速率,设置实时绘图参数,然后点击 Close 完成扫描参数设定。

5. 编辑 SIM 质谱参数

点击 Edit SIM Params 编辑选择离子参数,编辑完成后,点击 OK。

6. 采集数据

从 Method 菜单下点击 Run Method 来运行一个方法。若为手动进样则应在 GC 面板上先按 PreRun 键,待仪器准备好后,进样的同时,按 GC 面板上的 Start 键,以完成数据的采集。

7. 数据分析

双击桌面上的 Instrument #1 Data Analysis 图标，打开 MSD 的 Data Analysis。选择所要处理的数据文件，然后点击 OK。按 Browse 在 Database 目录下选择所需的谱库，选中谱库名后点击 OK。

8. 百分比报告

在 Method 下调入采集此数据的方法，然后积分。通过点击 Auto Integrate 或 Integrate 得到积分结果。

9. 关机

在操作系统桌面双击 Instrument #1 图标进入工作站系统，进入 Tune and Vacuum Control 控制界面，选择 Vent，在跳出的画面中点击 OK 进入放空程序。需要等到涡轮泵转速降至 0 percent 左右，同时离子源和四极杆温度降至 100℃ 以下，约 40min 后退出工作站，并依次关闭 GC、MSD 电源，关掉载气。

10. 仪器的维护与保养

(1) 使用纯度高于 99.99% 的反应气，否则会污染色谱柱及质谱仪。

(2) 调谐应在仪器至少开机 2h 后方可进行，若仪器长时间未开机，为得到好的调谐结果建议将此时间延长至 4h。

(3) 质谱仪要求在高真空条件下工作，因此必须保证样品分子、离子存在及通过之处，保持应有的真空度，否则将导致离子源等损坏、本底增高、干扰离子源的调节。

（佳木斯大学　丁立新）

22.10　TSQ Quantum Access 液相色谱-串联质谱联用仪

TSQ Quantum Access 液相色谱-三重四极杆质谱联用仪由美国赛默飞世尔公司生产。该仪器除一般子离子（product ion）扫描功能外，还具有选择离子监测（selected ion monitoring，SIM）、选择反应监测（selected reaction monitoring，SRM）、母离子（parent ion）扫描、中性丢失（neutral loss）扫描等功能，可广泛应用于药物分析、药物代谢和药物动力学研究、天然产物分析、农药残留量分析、生化及临床检测、食品安全中含有复杂基质的残留物分析与确认和环境分析等。

该仪器主要由液相色谱、质谱仪、数据处理系统三大部分组成。

22.10.1　质谱仪的组成

质谱仪是由进样系统、离子源、质量分析器、检测器、数据处理系统、真空系统六部分组成（图 22-15）。

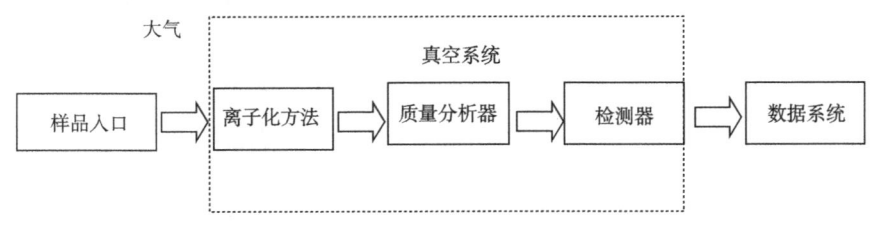

图 22-15 液相色谱-串联质谱联用仪示意图

1. 进样系统

该质谱仪配有液相色谱进样、六通阀进样和流动注射泵进样三种进样系统,可以根据分析的要求和样品的纯度来决定使用哪种进样系统。液相进样分析混合组分溶液,六通阀进样和流动注射泵进样适应于单一组分溶液,常用于化合物质谱检测条件的优化。

2. 离子源

该仪器配有电喷雾离子源(ESI)和大气压化学电离源(APCI),ESI 和 APCI 均有正负离子测定模式可供选择;两个离子源均为"即插即用"型离子源,切换、清洗、维护方便且快速,无需放空质谱真空系统。

ESI 主要用来分析极性或中等极性化合物,如生物碱、酚酸类、肽类等。ESI 既可以分析小分子,又可以分析大分子。对于生物大分子可得到多种多电荷离子,在质谱图上得到多电荷的峰簇;分子质量在 1000Da 以下的小分子,通常生成单电荷离子,少量化合物有双电荷离子。电喷雾离子化属于软电离技术,即便是分子质量大,稳定性差的化合物,也不会在电离过程中发生分解,通常很少或没有碎片,谱图中只有准分子离子峰;同时,某些化合物易受到溶液中存在的离子的影响,形成加合离子。如在 ESI(+)模式下,常见的有$[M+NH_4]^+$、$[M+Na]^+$及$[M+K]^+$等。

APCI 主要用来分析中等极性或弱极性的小分子化合物,非极性化合物如类固醇最好使用 APCI 进行分析。有些供试品由于结构和极性方面的原因,用 ESI 不能产生足够强的离子,可以采用 APCI 方式增加离子产率,APCI 主要产生的是单电荷离子,所以分析的化合物分子质量一般较小。用这种电离源得到的质谱很少有碎片离子,主要是准分子离子。

3. 质量分析器

该仪器质量分析器是三重四极杆质量分析器,示意图如图 22-16 所示。第二个四极杆(Q_2)的 90°弯曲消除了来自离子源区及第一个四极杆(Q_1)的中性粒子,大大降低了由中性粒子产生的化学噪声,提高了信噪比和灵敏度。同时也大幅度地缩小了仪器的体积和真空腔,使仪器的真空度可维护得更稳定。

每个四极杆有以下作用:

(1) 第一个四极杆(Q_1),为第一个质量分析器,根据设定的质荷比范围扫描和选择所需的离子。

(2) 第二个四极杆(Q_2),又称碰撞池,Q_1 所选择离子进入碰撞池与碰撞气体(如高纯氮气)进行碰撞,离子就会裂解。碎裂的方式取决于能量、气体和化合物性质。

(3) 第三个四极杆(Q_3),为第二个质量分析器,用于分析在碰撞池中产生的碎片离子。

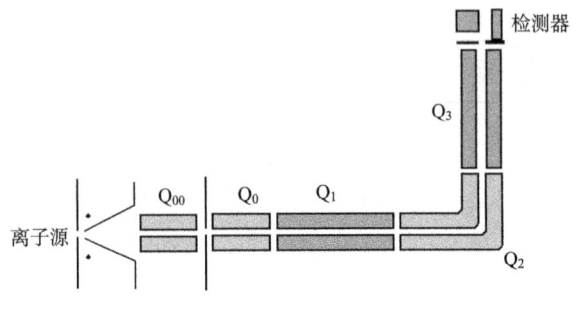

图 22-16　三重四极杆质量分析器示意图

4. 检测器

该质谱仪的离子检测器为电子倍增检测器。

5. 数据处理系统

质谱和计算机联用,采用"Xcalibur"系统软件,并在线自动处理数据。

6. 真空系统

真空系统由机械泵和分子涡轮泵两级组成,为确保离子传输系统与质量分析器保持良好的真空状态,先由前级机械泵抽至近真空,再由分子涡轮泵(抽真空速率>550L/s)抽至高真空(真空度应达到 $10^{-5} \sim 10^{-7}$ Torr[①])。

22.10.2　样品测定与操作

1. 由液相色谱进样

(1) 建立方法文件,按以下程序设定液相色谱-质谱检测条件。

① 打开计算机,打开"Xcalibur"主菜单。

② 单击"Instrument Setup"图标,打开"Instrument Setup"窗口。

③ 设置液相运行时间、流速、柱温及质谱检测参数。

④ 单击"Sequence Setup"图标,设置样品序列、保存路径、运行方法等。

(2) 实时分析(点击"Run"),样品通过自动进样器进样测定。

2. 直接进样

(1) 建立方法文件,按以下程序设定检测条件。

① 打开计算机,打开"TSQ Tune Master"软件。

② 单击"Syringe Pump"图标,设置泵流速。

③ 单击"Define Scan"图像,设置质谱参数及扫描方式。

---

① Torr 为非法定计量单位,1Torr=1.333 22×10^2Pa。

④ 单击"Acquire Data"图标,点击"Start"采集扫描数据并储存。

(2) 实时分析(点击"Syringe Pump"),样品经 Syringe Pump 进样口进样测定。

22.10.3　液相色谱-串联质谱联用仪操作

1. 开机

(1) 检查电源(220V)是否正常,液氮的液位是否足够,氩气的压力是否正常;是否有足够的流动相。

(2) 开计算机。

(3) 先打开质谱仪总开关(Main Power)和真空泵(Vaccum)开关,1h 后,开启质谱仪电子系统"Electronic"开关;打开"Surveyor LC"泵、自动进样器和 PDA 检测器(可选)。

2. 操作参数与方法设定

(1) 双击"Xcalibur"进入工作站,单击"Instrument Setup",设定流速、流动相组成、进样器参数和色谱柱柱温,输入运行时间。

(2) 依次单击"TSQ Quantum"、"Scan Editor"及"Tune Method"右侧按钮,调用存储的调谐文件,选择相应的"Scan Type"和"Scan Mode",并设定各种参数。

(3) 选中"Survey LC Pump",点击"Survey or LC Pump"下拉菜单的"Direct Control-Operation",打开泵右下方的 Purge 阀,在"Direct Control"窗口下方选择所选的泵通道,设定 Purge 时间,点"Purge",待气泡除尽后,点"Stop Purge"。关闭 Purge 阀,点"Pump on",开启 LC 泵。设定初始流速和流动相组成,点"Download"。

(4) 仪器稳定(约 30min)后,可进样分析。

3. 编辑样品序列和样品分析

(1) 双击"Xcalibur"进入,点"Sequence Setup",进入序列设置界面。

(2) 编辑进样序列。点"Sequence View"图像,输入文件名,选择数据文件存放目录,选择仪器方法,编辑进样瓶位置、进样体积。

(3) 选中序列内容,再点"Run Sequence"按钮,则依次进样选中的各行样品。

(4) 点"Real Time Plot View"按钮,在采样开始后可显示实时采样数据(如色谱图和质谱图)。

4. 数据分析

(1) 色谱数据显示。依次点"Qual Browser"、"Open"选择路径和文件名,调出已记录的数据文件。

(2) 积分参数选择。重复点右键选"Range Detector"、"MS Algrithm"、"Genesis Automatic Processing"中的"Smothing"、"Enable Type"、"Gaussian Points",设置积分参数。在图上点右键,选"Peak Detection Settings",在左栏中更改积分参数后,点"Apply"对所选色谱图进行积分。

(3) 色谱图显示内容。在图上点右键,选"Display Options",选"Normalization Auto Range OK",自动调整色谱图的位置;同上,在"Display Options"中选"Labell",可在色谱峰上

显示保留时间、峰面积、峰高和信噪比等数据。

（4）打印色谱图。点"Print"打印色谱图。

5. 关机

（1）将质谱仪前面板上的六通阀切换至 Waste,双击"Xcalibur",设定适当的流动相和流速冲洗色谱柱和管路约 1h(时间长短视所用流动相而定)后,将六通阀切换至 Detector,用甲醇-水(50∶50) 0.2mL/min 流速冲洗离子源 15min 后,停泵。

（2）进入"Quantum Tune",点击"Optimize Compound Dependent Devices",选中"Capillary Temperature"输入 100,点"Enter",使加热毛细管温度降至 100℃。点"Standby/ON",将质谱仪置于"Standby"状态。

（3）退出"Xcalibur",退出"Quantum Tune"。

（4）关闭"Autosampler"、"LC Pump"的电源开关,关闭计算机。

（5）关闭质谱仪的"Electronics"开关。

（6）注意,质谱仪一般不关闭真空泵和总电源,如果较长时间不使用(1 周以上),则应关闭真空系统和总电源。

（烟台大学　孙秀燕）

第 23 章 萨特勒光谱的查阅方法

萨特勒(Sadtler)光谱集 是由美国费城"萨特勒"研究实验室编写,自1974年开始出版,按光谱类型分类,汇集成专集,并且逐年累积增加。该光谱集具有分子式索引、化合物名称索引、化学分类索引、红外光谱谱带索引、氢谱化学位移索引及碳谱峰位索引等多种索引。以便于按未知物的已知信息查找光谱,对比定性。与之配套的有萨特勒光谱手册及萨特勒光谱数据库等。萨特勒光谱是目前收集光谱最多的大型光谱工具书及图谱库。

萨特勒光谱手册(Sadtler spectral handbook) 1978年版由萨特勒研究实验室编写出版,1978~2004年由Bio-Rad实验室的信息部(informatics division)编写出版。分为萨特勒红外光谱手册、萨特勒氢核磁共振波谱手册、萨特勒碳核磁共振波谱手册及萨特勒质谱手册4种。手册收载各类典型化合物的光谱,对每类化合物的光谱特征,都有归纳性的描述。由该手册,可以系统对比了解各类化合物的光谱特征,以利于学习光谱解析知识及提高光谱解析能力。

萨特勒光谱数据库[①] 近年来出现了萨特勒光谱数据库,包含大量各种化合物的光谱。1998年萨特勒为化学家推出了萨特勒光谱综合软件包(Sadtler suite),内容包括红外光谱检索、红外光谱智能解析、^{13}C NMR化学位移预测及质谱(MS)解析等。

萨特勒光谱数据库以光谱质量高,信息量大,图谱多而著称。入选的化合物必须具有明确、稳定的化学结构,标准光谱样品的纯度都在98%以上。检索结果还提供化学名、商品名、俗名、CAS登录号、RTECS号、韦氏计算机代码、化学及物理参数、样品来源及制样技术等信息。光谱数据库细分为不同的专业子库,以满足不同行业的需要。

萨特勒光谱已广泛地应用于未知物鉴定、药物鉴定、化学产品质量控制、刑事侦查、环境保护、食品分析、石油分析、塑料工业、矿物分析及科研与教学等多个领域。

23.1 萨特勒光谱的分类

萨特勒光谱按光谱的类型可分为:红外光谱、近红外光谱、拉曼光谱、氢核磁共振波谱、碳核磁共振波谱、紫外光谱、荧光光谱、质谱及差热分析图谱等类别。

按待测样品的纯度差别,分为萨特勒标准光谱及萨特勒商业光谱两种。用纯化合物测得的光谱为标准光谱(样品的纯度需大于98%);用商业规格的样品测得的光谱为商业光谱。

23.1.1 萨特勒红外光谱

萨特勒红外光谱(Sadtler infrared spectra) 目前已有221 600张,涉及从纯化合物到商业化合物各个系列。萨特勒红外光谱分为三类:标准红外光谱(standard infrared spectra)、商业红外光谱(commercial infrared spectra)及其他红外光谱等。

萨特勒标准红外光谱 按测定仪器的不同,又分为棱镜标准红外光谱(prism standard in-

[①] www.jetting.com.cn。

frared spectra)和光栅标准红外光谱(grating standard infrared spectra)2 种。光栅光谱图号后缀"K"字,以与棱镜光谱区别。由于棱镜红外光谱仪已经淘汰,因而棱镜红外标准光谱已失去应用价值。

萨特勒商业红外光谱 按样品类别分为农业化学品、涂料化学品、药物、毒品、聚合物及无机物等 30 种(表 23-1)。

表 23-1 商业红外光谱名称

中文	英文	代号	中文	英文	代号
农业化学品	agricultural chemicals	A	润滑剂	lubricants	H
通常被滥用的药物	commonly abused drugs	AD	色素与染料	pigments and dyes	H
胶黏剂与封闭剂	adhesives and sealants	AS	橡胶化学品	rubber chemicals	J
多元醇	polyols	B	纤维	fibers	K
表面活性剂	surface active agents	C	溶剂	solvents	L
涂料化学品	coating chemicals	CC	中间体	intermediates	M
天然树脂与树胶	natural resins and gums	D	矿物	minerals	MN
单体与聚合体	monomers and polymers	D	有机金属	organometallics	N
热解产物与聚合物	pyrolyzates and polymers	D	石油化学品	petroleum chemicals	P
控制聚合物的热解产物	controlled pyrolyzates of polymers	DD	药物	pharmaceuticals	R
聚合物添加剂	polymer additives	DP	药物制剂与处方药	prepared and prescription drug	PP
增塑剂	plasticizers	E	纺织化学品	textile chemicals	T
香料与香素	perfumes and flavors	F	毒品	toxic	TX
食品添加剂	food additives	F	聚合物衰减全反射光谱	atr of polymers	W
脂肪、蜡及其衍生物	fats, waxes and derivatives	G	水处理化合物	water treatment chemicals	WT
杀菌剂	germicides	GM	染料、色素与染色剂	dyes, pigments and stains	X
			无机物	inorganics	Y

其他红外光谱 包含生物学光谱(BC)、甾体光谱(S)、气体与蒸气光谱(GS)及考勃伦红外光谱(infrared spectra of the Coblentz society)等。

萨特勒红外光谱数据库[①] 共含 221 600 张红外光谱。分 6 个子库:聚合物和相关化合物 48 360 张;纯有机化合物 139 110 张;工业品 21 950 张;刑侦科学 15 525 张;环境应用 5020 张;无机物与有机金属类物质 2110 张。

萨特勒中国特享综合红外谱库[②] 含 10 243 张图谱。其中醇类、酚类 1922 张,燃料类 940 张,碳氢化合物 1060 张,有机金属及无机化合物 1146 张,含磷化合物 1110 张,含硫化合物 1097 张,聚合物 471 张,标准化合物 2497 张。

红外光谱称为化合物的指纹,除了光学异构体及碳数相近的饱和脂肪烃外,几乎没有两个化合物具有相同的红外光谱。尤其是结构差别较大的有机物,它们的红外光谱千姿百态,目前从理论和实际上都还不能归属所有红外光谱吸收峰。因此,用红外光谱数据库或光谱集检索,

---

① 数字取自 2010 年 Bio-Rad Laboratories, Inc. 资料。
② www.jetting.com.cn。

鉴定未知物,仍然是目前最实用的方法。

基于 20 多万张光谱数据库的数据平台,用化学计量学方法产生的红外图谱专家解析系统,使红外光谱的解谱不再成为难题。

23.1.2 萨特勒其他光谱

1. 萨特勒标准近红外光谱

萨特勒标准近红外光谱(Sadtler standard near infrared spectra)包含 1900 张常见有机化合物的近红外谱图。

2. 萨特勒拉曼光谱

萨特勒拉曼光谱(Sadtler Raman spectra) 含有 3310 张拉曼光谱图。包括基本单体和聚合物拉曼光谱 1680 张,以及无机化合物拉曼光谱 1630 张。

3. 萨特勒标准核磁共振波谱

萨特勒标准核磁共振波谱(Sadtler standard NMR spectra),图谱数据库含有 ^{13}C NMR 及 ^{1}H NMR 谱图多达 367 664 张。包含有机化合物、香料、香精与天然产物的碳谱及有机化合物的氢谱等。还包括 NIOSH 手册中有害化合物的碳谱及氢谱。

此外,该谱库尚还包含 ^{19}F、^{31}P、^{15}N、^{17}O、^{29}Si 及 ^{11}B 的核磁共振波谱图等。

4. 萨特勒质谱

萨特勒质谱(Sadtler mass spectrum,MS)的数据库具有 199 000 张质谱图谱。该谱库包含药物的质谱、有毒物质的质谱、化学制品的质谱、甾体激素的质谱、食品挥发物质的质谱、石油化学与生物制品的质谱等。

23.1.3 萨特勒光谱索引的分类

萨特勒光谱索引有名称索引、分子式索引、化学分类索引、红外光谱谱带索引、紫外光谱谱带索引、氢核磁共振化学位移索引及 ^{13}C 核磁共振峰位索引,共 7 种索引。前 3 种索引为紫外光谱、红外光谱、核磁共振波谱及差热图谱检索所共有,后 4 种索引为专业索引。紫外光谱的索引应用意义不大,氢核磁共振化学位移索引繁琐、检索困难。因此,本章只介绍其余 5 种索引的检索方法。

(沈阳药科大学　孙毓庆)

23.2　名 称 索 引

名称索引(alphabetical index)是按名称的英文字母顺序排列的。纯化合物光谱主要用化学名称。商业光谱除化学名称外,还有商业名等。例如,鉴定一个药物是不是磺胺嘧啶。首先应绘制样品的红外光谱图,然后查商业光谱名称索引,查找其药物名称、化学文摘(CA)用名、普通化学名称及商品名等,查到光谱号后,将所测得样品的红外光谱与标准红外光谱对比定性。

以磺胺嘧啶为例,其结构式为

$$H_2N-\underset{}{\bigcirc}-SO_2NH-\underset{N=}{\overset{N=}{\bigcirc}}$$

23.2.1 商业红外光谱药物的名称索引

商业红外光谱药物的名称索引见表23-2。

表23-2 商业红外光谱药物名称索引(摘录)

Index(索引)	Name(名称)	Spectra No.(光谱号)
Pharmaceuticals(药物名称)	sulfadiazine(USP;BP)	R647,R791P
Chemical Abstracts Name (化学文摘用名称)	sulfadiazine	R647,R791P
Common Chemical Name (普通化学名称)	2-sulfanilamidopyrimidine 2-(氨基苯磺酰氨基)嘧啶	R647,R791P
Trade Name(商业名称)	calcomites	R647,R791P

23.2.2 纯化合物红外光谱名称索引

纯化合物红外光谱名称索引见表23-3。

表23-3 纯化合物红外光谱名称索引(摘录)

Name (名称)	Prism (棱镜)	Grating (光栅)	UV (紫外)	NMR (核磁共振氢谱)	^{13}C NMR (核磁共振碳谱)	DAT (差热分析)
sulfadiazine	9 514	29 447	15 880	8 368		
sulfadiazine(Coblentz 光谱)	5 169					

比较磺胺嘧啶的商业红外光谱(R791P)与纯化合物红外光谱(29 447)不难发现,后者的中强及弱吸收峰比前者锐,相对透过率小,特别是3500~2800cm^{-1}的吸收峰尤为明显,如N—H的伸缩峰等,而主要吸收峰没有明显差别。

(沈阳药科大学 孙毓庆)

23.3 分子式索引

在分子式索引(molecular formular index)中,按C、H、Br、Cl、F、I、N、O、P、S、Si元素及金属M的顺序及数量排列。

首先按分子式中含碳数分成大组,在每大组中按含氢数排列;C99之后为不含碳的无机物。

M代表金属或氘(D),M栏中填金属元素符号,"X2"或"X3"代表分子式中含两种或三种金属元素(或同种),含氘则填"D"。

例如,铁氰化钾 $K_3[Fe(CN)_6]$、苯甲酸钠 $C_7H_5O_2Na$、磺胺嘧啶 $C_{10}H_{10}N_4O_2S$、青霉素钠 G $C_{16}H_{18}N_2O_4S$ 查分子式索引见表23-4。

表 23-4 分子式索引表（摘录）

Name(名称)	C	H	Br	Cl	F	I	N	O	P	S	Si	M	Prism	Grating	UV	NMR	DTA
potassium ferricyanide（铁氰化钾）	6						6					X2	15 054				
sodium benzoate（苯甲酸钠）	7	5						2				NA	3 034	24 013	871	10 834	
sulfadiazine（磺胺嘧啶）	10	10					2	4		1			9 514		15 880	8 368	
penicillin G（青霉素 G）	16	18					2	4		1			206		81		

具有同一分子式的物质往往有很多种，如分子式 $C_6N_6M_2$ 共有 8 种物质；分子式 $C_7H_5O_2Na$ 共有 4 种物质；分子式 $C_{16}H_{18}N_2O_4S$ 共有 6 种物质。为利于检索，在每个分子式前面又有英文名称，以利查对。

（沈阳药科大学　孙毓庆）

23.4　化学分类索引

用数字或字母作为官能团或化合物类别的代号。每一类化合物，都可用五种代号组成化学分类编码，来检索该化合物的光谱。

化学分类索引（chemical classes index）可以用于对检品的红外光谱或核磁共振图谱解析，或经有机官能团分析后，根据所具有的官能团及化合物类别编码检索。举例说明编码方法。

【例 23-1】 乙酰水杨酸

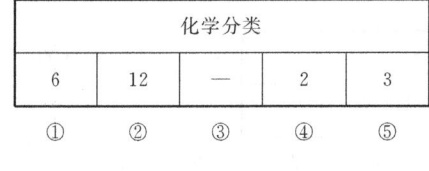

化学分类				
6	12	—	2	3
①	②	③	④	⑤

第①、②、③格代表官能团代码（见表 23-6），第④格代表官能团的种数，第⑤格代表化合物的类别。第①格的"6"为羧酸；第②格的"12"为酯；第③格"—"为空；第④格的"2"表示 2 种官能团；第⑤格的"3"为芳香族化合物。

23.4.1　编码方法

(1) 首先由表 23-6 查出该化合物所有官能团的代码，将代码由小到大编入第①、②、③格。若不足三种官能团，则在空格内记"—"号；若有三种以上的官能团，则取三个代码小的官能团的编码。

(2) 第④格填上官能团的种类数。若化合物中同时有几个同种的官能团，则种类数仍为 1 种。

(3) 第⑤格填化合物的类别代码。各类的代码见表 23-5。

表 23-5 化合物的类别代码

代码	化合物
1	脂环族化合物
2	脂肪族化合物：直链及支链
3	芳香族化合物：具有一个或一个以上苯环(也可为稠环)
4	杂环化合物：具有一个或一个以上杂原子的非芳香化合物，如二噁烷($\overset{O}{\underset{O}{\bigcirc}}$)等。此外吡咯($\underset{N}{\bigcirc}$)、呋喃($\underset{O}{\bigcirc}$)及噻吩($\underset{S}{\bigcirc}$)等五元芳杂环及叠氮化合物属于此组
5	芳杂环化合物：除去吡咯、呋喃、噻吩而外的芳杂环化合物，如吡啶、嘧啶等以及具有 3 组及 4 组结合结构的化合物如苯基哌啶等
6	无机化合物：不含碳的任何化合物

注：化合物中烃类取代基不算官能团，在只为碳氢化合物时，才能编码。烷烃及脂环为 X1，芳烃为 X2，芳烃基取代芳烃为 X3，烷基取代芳烃为 X4。当编码的第 1 格为 X3 或 X4 时，则编码的第④格代表非稠环环数，第⑤格为稠环环数。

【例 23-2】 2,3-丁二醇 $CH_3-CH(OH)-CH(OH)-CH_3$

化学分类				
57	—	—	1	2

【例 23-3】 1,2-丁二醇 $CH_3-CH_2-CH(OH)-CH_2OH$

化学分类				
56	57	—	2	2

【例 23-4】 3-甲氧基-4-羟基-5-溴苯甲醛

化学分类				
46	59	72	4	3

46. 醛基；59. 酚羟基；72. 醚基；84. 溴；4. 四种官能团；
3. 芳香族化合物

【例 23-5】 芳烃[①]

名称	化学分类				
联苯	X3	—	—	2	—
萘	X3	—	—	—	2
1,2-二苯基萘	X3	—	—	2	2

[①] 当化合物的官能团属于代号 Y 的时候，可以用两种编码进行检索。

【例 23 - 6】 氢化可的松

含五种官能团:羰基—52,伯醇基—56,仲醇基—57,叔醇基—58,环己烯—73。

(1) 属于甾体药物归为 Y5 组,编码为:Y5,52,56,5,1

(2) 按常规编码为:52,56,57,5,1

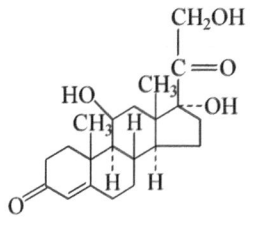

【例 23 - 7】 青霉素 G

含四种官能团:6 为—COOH;14 为—CONH—;15 为—O=C—N—;75 为—S—;编码最后一位数 5 为芳杂环化合物。

属于抗生素药物归为 Y6 组,编码为:Y6,6,14,4,5

23.4.2 检索方法

根据化学分类编码,查化学分类索引。此索引中除化学分类编码外,还有名称及分子式,而只有化学分类编码是由小到大顺序排列(第一格数由 1~99,接下来是 D1,M1,R1,X1~X4,Y1~Y7 顺序排列),而名称与分子式是从属的不规则排列。先查找"Functionality"栏中第一格数字,然后依次查找第二至第五的编码(第二至第五格数字均是从小到大排列),找到相符的编码可能有几个至几十个,而后再核对名称及分子式,检出所需光谱号。

表 23-6 为化学分类索引官能团代码简表,表 23-7~表 23-8 是化学分类索引摘要。

表 23 - 6 化学分类索引官能团代码简表

代码	官能团	代码	官能团
1	—N⊕—	8	—C(=O)—SH, —C(=S)—OH, —C(=S)—SH 及其衍生物,如 —C(=S)—NH₂, —C(=S)—S—, —C(=S)—Cl
2	—O⊕—, —S⊕—		
3	[—S—C(NH₂)₂]⊕		
4	其他鎓类化合物,如 —Sb⊕— 等	9	—C(=S)—SR, —C(=S)—SM, 环己硫酮
5	过氧化物,如 —O—O—	10	酸酐 —C(=O)—O—C(=O)—
6	羧酸 —C(=O)—OH	11	酰卤 —C(=O)—X
7	羧酸盐 —C(=O)—OM	12	酯 —C(=O)—OR

续表

代码	官能团	代码	官能团
13	—NH—C(=O)—O—R（或 M） —NH—C(=S)—S—R（或 M）	29	R—O—SO$_2$H, R—O—SO$_2$O—R(或 M), R—O—SO—O—R(或 M)
14	酰胺 —C(=O)—N—	30	R—P(=O)(OH)—OH, R—P(=O)(OH)—R, R—P(=S)(SH)—SH, P—P(=S)(R)—SH
15	C(=O)=N—, C(OH)=N	31	R—P(=O)(OM)—OM, R—P(=O)(OM)—R, R—P(=S)(SM)—SM, R—P(=S)(R)—SM
16	—N—C(=O)—N—, —N—C(=NH)—N—		
17	—N—C(=S)—N—, —N—C(=NH)—O—, —N—C(=NH)—S—	32	R—P(=O)(X)—X, R—P(=O)(R)—X, R—P(=S)(X)—X, R—P(=S)(R)—X
18	C(=NH)—NH$_2$, —C(=NOH)—OH, —C(=NOH)—N—, —C(=O)—N, —C(=O)—NHNH$_2$, —NHNH—C(=O)—NH$_2$, —NHNH—C(=S)—NH$_2$	33	R—P(=O)(OR)—OR, R—P(=O)(OR)—R, R—P(=S)(SR)—SR, R—P(=S)(R)—SR
19	空		
20	C(=O)—O—	34	R—P(=O)(N—)—N—, R—P(=O)(R)—N—, R—P(=S)(N—)—N—, R—P(=O)(R)—NHNH$_2$
21	空		
22	R—SO$_3$H, R—SO$_2$H, R—SOH		
23	R—SO$_3$M, R—SO$_2$M, R—SOM	35	R—P(=O)—O—P(=O)—R 等
24	R—SO$_2$X, R—SOX, R—S—X		
25	R—SO$_3$R, R—SO$_2$R, R—SOR, R—SO$_2$—SR, R—SO—SR, R—S—OR		
26	R—SO$_2$—N—, R—SO—N—, R—S—N—, R—SO—NHNH$_2$, SO—N—	36	R—P(R)(R)—R, R—P(R)—R, R—P(=O)(R)—R
27	空		
28	所有其他磺酸衍生物，如 R—S(=O)—O—S(=O)—R 等		

续表

代码	官能团	代码	官能团
37	R—O—P(=O)—O—R(或M), O—R(或M); R—O—P—O—R(或M), O—R(或M); R—S—P(=S)—S—R(或M), S—R(或M); R—S—P—S—R(或M), S—R(或M)	52	—C(=O)—, —C(=S)—
38	R—As(=O)(OH)—OH, R—B(OH)—OH 等	53	—C=Z, 如 —C=NOH, —C=N—NH—C(=O)—NH₂, —C=N—N=C— (腙除外)
39	R—AsO₃R(或M), R—B—O—R(或M), O—R(或M)	54	—C=N—N— 腙
40	代码38酸的衍生物	55	碳酰类—CO, 如 Ni(CO)₄ 等
41	—O—C≡N, —N=C=O, —S—C≡N, —N=C=S	56	R—CH₂—OH, R—CH₂—OM
42	R—O—Si(OR)(OR)—OR, R—O—Ti(OR)(OR)—OR, R—ONO 等	57	R—CH(R)—OH, R—CH(R)—OM
43	无机酸的有机衍生物, 如 —NHNH—SO₃H, N—P(=O)—N, N	58	R—C(R)(R)—OH, R—C(R)(R)—OM
44	不含碳的无机化合物	59	PhOH, PhOM, 吡啶-OH
45	空	60	R—N(R)—OH, R—N(R)—OM; S环-OH, 环己烯-OH
46	—CH(=O), —CH(=S)	61	R—CH₂—SH, R—CH(R)—SH; R—C(R)(R)—SH, R—C(R)(R)—SM; R—CH(R)—SM, R—CH₂SM
47	—CH=Z 如 —CH=NOH, —CH=N—NH—C(=O)—NH₂, —CH=N—N=CH— (腙除外)	62	PhSH, PhSM, 吡啶-SH
48	腙 —CH=N—N—	63	R—N(R)—SH, R—N(R)—SM; S环-SH, 环己烯-SH
49	空		
50	—C≡N, —NC		
51	空		

续表

代码	官能团	代码	官能团
64	—NH$_2$	83	—Cl
65	—NH— , (piperidine-NH)	84	—Br
		85	—I
66	—N— , (pyridine)	86	配位化合物,如 $CH_3-C=N-OH\cdots Ni\cdots$ (丁二酮肟镍配合物)
67	R—NH$_2$·HCl		
68	R—NH·HCl , (piperidine·HCl)		
69	R—N·HCl , (pyridine·HCl)	87	金属有机化合物,R—M,如 C$_6$H$_5$—HgCl , (phenyl-As-tetrahydro)
70	—N—N— , —N$_3$		
71	—N= 仅线性分子	88	络合物,如 萘·苦味酸
72	R—O—R , (tetrahydropyran)		
73	—C=C— , (cyclohexene)		
74	(epoxide O) , (epoxide S)	89	—ClO$_3$
		D$_1$	含氘化合物
75	—S— , (thiane)	M$_1$	金属有机化合物(单独编码用)
		R$_1$	自由基
76	—SO— , —SO$_2$— , (sulfoxide), (sulfone)	X$_1$	CH$_3$CH$_2$CH$_3$, (cyclohexane), (decalin), (spiro)
77	—C≡C—	X$_2$	CH$_3$CH=CH$_2$, CH≡CCH$_3$, (cyclohexene), (styrene)
78	—N→O , (pyridine N-oxide) , —C=N— (with O)	X$_3$	(benzene) , (naphthalene) , (acenaphthylene)
79	—N=N— , —N=N— (with O) 仅线性分子	X$_4$	(ethylbenzene) , (cyclohexylbenzene) , (tetralin)
80	—NO , —NO$_2$		
81	—IO , —IO$_2$	Y$_1$	R—Si
82	—F		

续表

代码	官能团	代码	官能团
Y_2	R—B—|	Y_6	抗生素
Y_3	碳水化合物	Y_7	R—N—N\\ ||/ \nO
Y_4	碳水化合物的衍生物		
Y_5	甾体		

注：M. 金属或其他碱；X. 卤素；S. 硫、硒或碲；Z. 任意基团。

表 23-7 化学分类索引（摘录 1）

化合物名称	C	H	Br	Cl	F	I	N	O	P	S	Si	M	官能团代码	官能团总数	化合物类别	棱镜	光栅 C	UV	NMR	C-13
芳酸类																				
SERINE, D-/MINUS/-	3	7					1	3					6	56	64	3	2	5566	29199	27543
SERINE, L-/MINUS/-	3	7					1	3					6	56	64	3	2	43149	26149	10967
SERINE, L-/PLUS/-	3	7					1	3					6	56	64	3	2	5567	1593	9667	3609
SERINE, L-/PLUS/-	3	7					1	3					6	56	64	3	2	25721	1593	9667	3609
SERINE, L-/PLUS/-	3	7					1	3					6	56	64	3	2	5567	1593	9189	3609
SERINE, L-/PLUS/-	3	7					1	3					6	56	64	3	2	25721	1593	9189	3609
SERINE, 2-METHYL-	4	9					1	3					6	56	64	3	2	21696	36710	23260	4867
ALANINE, 3-//2-HYDROXYBUTYL/THIO/-, L-	7	15					1	3		1			6	56	64	4	2	23907	38580P		
ALANINE, 3-//2-HYDROXYETHYL/THIO/-, L-	5	11					1	3		1			6	56	64	4	2	23909	38581P		
ALANINE, 3-//2-HYDROXYPROPYL/-, THIO/, L-	6	13					1	3		1			6	56	64	4	2	23911	38583P		
ALANINE, 3-//B-HYDROXYPHENETHYL/-, THIO-, L-	11	15					1	3		1			6	56	64	4	3	23910	38582P	8385	
ALANINE, 3-///3-CHLORO-2-HYDROXYPROPYL/THIO/-, L-	6	12		1			1	3		1			6	56	64	5	2	23913	38585P		
B-ALANINE, N-/2-HYDROXYETHYL/-	5	11					1	3					6	56	65	3	2	20649	21531		
BUTYRIC ACID, 3-//2-HYDROXYETHYL/-AMINO/-, DL-	6	13					1	3					6	56	65	3	2	13955	47764P		
BUTYRIC ACID, 4-HYDROXY-2-/METHYL-AMINO/-	5	11					1	3					6	56	65	3	2	46766	31766	19578	
GLYCINME, N-/1, 1-BIS/HYDROXYM-ETHYL/-2-HYDROXYETHYL/-	6	13					1	5					6	56	65	3	2	48595	35595		5666

化合物类别：1. 脂环族；2. 脂肪族；3. 芳香族；4. 杂环；5. 芳杂环；6. 无机物。

表 23-8 化学分类索引(摘录2)

化合物名称	C	H	Br	Cl	F	I	N	O	P	S	Si	M	官能团代码	官能团总数	化合物类别	棱镜	光栅C	UV	NMR	C-13
羧酸类																				
SERINE, D-/MINUS/-	3	7					1	3					6 56 64	3	2	5566	29199		27543	
SERINE, L-/MINUS/-	3	7					1	3					6 56 64	3	2	43149	26149		10967	
SERINE, L-/PLUS/-	3	7					1	3					6 56 64	3	2	5567	1593		9667	3609
SERINE, L-/PLUS/-	3	7					1	3					6 56 64	3	2	25721	1593		9667	3609
SERINE, L-/PLUS/-	3	7					1	3					6 56 64	3	2	5567	1593		9189	3609
SERINE, L-/PLUS/-	3	7					1	3					6 56 64	3	2	25721	1593		9189	3609
SERINE, 2-MEHYL-	4	9					1	3					6 56 64	3	2	21696	36710		23260	4867
ALANINE, 3-//2-HYDROXYBUTYL/THIO/-, L-	7	15					1	3		1			6 56 64	4	2	23907	38580P			
ALANINE, 3-//2-HYDROXYETHYL/THIO/-, L-	5	11					1	3		1			6 56 64	4	2	23909	38581P			
ALANINE, 3-//2-HYDROXYPROPYL/-, THIO/-, L-	6	13					1	3		1			6 56 64	4	2	23911	38583P			
ALANINE, 3-//B-HYDROXYPHENETHYL/-, THIO-, L-	11	15					1	3		1			6 56 64	4	3	23910	38582P	8385		
ALANINE, 3-///3-CHLORO-2-HYDROXYPROPYL/THIO/-, L-	6	12		1			1	3		1			6 56 64	5	2	23913	38585P			
B-ALANINE, N-/2-HYDROXYETHYL/-	5	11					1	3					6 56 65	3	2	20649	21531			
BUTYRIC ACID, 3-//2-HYDROXYETHYL/-AMINO/-, DL-	6	13					1	3					6 56 65	3	2	13955	47764P			
BUTYRIC ACID, 4-HYDROXY-2-/METHYL-AMINO/-	5	11					1	3					6 56 65	3	2	46766	31766		19578	
GLYCINE, N-/1,1-BIS/HYDROXYMETHYL/-2-HYDROXYETHYL/-	6	13					1	5					6 56 65	3	2	48595	35595			5666
GLYCINE, N-/TRIS/HYDROXYMETHYL/-METHYL/-	6	13											6 56 65	3	2	48595	35595			5666

注:表中黑框部分说明:

上面黑框纵行	1	2	3	4	5
羧酸	6				
伯醇		56			
伯胺			64		
3个官能团				3	
脂肪族					2
下面黑框纵行	1	2	3	4	5
羧酸	6				
伯醇		56			
仲胺			65		
3个官能团				3	
脂肪族					2

(沈阳药科大学 孙毓庆)

23.5 红外光谱谱线索引

红外光谱谱线索引(spec-finder)或称最强峰峰位分组索引。用于对分析者为"全未知"检品，但并非新化合物，在标准光谱已收载时，可用此索引找出所需的标准光谱。谱线索引又分为棱镜光谱谱线索引和光栅光谱谱线索引 2 种。由于棱镜红外分光光度计已经淘汰，相应的棱镜红外光谱多是老光谱，因此只介绍光栅光谱谱线索引。

标准红外光栅光谱谱线索引(standard infrared grating spectra spec-finder)用于未知物光栅红外吸收光谱的定性分析。首先在光栅红外光谱仪上绘制红外光谱图，然后按下列规定进行编码及检索。

23.5.1 标准红外光栅光谱谱线索引的编码方法与原则

1. 样品用量

样品用量务使最强峰在 $0\%\sim20\%T$ 为宜，以 $10\%T$ 为最佳。吸光度 A 小于 0.2（大于 $63.1\%T$）的吸收峰忽略不计。

2. 编码顺序与原则

在 $3600\sim2000cm^{-1}$ 区间，每 $200cm^{-1}$ 选出一个相对强峰；在 $2000\sim400cm^{-1}$ 区间，每 $100cm^{-1}$ 选出一个相对强峰。峰位以 $10cm^{-1}$ 为单位。由于在 $3600\sim2000cm^{-1}$ 区间，每格代表 $200cm^{-1}$，因而峰位在前 100 与后 $100cm^{-1}$ 则用两种不同的表示方式。

(1) 在波数 $3600\sim2000cm^{-1}$ 区间，每栏代表 $200cm^{-1}$。

吸收峰波数的首两位数小于编码栏头数时，在该栏内填两位数。例如，在"36"栏内填"40"，表示吸收峰的波数是 $3540cm^{-1}$（例 23-8）。

【例 23-8】 波数从 $3600\sim2000cm^{-1}$ 区间编码实例。

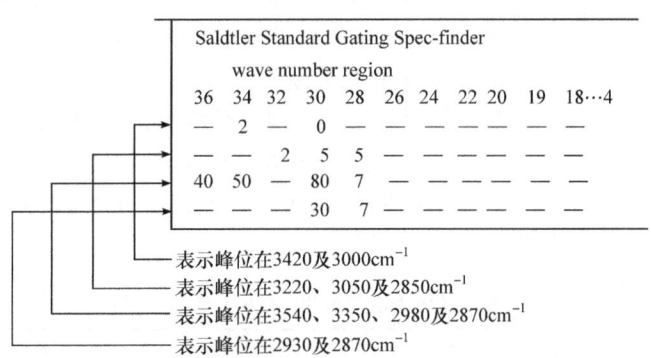

吸收峰波数的首两位数等于编码栏头数时，在该栏内填一位数。例如，在"34"栏内填"2"，表示吸收峰的波数是 $3420cm^{-1}$。

(2) 在波数 $2000\sim400cm^{-1}$ 区间，因为编码每栏代表 $100cm^{-1}$，故用一位数字代表相对强峰的最后两位数。如在"16"栏内填"8"表示峰位为 $1680cm^{-1}$，在"14"栏填"5"代表峰位为 $1450cm^{-1}$（表 23-9）。

(3) 在某些区间没有吸收峰或弱吸收峰的 $A<0.20$，则用"—"表示。

将选出的相对强峰按照上表顺序一一对应填入适当位置，即可得到一组编码。

(4) 找出最强峰。最强峰大组划分单位为 $10cm^{-1}$。光栅光谱最强峰由 $3600\sim400cm^{-1}$ 整个光谱区间的吸收峰选出。棱镜光谱的最强峰则由 $2000\sim400cm^{-1}$ 间的吸收峰选出。

【例 23-9】 3,4,5-三甲氧基苯甲醛的红外吸收光谱(图 23-1)。

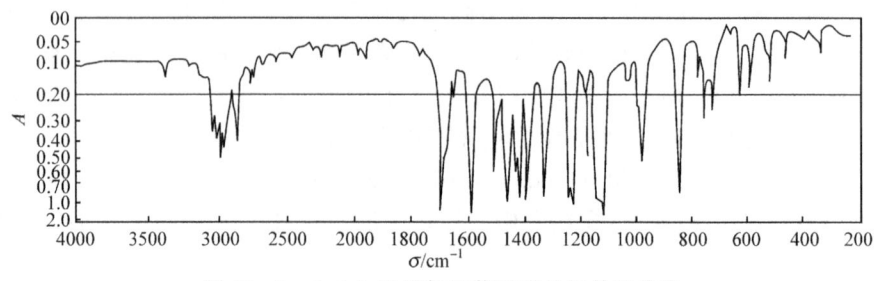

图 23-1 3,4,5-三甲氧基苯甲醛的红外吸收光

表 23-9 3,4,5-三甲氧基苯甲醛红外吸收光谱图的谱线编码

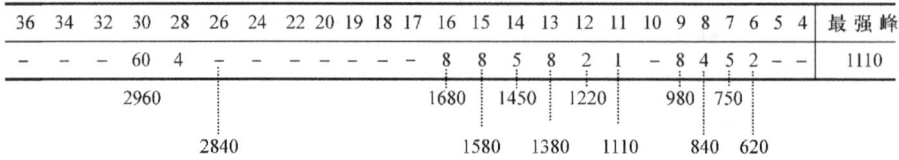

23.5.2 检索方法

(1) 先查最强峰大组,其顺序为从小到大,即 $400\sim3600cm^{-1}$。而后再按 $2000\sim400cm^{-1}$ 间的 17 位谱线编码查,$3600\sim2200cm^{-1}$ 间的编码,只起参考作用,不在编码序列之内。

例 23-9 应先查最强峰 1110 大组,此大组共有 146 组光谱编码。在 1110 大组内按 $2000\sim400cm^{-1}$ 间的编码:即----885 821-8452--顺序查找该大组索引,每一纵行都是按 0、1、2…9 排列,查到相同的光谱谱线编码时,再参考 $3600\sim2200cm^{-1}$ 间编码及化合物化学分类编码确认。在编码组的右边给出的光谱号 18729K(表 23-10)即为待查的标准光栅光谱号。在查不到相同编码时,允许波数误差 $\pm10cm^{-1}$,扩大查找范围。

(2) 在商业光谱,如药物光栅光谱中有很大一部分是棱镜光谱(波长等距),它的最强峰大组及谱线编码区间都是在 $2000\sim700cm^{-1}$ 范围(波数允许误差为 $\pm15cm^{-1}$),因为所收载的棱镜光谱波长为 $2\sim15\mu m$。又因不同的棱镜仪器,在 $3600\sim2000cm^{-1}$ 区间光谱的差别较大,故 $3600\sim2000cm^{-1}$ 间不记最强峰。

表 23-10 纯化合物光栅光谱谱线索引 1110 大组摘录(附化学分类编码)

Sadtler 标准光栅谱线索引波数区间	最强峰	光栅光谱号	化学分类编码
36 34 32 30 28 26 24 22 20 19 18 17 16 15 14 13 12 11 10 9 8 7 6 5 4 - - - - 2 - - - - - - - - - 7 8 6 1 7 1 - 3 2 - -	1110	13223K	26 52 59 4 3
- - - 60 4 - - - - - - - - - - 8 8 5 8 2 1 - 8 4 5 2 - -	1110	18729K	46 72 00 2 3
- - - - - - - - - - - - - 9 1 1 1 5 1 5 5 3 1 0 - 9	1110	24498K	52 82 00 2 3

谱线索引针对性强,一组编码代表一张光谱,很少重复是其优点,但易遗漏是其缺点。常因样品量不适或仪器分辨率不同,某段波长不准等原因,使光谱有差别,而使谱线编码不易完全对上。为了避免遗漏,在当最强峰刚好小于20%T时,则略大于60%T的吸收峰不要轻易忽略。为了查找方便,谱线索引中辅有化合物的化学分类编码,这样可以根据未知物可能不具有某些官能团,而排除一些光谱,以缩小核对的范围。

(沈阳药科大学 孙毓庆)

23.6 C-13核磁共振波谱峰位索引

C-13核磁共振波谱峰位索引(Sadtler standard C-13 peak locator,简称C-13 peak locator),1980年前称为谱线索引(spec-finder index),1983年改现名。

该索引是由化合物的核磁共振碳谱上的共振峰的化学位移(ppm)值,由大至小(反向)及峰数,编制而成。

由于核磁共振碳谱的分辨率高、谱线清晰(去偶)、谱线很少重叠及峰位准确等优点,而且峰位编码又极其简便,因此该索引是鉴定未知物核磁共振碳谱行之有效的方法。

23.6.1 编码方法

C-13核磁共振波谱峰位编码比较简单,由核磁共振峰的峰位的化学位移值由大至小(由低场信号至高场信号)排列,举两例说明。

【例23-10】 2,2,4,4-四甲基-3-戊硫酮的核磁共振碳谱

2,2,4,4-四甲基-3-戊硫酮的核磁共振碳谱(图23-2)上有3个共振峰,化学位移分别是33.0ppm、53.7ppm、278.4ppm。因此,其峰位编码是278.4,53.7,33.0。

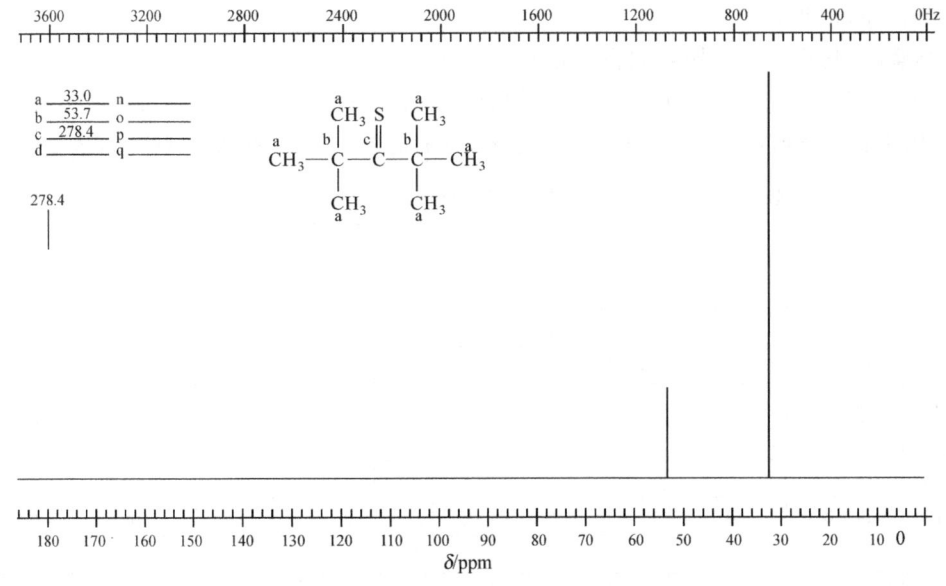

图23-2 2,2,4,4-四甲基-3-戊硫酮的核磁共振碳谱

【例23-11】 3β-羟基-5α-雄甾烷-17酮的核磁共振碳谱

3β-羟基-5α-雄甾烷-17酮的核磁共振碳谱(图23-3)上有18个共振峰。

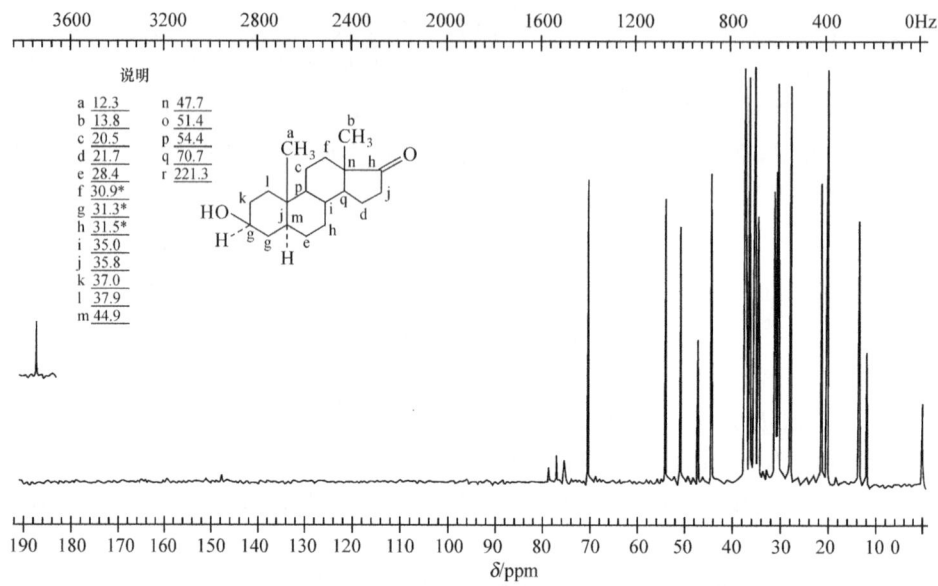

图 23-3　3β-羟基-5α-雄甾烷-17 酮的核磁共振碳谱

按照 18 个共振峰的化学位移(ppm)，由低场信号至高场信号，编码如下。

编码(ppm)：221.3，70.7，54.4，51.4，47.7，44.9，37.9，37.0，35.8，35.0，31.5，31.3，30.9，28.4，21.7，20.5，13.8，12.3。

23.6.2　检索方法

核磁共振碳谱峰位索引，是按化合物的核磁共振碳谱上低场的第一个共振峰的化学位移大小顺序排列。低场的第一个共振峰的化学位移相同，再依次按低场的第二个共振峰的化学位移大小排序，依此类推。

在检索时，排序不受共振峰数目的影响。

例如，例 23-10 与例 23-11，分别由它们的峰位编码，可在 1990 年的《C-13 核磁共振波谱峰位索引》第 1 页上查到它们的核磁共振碳谱谱号，分别是 25699(C)和 22794(C)号(表 23-11)。

表 23-11　C-13 核磁共振波谱峰位索引(1990)第 1 页(摘录)

										No. of peaks	Spectrum number
276.5	48.9	23.2								3	25387
269.1	135.1	116.3	91.1	30.4	29.3	27.8				7	27764
259.7	33.3	18.3								3	25340
257.3	41.9	38.3	25.4	23.9						5	25241
256.6	41.4	33.8	18.7							4	25135
235.4	216.8	96.9	87.6							6	31753
234.1	39.1	20.6								3	25022
226.4	45.2	34.9	24.9							4	23617
226.2	20.2									2	33081
225.4	82.0	49.2	40.7	39.7	28.3	27.9	24.1	23.7	20.7	10	31677
224.1	44.7	43.1	36.6	28.0	24.8	24.1	15.2			8	23527

												No. of peaks	Spectrum number
223.8	77.7	68.2	51.2	47.6	43.2	41.0	34.9	30.5	27.2	25.1		11	33851
223.8	62.2	60.2	48.0	45.2	37.4	27.1	24.2	23.1	21.5			10	25823
223.3	43.8	41.6	36.9	33.5	30.3	26.9	21.7					8	29429
223.0	88.6	72.9	72.0	70.0	34.1	26.9						7	36040
222.7	42.5	28.9	15.3									4	31190
222.5	52.6	52.3	45.2	33.1	30.1	27.4						7	23616
222.5	51.7	49.4	47.6	45.9	25.4	23.0	22.7	20.6	19.5			10	31601
222.3	43.6	30.1	14.7									4	31191
222.2	53.9	47.1	45.3	41.6	31.8	24.9	23.3	21.6	14.5			10	26885
222.0	47.5	46.5	45.8	27.5	24.4	24.3	20.5					8	23526
221.7	69.0	46.6	43.4	42.0	32.0	24.9	23.5	21.7				9	25653
221.7	42.3	38.2	37.3	31.6	29.3	20.9	16.6					8	29430
221.4	166.9	137.9	133.5	53.9	51.3	49.4	46.2	45.4				9	33646
221.3	70.7	54.4	51.4	47.7	44.9	37.9	37.0	35.8	35.0	31.5	31.3	30.9	28.4	18	22794

(沈阳药科大学　孙毓庆)

23.7　萨特勒光谱手册

萨特勒光谱手册1978年版由萨特勒研究实验室编写出版,1978～2004年由Bio-Rad实验室的信息部编写出版。分为萨特勒红外光谱手册、萨特勒氢核磁共振波谱手册、萨特勒碳核磁共振波谱手册及萨特勒质谱手册等。收载各类典型化合物的光谱,对每类化合物的光谱特征,都有归纳性的描述。由该手册,可以系统对比了解各类化合物的光谱特征,以利于学习光谱解析的知识及提高光谱解析的能力。

23.7.1　1978年版萨特勒红外与氢谱光谱手册

1. 萨特勒红外光谱手册

萨特勒红外光谱手册(the Sadtler handbook of infrared spectra)(简称旧版)是由萨特勒研究实验室的光谱专家W.W.Simons编写,1978年出版。该手册收载8类化合物的3000张红外光谱。

手册中8类化合物：Ⅰ碳氢化合物、Ⅱ卤代碳氢化合物、Ⅲ含氮化合物、Ⅳ含硅化合物(S—O除外)、Ⅴ含磷化合物[P—O或P(=O)—O除外]、Ⅵ含硫化合物、Ⅶ含氧化合物[含—C(=O)—除外]及Ⅷ羰基化合物。每一大类中包含许多亚类,以Ⅷ类羰基化合物为例,分为酮类、醛类、卤代酸类、酰胺类、酰亚胺类、肼类、脲类、内酰脲类、羧酸类及酯类等10个亚类。亚类中又分多种,如羧酸亚类中又分为脂肪酸与脂环酸类、烯酸类、芳香酸类及羧酸盐类等5种。每种化合物前都有其所含官能团的振动类型、归属及其吸收峰出现的波数范围。

2. 萨特勒氢核磁共振波谱手册

萨特勒氢核磁共振波谱手册(the Sadtler handbook of proton NMR spectra,1978)(简称

旧版),作者同上。该手册收载 8 类化合物(同上)的 3000 张氢谱。每类化合物前都有其所含官能团的化学位移、偶合常数及溶剂影响等内容。

萨特勒红外光谱手册与萨特勒氢核磁共振波谱手册收载的化合物完全相同。且两个手册的同一图号,为同一化合物。对于学习 IR 与 PMR 的综合解析十分有利,是初学光谱解析人员的首选工具书。

23.7.2 Bio-Rad 萨特勒光谱手册[1][2][3]

Bio-Rad 萨特勒光谱手册(简称新版)由萨特勒红外光谱手册、萨特勒氢谱手册、萨特勒碳谱手册及萨特勒质谱手册四部分组成。

新版(电子版)与旧版的相同点:两者都收载相同的 8 类化合物,顺序、名称等完全一致。各大类所包含的各亚类中各种代表性化合物的光谱特征的描述,新版与旧版基本相同。不同点:①旧版不但有 8 类中各种代表性化合物的光谱特征描述,并且收载有 3000 张各种化合物的光谱,而新版(电子版)只有代表性化合物的光谱特征描述,而无其他具体化合物的光谱;②新版红外光谱手册的光谱图的纵坐标用吸光度 A 表示,而旧版手册用透光率 T 表示,因此红外光谱的外观形状不同。

Bio-Rad 萨特勒红外光谱手册、氢谱手册及碳谱手册的各手册的首页,收载的都是饱和烷烃的光谱,都是以正辛烷为例。现将 3 个手册的首页,摘录如下,以了解各手册介绍的内容与它们之间的相关性。

1. 红外光谱手册

手册首页为饱和烷烃的红外光谱的特征描述,以正辛烷为例(图 23-4)。

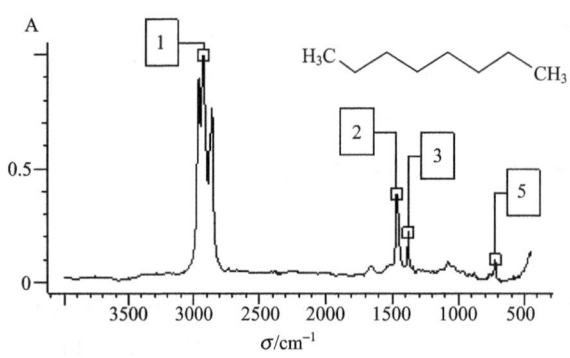

图 23-4 正辛烷的红外光谱

(1) C—H 伸缩振动。CH_3 反对称伸缩振动:$2972 \sim 2952 cm^{-1}$;CH_3 对称伸缩振动,$2882 \sim 2862 cm^{-1}$;CH_2 反对称伸缩振动:$2936 \sim 2916 cm^{-1}$;CH_2 对称伸缩振动:$2863 \sim 2843 cm^{-1}$。

(2) C—H 弯曲振动。CH_3 反对称弯曲振动:$1470 \sim 1430 cm^{-1}$;CH_2 反对称弯曲振动:$1485 \sim 1445 cm^{-1}$(与 CH_3 反对称弯曲振动谱带重叠)。

---

[1] 手册收载的红外光谱以吸光度为纵坐标,与以往用透光率为纵坐标的表示方法不同,请注意。
[2] http://ishare/iask.sina.com.cn/f/2607730.html(免费下载电子版 Sadtler 光谱手册)。
[3] Google→Sadtler 光谱。

(3) 偕甲基对称 C—H 弯曲振动。1380～1365 cm^{-1}。

(4) C—H 面外摇摆振动。CH$_2$ 面外摇摆振动 1307～1303 cm^{-1}（弱）。

(5) CH$_2$ 面内摇摆振动。(CH$_2$)$_2$ 面内摇摆振动 750～740 cm^{-1}；(CH$_2$)$_3$ 面内摇摆振动，740～730 cm^{-1}；(CH$_2$)$_4$ 面内摇摆振动，730～725 cm^{-1}；(CH$_2$)$_6$ 面内摇摆振动，722 cm^{-1}。

2. 氢谱手册

氢谱手册首页为正构饱和烷烃的氢核磁共振波谱的特征描述，以正辛烷为例（图 23-5）。

化学位移　(CH$_2$)$_n$～1.3 ppm，短碳链(C$_4$，C$_5$，C$_6$)烷烃为复合的多重峰，随着碳链的增长逐渐变为宽的单峰；CH$_3$～0.9 ppm，失真的三重峰。

偶合常数　饱和烷烃的偶合常数为 $J_{H-C-C-H}$ = 6～8 Hz。由于化学位移的范围很窄，多重峰失真，而不易精确测得。

溶解度与溶剂影响　正饱和烷烃溶于卤代的溶剂 CCl$_4$ 和 CDCl$_3$ 等。随着链长的增加，溶解度明显降低。当相对分子质量超过 200(C$_{12}$～C$_{15}$)时，则很难溶解。需搅拌、加温、放置过夜，才可获得较高浓度的样品溶液。

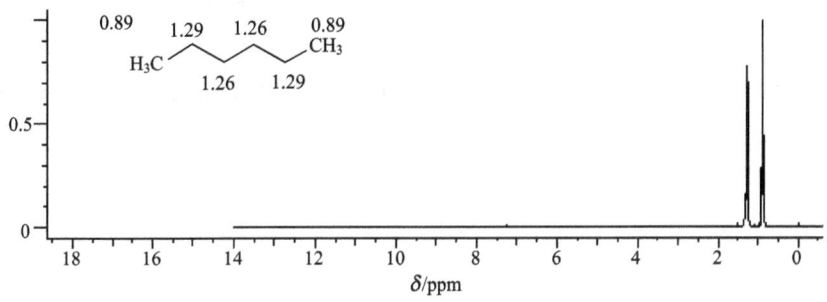

图 23-5　正辛烷的 ^{1}H NMR

3. 碳谱手册

碳谱手册首页为饱和烷烃的碳核磁共振波谱的特征描述，以正庚烷为例（图 23-6）。

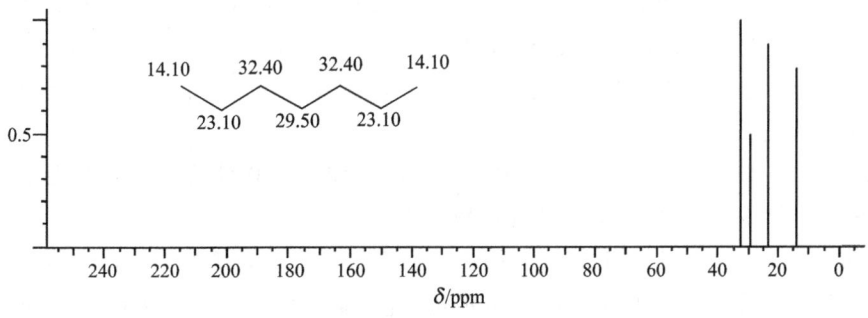

图 23-6　正辛烷的 ^{13}C NMR

化学位移　正庚烷各碳的化学位移列入图 23-6 中。正戊烷～正十七烷的化学位移列于表 23-12。

表 23-12　饱和正链烃中各碳的化学位移（ppm，溶剂 $CDCl_3$）

C7	C6	C5	C4	C3	C2	C1
		14.2	22.8	34.8	22.8	14.2
	14.2	23.0	32.1	32.1	23.0	14.2
14.1	23.1	32.4	29.5	32.4	23.1	14.1
R2—	32.3	29.8	29.8	32.3	23.1	14.1
R5—	30.1	30.1	29.7	32.3	23.0	14.2
R12—	29.9	29.9	29.6	32.2	22.9	14.2

注：R2～R12 指直链碳链延长的碳数为 2～12 个碳。

（沈阳药科大学　孙毓庆）

23.8　萨特勒光谱综合软件[1][2]

1998 年萨特勒为化学家推出萨特勒综合软件包（Sadtler suite），它由四个子软件组成：SearchMaster 6.0、IR Mentor Pro 2.0、ChemWindow 6.0 和 SymApps 6.0。内容包括红外光谱检索、红外光谱智能解析、^{13}C NMR 化学位移预测、质谱解析、化学结构和反应装置的绘图、三维立体化学和点群计算。此外，还有 2500 张标准红外光谱数据库和 4500 个化学结构库供红外光谱检索和结构检索。

23.8.1　红外光谱检索与解析软件

1. 红外光谱检索软件

IR SearchMaster 6.0 是最新版本的红外光谱检索软件，可在 Windows 95/98 或 NT 下运行。SearchMaster 6.0 具有多种检索方法，检索未知光谱。检索方法有：全光谱范围检索（full spectrum）、选择光谱范围检索（limited range）、峰检索、化合物名称检索、化合物理化性质检索及结构检索等。这些检索方法可单独使用，也可几种检索方法相互结合同时进行。

SearchMaster 6.0 的光谱检索有两种最常用、有效的数学运算方法：欧氏距离（Euclidean distance）、最小二乘法相近和一阶微分欧氏距离（1st derivation Eulidean distance）等。化合物的理化性质检索包括熔点、沸点、分子质量、分子式、CAS 登记号、闪点、折光指数、分解温度等百余项参数的检索。

SearchMaster 6.0 可以直接调入主要的红外仪器和光谱软件公司格式的光谱数据，进行光谱处理和光谱检索，并可以这些格式存储数据。

SearchMaster 6.0 可对光谱进行预处理，然后选择适当的光谱数据库进行检索，提高检索结果的命中率。光谱处理方法包括平滑（smoothing）、基线校正（baseline correction）、ATR 校正、差谱（spectral subtraction）、归一化（normalization）及光谱范围处理（truncation，flatline）等。

---

[1] 何林涛. 现代科学仪器，1999，4：35。
[2] http://www.microchem.org.cn/SadtlerSuite.htm。

2. 红外光谱专家解析软件

IR Mentor Pro 是萨特勒的红外光谱专家解析软件,它也是萨特勒综合软件包的一部分。IR Mentor Pro 能对红外光谱峰进行解释、归属和官能团分析。IR Mentor Pro 中的数据库含有 700 个吸收峰,对应 200 多个官能团,数据库中的峰归属基于如下三本书:①Socrates G. Infrared Characteristic Group Frequencies. 2nd ed. ;②Bellamy L J. The Infrared Spectra of Complex Molecules;③Colthrup N B, Wiberley S E. Introduction to Infrared and Raman Spectroscopy。IR Mentor Pro 是从光谱到结构和从结构到光谱互通的软件。

23.8.2 光谱的化学视窗软件

化学视窗软件(ChemWindow)6.0 包括三部分功能①绘图功能:能绘化学结构、化学反应式和化学实验装置;②光谱曲线处理功能:可直接调入色谱图、光谱图、核磁共振波谱图及质谱图等,进行处理、标注,并以使用者的意愿和要求的格式,输出其图谱或转入其他应用软件中,如 Microsoft Word、PowerPoint 等,以便于出版或打印报告;③光谱解释功能:解析红外光谱、质谱和核磁共振波谱与化学结构的相互关联。

1. 化学结构绘图功能

ChemWindow 6.0 提供了直接绘画化学结构的基本工具,如单键、双键、叁键、五元环、六元环和苯环等,还有化学反应、电子轨道、空间构象和自由旋转等工具,ChemWindow 6.0 可以简单、方便和快速地绘出化学上所有的结构式。并且 ChemWindow 6.0 还有 4500 个结构数据库,供使用者直接调用或进行修改。

2. 光谱曲线处理功能

ChemWindow 6.0 可以直接调入各种格式的色谱、红外光谱、紫外光谱、质谱、核磁共振谱图等,对它们进行标注、标峰,调整谱图大小,并可输出到其他应用软件中,如 Microsoft Word、PowerPoint 等。ChemWindow 6.0 可以同时比较多张谱图,进行坐标的放大、缩小,并可重叠(overlay)和补偿(offset)等。

3. 光谱解析功能

ChemWindow 6.0 可将化学结构与红外光谱、质谱和 ^{13}C 核磁共振波谱相互关联,实现从光谱到结构(from spectra to structure)和从结构到光谱(from structure to spectra)的联通。

红外光谱相关(IR correction) 在 ChemWindow 6.0 中,绘画一个化学结构或者再跟随一张相应的红外光谱,然后启动 IR correction,就可以得到与此结构相关的红外光谱,并可与相应的光谱作比较,即从结构到光谱。这与 IR Mentor Pro 的功能不一样,IR Mentor Pro 是对未知光谱进行解释,分析出可能含有的官能团,是从光谱到结构。

C-13 NMR 预测 ChemWindow 6.0 带有巨大的 C-13 化学位移数据库,对任意一个化合物结构,ChemWindow 6.0 可以通过检索 C-13 NMR 数据库,预测该结构的 C-13 NMR 的化学位移,并标记在相应的位置上。ChemWindow 6.0 允许将这些相近结构及其 C-13 化学位移调出来进行比较,显示预测结果。并可验证波谱学家对 C-13 NMR 谱的解析是否正确。

4. 质谱解析功能

ChemWindow 6.0 中的质谱解析工具包括：①计算任一化学结构式的相对分子质量和精确质量，以及计算各组成元素百分含量；②根据质谱碎片的精确质量，推导其碎片的组成式及同位素模式；③质谱碎片工具：对化合物结构用质谱碎片工具将其断裂，推导出可能的质谱碎片，帮助解析质谱图；④元素周期表：给出每个元素的序号、可能的价态、原子质量以及同位素丰度。

ChemWinow 6.0 拥有丰富的有机结构和光谱知识，是化学家和光谱学者的好帮手，可以作为教学、日常分析和科研工作中的高级工具。

（沈阳药科大学 孙毓庆）

第24章 仪器性能检查

24.1 红外分光光度计的性能检查

通过对红外分光光度计绘制出的聚苯乙烯薄膜红外吸收光谱图的分析,来检查仪器性能,并了解仪器分辨率的高低和波数准确性的规定。

24.1.1 仪器与试剂

仪器:光栅红外分光光度计。
试剂:聚苯乙烯薄膜。

24.1.2 操作步骤

将波数调至 $4000cm^{-1}$,然后调 $0\%T$ 及 $100\%T$,置聚苯乙烯薄膜(厚度约为0.04mm)于样品光路上,用标准狭缝顺序及标准扫描时间,绘制聚苯乙烯薄膜的红外吸收光谱(图 24-1,表 24-1)。
规定标准符合《中华人民共和国药典》2010 年版附录中规定。

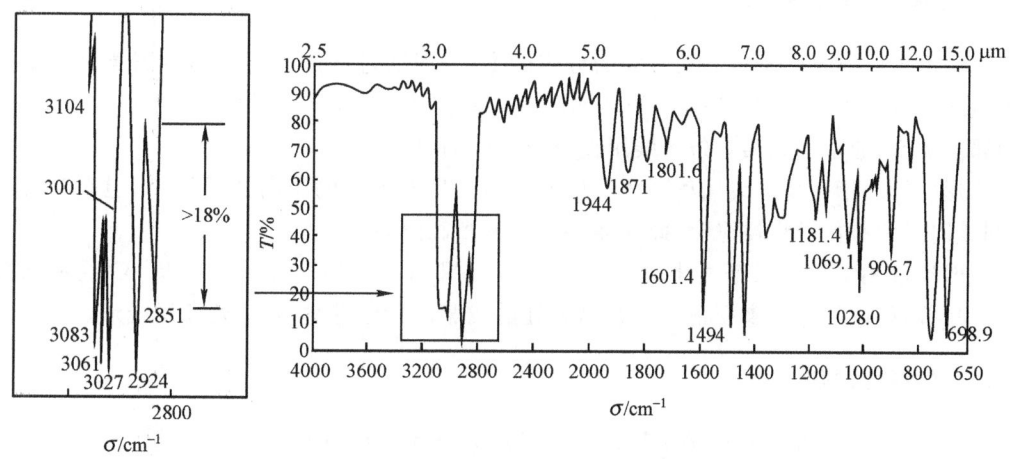

图 24-1 聚苯乙烯薄膜的红外吸收光谱

表 24-1 聚苯乙烯薄膜用于波数校正的吸收峰的波数

峰号	1	2	3	4	5	6	7	8	9	10
波数 $/cm^{-1}$	3104	3083	**3061**	3027.1	3001	**2924**	2850.7	1944	1871.0	1801.6
	(芳氢伸缩振动)					(烷氢伸缩振动)		(泛频峰)		
峰号	11	12	13	14	15	16	17	18	19	20
波数 $/cm^{-1}$	**1601.4**	1583.1	**1494**	1181.4	1154.3	1069.1	**1028.0**	906.7	698.9	541
	(苯环骨架振动)			(苯环氢面内弯曲振动)				(苯环氢面外弯曲振动)		

注:加粗字为鉴定仪器波数准确度的主要吸收峰。

分辨率：要求在 3110～2850cm^{-1} 范围应清晰地分辨出不饱和碳氢与饱和碳氢伸缩振动的七个峰。从约 1583cm^{-1} 最高点至约 1589cm^{-1} 最低点的波谷深度的透光率应不小于 12%，从约 2851cm^{-1} 最高点至约 2870cm^{-1} 最低点的波谷深度的透光率不小于 18%。仪器的标准分辨率，除另有规定外，应不低于 2cm^{-1}。

波数准确性：用 3027cm^{-1}，2851cm^{-1}，1601cm^{-1}，1028cm^{-1} 及 907cm^{-1} 处的吸收峰对波数进行校正。傅里叶变换红外光谱仪在 3000cm^{-1} 附近的波数误差应不大于 ±5cm^{-1}，在 1000cm^{-1} 附近的波数误差不大于 ±1cm^{-1}。

（第二军医大学　范国荣）

24.2　核磁共振波谱仪的性能检查

24.2.1　方法提要

谱线线形好、分辨率和灵敏度高是核磁共振波谱仪性能的最重要特征。

1. 灵敏度

灵敏度是仪器检测弱信号的能力，常用信噪比（S/N）表示。

2. 分辨率和线形指标

分辨率指仪器对两条相邻共振峰的分辨能力，一般通过测定规定峰的半高宽来衡量。这种实验线宽由磁场的均匀性决定。^{1}H NMR 分辨率的传统测试方法使用产生 AA′BB′ 体系图式的邻二氯苯，通常左数第八条谱线用作分辨率的测量。

线形（峰形）指标是谱线偏离理想线性的度量。虽然谱线的半高宽足够小，但有时底部很宽，则其附近的小信号将被淹没，此时需要精细调整高阶匀场。

一般通过测定规定峰谱线半高（50%）、^{13}C 卫星峰高度处（0.55%）以及 ^{13}C 卫星峰高度 1/5（0.11%）处的线宽值来衡量。50% 峰高处的线宽衡量分辨率，后两处衡量线形。

24.2.2　仪器与试剂

仪器：瑞士 Bruker 公司 AVANCE-400MHz 超导核磁共振波谱仪。配置：Avance 400 High Resolution NMR Console, XWIN-NMR 3.5 软件, Performa I PFG Module, 9.4T Super conducting Magnet, Phase Modulator, ^{1}H/^{13}C 5mm DUL ^{13}C-^{1}H Z-GRD Probe。

试剂：0.1% 乙基苯的氘代氯仿溶液（光谱纯），10% CHCl$_3$ 的氘代丙酮（CD$_3$COCD$_3$）溶液（光谱纯）。

24.2.3　操作步骤

1. 灵敏度的测试

0.1% 乙基苯的氘代氯仿溶液脱气密封，将样品（管）插入转子内并置于样品腔中，反复匀场（shimming）以保证磁体处于最佳匀场状态，并对探头精确调谐（tuning），采用 90° 脉冲，一次采样（data acquisition），记录 FID（free induction decay）信号。经 FT 变换、相位校正（correction of phase)后,得氢谱(^{1}H NMR)如图24-2所示。选取谱图中3.0～5.0ppm的范围作为噪声区,2.5～3.0ppm的CH_2峰作为信号,使用仪器规定指令,可以直接得出信噪比(S/N)值。本仪器所使用的^{1}H/^{13}C 5mm DUL ^{13}C-^{1}H Z-GRD探头规定信噪比值应优于135∶1。实测的信噪比值为140∶1。

2. 分辨率和线形指标的测试方法

将10% $CHCl_3$的氘代丙酮(CD_3COCD_3)溶液脱气密封,将磁体匀场至最佳状态,按照灵敏度项下所述方法记录^{1}H NMR谱。将$CHCl_3$的^{1}H主共振峰调至显示屏中央,分别测定该主峰50%、0.55%和0.11%高度处的线宽(峰宽)值(单位:Hz)。本仪器两种探头规定线宽均优于0.45/6.0/12.0 Hz(图24-3的主峰为平头峰,在图上看不到半峰宽,图24-4上可见半峰宽),实测50%、0.55%和0.11%处的线宽分别为0.34Hz、3.5Hz及7.8Hz。

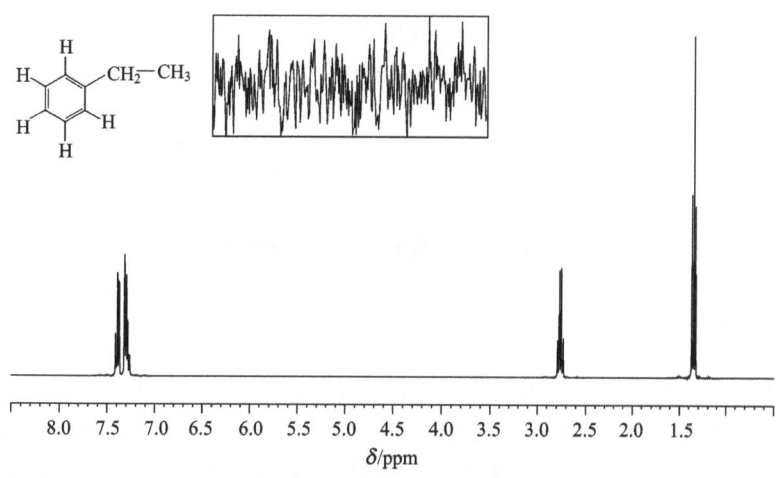

图24-2 仪器的灵敏度测试的^{1}H NMR谱图

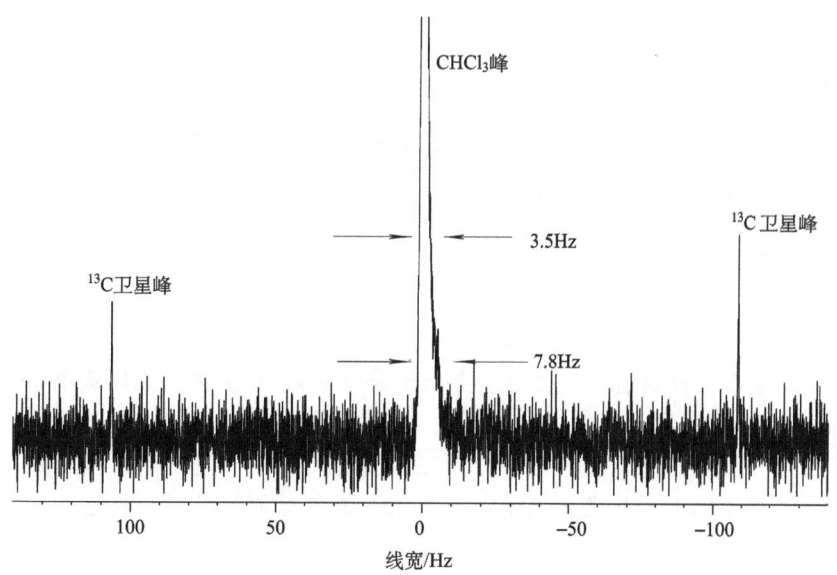

图24-3 仪器的线形测定的^{1}H NMR谱图

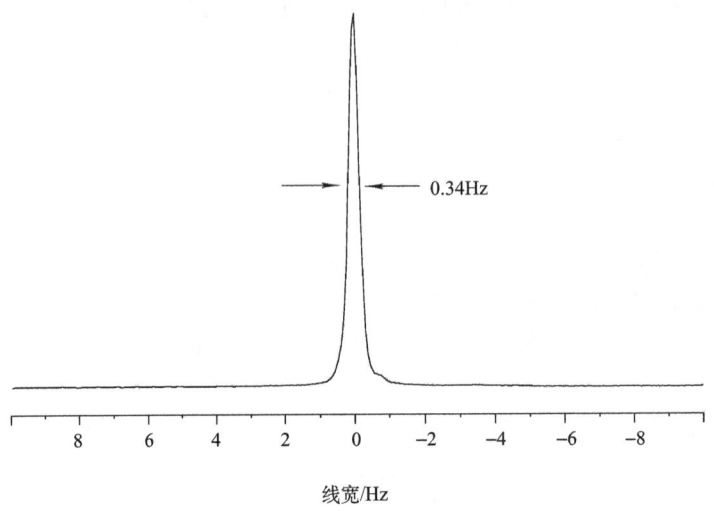

图 24-4　仪器的分辨率测定的 ^{1}H NMR 谱图

（烟台大学　许丽晓　孙秀燕）

24.3　质谱仪的性能检查

24.3.1　方法提要

灵敏度、质量稳定性及分辨率是衡量质谱仪性能的主要指标。灵敏度是仪器检测弱信号的能力，常用利血平作为测试试样。质量稳定性是指质谱仪在一定时间内，对同一样品中某质荷比离子所测得的质量数（u）随时间发生的变动量（又称漂移量），其漂移量越小，质量稳定性越高。分辨率是指质量分析器的质量分辨能力，用 R 表示，相邻两峰 50% 峰谷分开时称为质谱的单位质量分辨，实际工作中简化为用单峰法表示，即测定一个峰半峰高处的峰宽（FWHM），来表示仪器的分辨率。

24.3.2　仪器与试剂

仪器：美国 Thermo Fisher 公司 TSQ Quantum Access 质谱仪。

试剂：利血平溶液（2pg/mL），聚酪氨酸-1,3,6 调谐校准溶液。

24.3.3　操作步骤

1. 灵敏度

该仪器为三重四极杆质谱仪。在电喷雾离子源（ESI）正离子离子化模式下，FWHM=0.7时，采用六通阀直接进样注入利血平溶液，第一个四极杆质量分析器（Q_1）选择 m/z 609（母离子），第二个四极杆质量分析器（Q_3）选择分析在碰撞池（Q_2）中产生的碎片离子 m/z 195（子离子），选择反应监测（SRM）分析测定离子对 609/195，其信号值与噪声值的比值（S/N，峰峰比）应大于 500∶1。

2. 分辨率

ESI 正离子模式扫描,采用流动注射泵直接进样方式注入聚酪氨酸标准溶液,调用存储的调谐文件,选择离子监测(SIM)对分辨率进行调谐,m/z 508.2 质谱峰的 FWHM 应不大于 0.7。

3. 质量稳定性

采用流动注射泵直接进样方式注入聚酪氨酸标准溶液,采用分辨率所述方法记录质谱图,监测 m/z 508.2 的质量数,24h 漂移量应在 ±0.05u 以内。

24.3.4 注意事项

(1) 该仪器的真空系统是由分子涡轮泵和前级机械泵组成的差动抽气真空系统,其真空度应达到 $10^{-5} \sim 10^{-7}$ Torr。

(2) 该仪器的质量范围为 m/z 30~3000,检测范围覆盖小分子至完整蛋白质。

(烟台大学　许丽晓　孙秀燕)

24.4 气相色谱仪的性能检查

气相色谱仪生产厂家和型号繁多,性能各异,但其原理相同,基本结构类似。其主要部件包括气路系统、进样系统、色谱柱、检测器、色谱数据采集和处理系统,以及温控系统等。检测器主要有热导检测器(TCD)和氢火焰离子化检测器(FID)等。要使气相色谱仪保持良好的工作状态,就要求各系统性能稳定,参数设定正确,如气路系统密闭性良好,载气的流速和流量稳定,温控系统的恒温精度高,检测系统的灵敏度高、噪声低;检测器的响应与组分量之间的线性关系良好等。

24.4.1 仪器与试剂

仪器:气相色谱仪,皂沫流量计。
试剂:苯(分析纯),0.05%苯的二硫化碳溶液。

24.4.2 操作步骤

1. 气路系统密封性检查

在正常操作条件下,用试漏液检查气源至仪器所有气体通过的接头,应无泄漏。试漏液可以采用适当浓度的十二烷基硫酸钠水溶液。

2. 载气流速稳定性检查

选择适当的载气流速,待稳定后,10min 内用皂沫流量计连续测量 6 次,其相对标准偏差(RSD)应不大于 1.0%。

3. 柱温箱恒温精度检查

设定柱温箱温度为 70℃,加热升温,待温度稳定后,观察 10min,每变化一个数记录一次,求出最大值与最小值所对应的温度差,与 10min 内温度测量的算术平均值比较,应不大于 0.5%。

4. 程序升温重复性检查

选定初始温度 50℃,最终温度 200℃,升温速率 10℃/min。待初始温度稳定后,开始程序升温,每分钟记录数据一次,直至最终温度稳定。重复 3 次,按下式求出相应点的最大偏差,应不超过 2.0%。

$$\frac{t_{\max} - t_{\min}}{\bar{t}}$$

式中:$t_{\max}$ 和 $t_{\min}$ 分别为相应点的最高和最低温度;$\bar{t}$ 为相应点的平均温度。

5. TCD 灵敏度和检测限的测定

(1) 实验条件。柱温:80℃±5℃;检测器温度:90℃±5℃;气化室温度:120℃;载气:N_2 或 H_2;色谱柱:填充柱为 5%OV-101,柱长 2m,毛细管柱口径应为 0.32mm 或 0.53mm,或其他适合的色谱柱;载气流速和桥流:按各仪器生产厂技术规定选择。

(2) 基线噪声和基线漂移检查。开启仪器,待基线稳定后,记录 30min,测量并计算基线噪声和基线漂移,应分别不大于 0.1mV 和 0.2mV。

(3) 测定步骤。用微量注射器吸取 0.5μL 苯注入气化室进行分析,记录色谱图,进样 6 次取平均值。按下式计算检测器的灵敏度和检测限

$$S_{\text{TCD}} = \frac{AF_C}{W} \qquad D_{\text{TCD}} = \frac{2N}{S_{\text{TCD}}}$$

式中:S_{TCD} 为 TCD 的灵敏度(mV·mL/mg);A 为苯色谱峰面积的平均值(mV·min);W 为苯的进样量(mg);F_C 为校正后的载气流速(mL/min);D_{TCD} 为 TCD 的检测限;N 为噪声水平。

6. FID 检测限的测定

(1) 实验条件。柱温:80℃±5℃;检测器温度:120℃±5℃;气化室温度:120℃;载气:N_2;色谱柱:填充柱为 5%OV-101,柱长 2m,毛细管柱口径应为 0.32mm 或 0.53mm,或其他适合的色谱柱;载气流速:30~50mL/min。

(2) 基线噪声和基线漂移检查。开启仪器,待基线稳定后,记录 30min,测量并计算基线噪声和基线漂移,应分别不大于 1×10^{-12}A 和 1×10^{-11}A。

(3) 测定步骤。用微量注射器吸取 0.5μL 0.05%苯的二硫化碳溶液注入气化室进行分析,记录色谱图,进样 6 次取平均值。按下式计算检测器的检测限:

$$D_{\text{FID}} = \frac{2NW}{A}$$

式中:D_{FID} 为 FID 的检测限;N 为噪声水平;A 为苯色谱峰面积的平均值;W 为苯的进样量(mg)。

7. 定性和定量重复性检查

分别按照上述条件连续测定 6 次,以溶质保留时间或峰面积的 RSD 表示,应不大于 3.0%。

24.4.3 注意事项

(1) 进行气路密封性检查时,切忌采用强碱性肥皂水检漏,避免管路受损。

(2) 使用 TCD 时,必须先开载气,后开热导池电源;关闭时,则先关热导池电源,后关载气,防止热丝烧毁。

(3) 载气流速的校正。检测器出口处测得的载气流速需按下式校正

$$F_C = jF_0 \frac{T_C}{T_r}\left(1-\frac{p_w}{p_0}\right) \qquad j=\frac{3}{2}\times\frac{(p_i \div p_0)^2-1}{(p_i \div p_0)^3-1}$$

式中:F_C 为校正后的载气流速(mL/min);F_0 为室温下用皂沫流量计测定的检测器出口的载气流速(mL/min);T_C 为柱温;T_r 为室温;p_w、p_0 和 p_i 分别为室温下的水饱和蒸气压、大气压和注入口压强(MPa);j 为压力梯度校正因子。

(河北大学 郭怀忠)

24.5 高效液相色谱仪的性能检查

高效液相色谱仪是实验室的常用仪器,主要由输液系统、进样器、色谱柱(柱温箱)、检测器、数据采集和处理系统等部分组成。液相色谱仪利用试样中各组分在色谱柱内固定相和流动相间分配系数的不等,由流动相将试样带入色谱柱中进行分离,经检测器检测,依据组分的保留时间和响应值(峰面积或峰高)进行定性和定量分析。输液管路接口应紧密牢固,在规定的压力范围内无泄漏。高效液相色谱仪的性能指标主要包括流量精度、基线噪声、基线漂移、检测限和定性定量重复性等。

24.5.1 仪器与试剂

仪器:高效液相色谱仪,分析天平,微量注射器,秒表。

试剂:甲醇,丙酮,萘,异丙醇,超纯水,紫外波长标准溶液。

24.5.2 操作步骤

1. 泵耐压检查

将仪器各部分连接好,以 100% 甲醇为流动相,流量为 1mL/min,启动仪器,待压力平稳后保持 10min,用滤纸检查各管路接口处,应无湿迹。卸下色谱柱,堵住泵出口端(压力传感器以下),使压力达到最大允许值的 90%,5min 内应无泄漏。

2. 泵流量设定值误差 S_S、流量稳定性误差 S_R 的检查

分别设定流量 0.5mL/min、1.0mL/min 和 2.0mL/min,启动仪器,待压力稳定后,在流动

相出口处用干燥清洁且事先称量的容量瓶收集流动相,同时用秒表计时,收集规定时间流出的流动相(分别为 10min、5min 和 5min),在分析天平上称量,重复测定 3 次。按下式分别计算 S_S 和 S_R,应分别在 $2.0\%\sim5.0\%$ 和 $1.0\%\sim2.0\%$。

$$S_S = (\bar{F}_m - F_s)/F_s \times 100\%$$

$$S_R = (F_{max} - F_{min})/\bar{F}_m \times 100\%$$

式中:$\bar{F}_m$ 为同一组测量的算术平均值(mL/min);F_s 为流量设定值(mL/min);F_{max} 为同一组测量中流量最大值(mL/min);F_{min} 为同一组测量中流量最小值(mL/min)。

3. 梯度误差的检查

由梯度控制装置设置梯度洗脱程序,A 溶剂为纯水,B 溶剂为 0.1% 丙酮的水溶液,B 由 5 个阶梯(依次按 20% 递增)从 0 变到 100%。将输液泵和检测器连接(不接色谱柱),开机后以 A 溶剂冲洗系统,基线平稳后开始执行梯度程序,画出梯度变化曲线。求出 A、B 溶剂不同比例时的输出信号值,重复测量 2 次,计算平均值。从 B 溶剂的含量及对应的输出信号值,按下式计算梯度误差 G_i,取 G_i 最大者作为仪器梯度误差。

$$G_i = (\bar{L}_i - \bar{L}_m)/\bar{L}_m \times 100\%$$

式中:G_i 为第 i 段梯度误差(%),$\bar{L}_i$ 为第 i 段输出信号值的平均值,$\bar{L}_m$ 为各段输出信号平均值的平均值。

4. 紫外-可见光检测器和二极管阵列检测器的检查

(1) 波长示值误差和重复性的检查。将检测器和数据采集工作站连接好,通电预热稳定后,用注射器将紫外波长标准溶液(标准波长为 235nm、257nm、313nm 和 350nm)从检测器入口注入样品池中冲洗,并将池充满。将检测器波长调到低于标准波长 5nm 处(如检定 257nm 时,检测器波长先调到 252nm),启动数据采集工作站,画出一条直线。调节检测器波长,每 $5\sim10s$ 改变 1nm,至高于标准波长 5nm,工作站上将画出一条折线,折线的最高点(或最低点)对应的波长与标准溶液波长之差为波长示值误差。每个波长重复测量 3 次,其中最大值与最小值之差为波长重复性误差。有吸光值显示的检测器,改变波长时可直接读出吸光值,其最大(或最小)吸光值对应的波长与标准溶液波长之差为波长示值误差。有波长扫描功能的仪器可画出标准溶液的光谱曲线,其波峰(或波谷)对应的波长与标准溶液波长之差为波长示值误差。对改变波长有自动回零功能的紫外-可见光检测器,可采用连续进样的方法检定波长示值误差,具体做法是:用一节空管代替色谱柱将液路连通,以水作流动相,流量为 $0.5\sim1.0$mL/min,采用步进进样方法,如检定 257nm 时,从 252nm 开始到 262nm,每 2min 改变 1nm,用注射器注入紫外吸收标准溶液 $5\sim10\mu L$,这样将得到一组不同波长的色谱峰,最高(或最低)色谱峰对应的波长与标准溶液波长之差,即为波长示值误差。

(2) 基线噪声和基线漂移的检查。选用 C_{18} 色谱柱,以 100% 甲醇为流动相,流量为 1.0mL/min,紫外检测器的波长设为 254nm,开机预热,待仪器稳定后记录基线 30min,由测得的基线峰-峰高对应的标度,计算基线噪声,用检测器自身的物理量(AU)作单位表示;基线漂移用 1h 内基线偏离原点的值(AU/h)表示,分别应不超过 5×10^{-4}AU/h 和 5×10^{-3}AU/h。

(3) 最小检测浓度的检查。在(2)的色谱条件下,用微量注射器从进样口注入 $20\mu L$ $1\times$

10^{-7} g/mL 萘的甲醇溶液,记录色谱图,由色谱峰高和基线噪声峰-峰高,按下式计算最小检测浓度。

$$c_L = \frac{2N_d cV}{20H}$$

式中:c_L 为最小检测浓度(g/mL);N_d 为基线噪声峰-峰高;c 为标准溶液浓度(g/mL);H 为标准溶液的峰高;V 为进样体积(μL)。

(4) 线性范围的检查。检测器波长设为 254nm,通电稳定后,用注射器直接向检测池中注射 2% 异丙醇的水溶液冲洗检测池至工作站记录读数不变,记下此值。之后,依照上法分别注入系列丙酮的 2% 异丙醇水溶液(丙酮含量为 0.1%,0.2%,…,1.0%)冲洗检测池,并记下各溶液对应的稳定读数,每个溶液重复测量 3 次,取算术平均值。以 5 个丙酮含量(0.1%~0.5% 5 个点)和对应的读数作标准曲线,在曲线上找出丙酮含量大于 0.5% 各点的读数,与对应含量的测量值比较,测量值低于读数 5% 时,认为曲线弯曲,此点的浓度作为检测上限 c_H。按上法测出丙酮的 c_L 值,由 c_H/c_L 算出检测器的线性范围。

(5) 定性定量重复性检查。按照上述色谱条件,取适当浓度萘的甲醇溶液进样 20μL,重复测定 6 次,以保留时间和峰面积的 RSD 值考察仪器的定性定量重复性,应分别不超过 1.5% 和 3.0%。

5. 高效液相色谱仪荧光检测器和示差折光检测器的性能检查

可参照上述紫外检测器的检查步骤和国家有关仪器检定规程进行。

(河北大学 郭怀忠)

24.6 毛细管电泳仪的性能检查

毛细管电泳仪主要由直流高压电源、毛细管、电极和电极槽、冲洗进样系统、检测器和数据处理系统几个部分组成。毛细管电泳技术根据电解质溶液中的带电粒子在高压电场作用下的定向迁移速率不同而将组分进行分离。各组分依次通过检测器进行检测,并且根据各组分的迁移时间和组分电泳峰的响应大小进行定性、定量分析。所有这些均在石英毛细管中完成。对毛细管电泳仪性能与电泳柱系统的效能的评价,有助于正确了解与使用毛细管电泳仪。《中华人民共和国药典》2010 年版中规定毛细管电泳需要进行系统适用性试验,保证毛细管电泳分析系统及其设定的参数适用,主要测试项目与 HPLC 法相同。除此以外对仪器的高压电源的电压示值、电流示值、电源稳定性、紫外检测器波长示值、重复性、基线漂移与噪声、绝缘电阻等均需要进行检定。本节主要对仪器的噪声、检测限以及定性、定量精密度进行性能检查。

24.6.1 仪器与试剂

仪器:毛细管电泳仪。

试剂:20mmol/L 磷酸二氢钠溶液,2μg/mL 维生素 B_6 溶液,0.4mg/mL 维生素 B_6 溶液(由背景缓冲液配制)。

24.6.2 操作步骤

1. 外观检查

仪器安装到位,各紧固件均应紧固良好,置于平稳工作台上;电缆线的接插件均应紧密配合,接触良好。

2. 静态基线漂移和基线噪声

毛细管为 40cm×75μm(i.d.),有效长度为 31.5cm,紫外检测波长为 254nm,柱温为 25℃,仪器灵敏度设置为最高灵敏度,以 20mmol/L 磷酸二氢钠溶液作为背景缓冲液,电压设置 14kV。开机稳定 30min 后,记录 1h 的基线,计算基线漂移和基线噪声。

3. 仪器检测限

毛细管为 40cm×75μm(i.d.),有效长度为 31.5cm,紫外检测波长为 254nm,柱温为 25℃,仪器灵敏度设置为 0.02AUFS,以 20mmol/L 磷酸二氢钠溶液作为背景缓冲液,电压设置 15kV。压力进样方式 1psi,进样时间 3s;虹吸进样方式,高差 20cm,进样时间 180s。待基线稳定后分别采用上述两种进样方式,进样 2μg/mL 维生素 B_6 溶液,连续进样 3 次,计算其峰高的算数平均值。按照下式计算检测限

$$D = \frac{2 H_N \rho}{H}$$

式中:D 为检测限(g/mL);H_N 为噪声峰高;ρ 为样品的质量浓度(g/mL);H 为样品峰高(其中峰高单位根据仪器响应值确定)。

4. 定性、定量精密度

按上述"仪器检测限"测定的毛细管电泳条件,采用压力进样方式,进样 0.4mg/mL 维生素 B_6 溶液,记录迁移时间和峰面积(或峰高),连续进样 8 次,计算迁移时间和峰面积(或峰高)的相对标准偏差。

24.6.3 注意事项

(1) 未涂层新毛细管要用较浓碱液在较高温度(如 1mol/L NaOH 溶液在 60℃)冲洗,使毛细管内壁生成硅羟基,再依次用 0.1mol/L NaOH 溶液、去离子水和背景缓冲液各冲洗数分钟。两次进样中间可仅用背景缓冲液冲洗,但若发现分离性能改变,则需要重新用 0.1mol/L NaOH 溶液冲洗。

(2) 进行检测限和定性、定量精密度测定必须保证进样量一致,控制好进样方式及其参数。

(3) 测试完毕后用去离子水冲洗毛细管,注意将毛细管两端浸入水中保存,如果长久不用毛细管,应该用氮气将其吹干,防止阻塞。

(第二军医大学　闻　俊)

附　录

附录Ⅰ　国际相对原子质量表

（按照字母序排列，以 $^{12}C=12$ 为基准，仅保留5位数）

符号	名称	原子序数	电子组态	相对原子质量	英文名
^{227}Ac	锕	89	$[Rn]6d^17s^2$	227.03	actinium
Ag	银	47	$[Kr]4d^{10}5s^1$	107.87	silver
Al	铝	13	$[Ne]3s^23p^1$	26.982	aluminium
^{241}Am	镅	95	$[Rn]5f^77s^2$	241.06	americium
Ar	氩	18	$[Ne]3s^23p^6$	39.948(1)	argon
As	砷	33	$[Ar]3d^{10}4s^24p^3$	74.922	arsenic
^{210}At	砹	85	$[Xe]4f^{14}5d^{10}6s^26p^5$	209.99	astatine
Au	金	79	$[Xe]4f^{14}5d^{10}6s^1$	196.97	gold
B	硼	5	$[He]2s^22p^1$	10.811(7)	boron
Ba	钡	56	$[Xe]6s^2$	137.33	barium
Be	铍	4	$[He]2s^2$	9.0122	beryllium
Bi	铋	83	$[Xe]4f^{14}5d^{10}6s^26p^3$	208.98	bismuth
^{249}Bk	锫	97	$[Rn]5f^97s^2$	249.08	berkelium
Br	溴	35	$[Ar]3d^{10}4s^24p^5$	79.904(1)	bromine
C	碳	6	$[He]2s^22p^2$	12.011	carbon
Ca	钙	20	$[Ar]4s^2$	40.078(4)	calcium
Cd	镉	48	$[Kr]4d^{10}5s^2$	112.41	cadmium
Ce	铈	58	$[Xe]4f^15d^16s^2$	140.12	cerium
^{252}Cf	锎	98	$[Rn]5f^{10}7s^2$	252.08	californium
Cl	氯	17	$[Ne]3s^23p^5$	35.453(2)	chlorine
^{244}Cm	锔	96	$[Rn]5f^76d^17s^2$	244.06	curium
Co	钴	27	$[Ar]3d^74s^2$	58.933	cobalt
Cr	铬	24	$[Ar]3d^54s^1$	51.996	chromium
Cs	铯	55	$[Xe]6s^1$	132.91	cesium
Cu	铜	29	$[Ar]3d^{10}4s^1$	63.546(3)	copper
Dy	镝	66	$[Xe]4f^{10}6s^2$	162.50(3)	dysprosium
Er	铒	68	$[Xe]4f^{12}6s^2$	167.26	erbium
^{252}Es	锿	99	$[Rn]5f^{11}7s^2$	252.08	einsteinium
Eu	铕	63	$[Xe]4f^76s^2$	151.96	europium
F	氟	9	$[He]2s^22p^5$	18.998	fluorine
Fe	铁	26	$[Ar]3d^64s^2$	55.845(2)	iron
^{257}Fm	镄	100	$[Rn]5f^{12}7s^2$	257.10	fermium

续表

符号	名称	原子序数	电子组态	相对原子质量	英文名
^{223}Fr	钫	87	$[Rn]7s^1$	223.02	francium
Ga	镓	31	$[Ar]3d^{10}4s^24p^1$	69.723(1)	gallium
Gd	钆	64	$[Xe]4f^75d^16s^2$	157.25(3)	gadolinium
Ge	锗	32	$[Ar]3d^{10}4s^24p^2$	73.64(1)	germanium
H	氢	1	$1s^1$	1.0079	hydrogen
He	氦	2	$1s^2$	4.0026	helium
Hf	铪	72	$[Xe]4f^{14}5d^26s^2$	178.49(2)	hafnium
Hg	汞	80	$[Xe]4f^{14}5d^{10}6s^2$	200.59(2)	mercury
Ho	钬	67	$[Xe]4f^{11}6s^2$	164.93	holmium
I	碘	53	$[Kr]4d^{10}5s^25p^5$	126.90	iodine
In	铟	49	$[Kr]4d^{10}5s^25p^1$	114.82	indium
Ir	铱	77	$[Xe]4f^{14}5d^76s^2$	192.22	iridium
K	钾	19	$[Ar]4s^1$	39.098	potassium
Kr	氪	36	$[Ar]3d^{10}4s^24p^6$	83.80(1)	krypton
La	镧	57	$[Xe]5d^16s^2$	138.91	lanthanum
Li	锂	3	$1s^22s^1$	6.941(2)	lithium
^{262}Lr	铹	103	$[Rn]5f^{14}6d^17s^2$	262.11	lawrencium
Lu	镥	71	$[Xe]4f^{14}5d^16s^2$	174.97	lutetium
^{258}Md	钔	101	$[Rn]5f^{13}7s^2$	258.10	mendelevium
Mg	镁	12	$[Ne]3s^2$	24.305	magnesium
Mn	锰	25	$[Ar]3d^54s^2$	54.938	manganese
Mo	钼	42	$[Kr]4d^55s^1$	95.94(1)	molybdenum
N	氮	7	$1s^22s^22p^3$	14.007	nitrogen
Na	钠	11	$[Ne]3s^1$	22.990	sodium
Nb	铌	41	$[Kr]4d^45s^1$	92.906	niobium
Nd	钕	60	$[Xe]4f^46s^2$	144.24(3)	neodymium
Ne	氖	10	$1s^22s^22p^6$	20.180	neon
Ni	镍	28	$[Ar]3d^84s^2$	58.693	nickel
^{259}No	锘	102	$[Rn]5f^{14}7s^2$	259.10	nobelium
^{237}Np	镎	93	$[Rn]5f^46d^17s^2$	237.05	neptunium
O	氧	8	$1s^22s^22p^4$	15.999	oxygen
Os	锇	76	$[Xe]4f^{14}5d^66s^2$	190.23(3)	osmium
P	磷	15	$[Ne]3s^23p^3$	30.974	phosphorus
Pa	镤	91	$[Rn]5f^26d^17s^2$	231.04	protactinium
Pb	铅	82	$[Xe]4f^{14}5d^{10}6s^26p^2$	207.2(1)	lead
Pd	钯	46	$[Kr]4d^{10}$	106.42(1)	palladium
^{147}Pm	钷	61	$[Xe]4f^56s^2$	146.92	promethium
^{210}Po	钋	84	$[Xe]4f^{14}5d^{10}6s^26p^4$	209.98	polonium
Pr	镨	59	$[Xe]4f^36s^2$	140.91	praseodymium

续表

符号	名称	原子序数	电子组态	相对原子质量	英文名
Pt	铂	78	$[Xe]4f^{14}5d^96s^1$	195.08	platinum
^{239}Pu	钚	94	$[Rn]5f^67s^2$	239.05	plutonium
^{226}Ra	镭	88	$[Rn]7s^2$	226.03	radium
Rb	铷	37	$[Kr]5s^1$	85.468	rubidium
Re	铼	75	$[Xe]5f^{14}5d^56s^2$	186.21	rhenium
Rh	铑	45	$[Kr]4d^85s^1$	102.91	rhodium
^{222}Rn	氡	86	$[Xe]4f^{14}5d^{10}6s^26p^6$	222.02	radon
Ru	钌	44	$[Kr]4d^75s^1$	101.07(2)	ruthenium
S	硫	16	$[Ne]3s^23p^4$	32.065(5)	sulfur
Sb	锑	51	$[Kr]4d^{10}5s^25p^3$	121.76	antimony
Sc	钪	21	$[Ar]3d^14s^2$	44.956	scandium
Se	硒	34	$[Ar]3d^{10}4s^24p^4$	78.96(3)	selenium
Si	硅	14	$[Ne]3s^23p^2$	28.086	silicon
Sm	钐	62	$[Xe]4f^66s^2$	150.36(3)	samarium
Sn	锡	50	$[Kr]4d^{10}5s^25p^2$	118.71	tin
Sr	锶	38	$[Kr]5s^2$	87.62(1)	strontium
Ta	钽	73	$[Xe]4f^{14}5d^36s^2$	180.95	tantalum
Tb	铽	65	$[Xe]4f^96s^2$	158.93	terbium
^{99}Tc	锝	43	$[Kr]4d^55s^2$	98.906	technetium
Te	碲	52	$[Kr]4d^{10}5s^25p^4$	127.60(3)	tellurium
Th	钍	90	$[Rn]6d^27s^2$	232.04	thorium
Ti	钛	22	$[Ar]3d^24s^2$	47.867(1)	titanium
Tl	铊	81	$[Xe]4f^{14}5d^{10}6s^26p^1$	204.38	thallium
Tm	铥	69	$[Xe]4f^{13}6s^2$	168.93	thulium
U	铀	92	$[Rn]5f^36d^17s^2$	238.03	uranium
V	钒	23	$[Ar]3d^34s^2$	50.942	vanadium
W	钨	74	$[Xe]4f^{14}5d^46s^2$	183.84(1)	tungsten
Xe	氙	54	$[Kr]4d^{10}5s^25p^6$	131.29	xenon
Y	钇	39	$[Kr]4d^15s^2$	88.906	yttrium
Yb	镱	70	$[Xe]4f^{14}6s^2$	173.04(3)	ytterbium
Zn	锌	30	$[Ar]3d^{10}4s^2$	65.39(2)	zinc
Zr	锆	40	$[Kr]4d^25s^2$	91.224(2)	zirconium

注：(1)元素符号左上角有数字的元素为放射性元素,对于这些放射性元素,仅列出一种常见同位素的相对原子质量。
(2)市售含锂材料中锂的相对原子质量范围为6.94~6.99。
(3)相对原子质量后面圆括号中的数是末位数的不确定度,而未标明者其不确定度为1。
(4)电子组态仅列出了一些外层电子的排布,而内层电子的构型用构型相同元素的符号表示。

附录 II 常用相对分子质量表

分子式	相对分子质量	分子式	相对分子质量
$AgBr$	187.78	FeO	71.85
$AgCl$	143.32	Fe_2O_3	159.69
$AgCN$	133.84	$Fe(OH)_3$	106.87
Ag_2CrO_4	331.73	$FeSO_4 \cdot 7H_2O$	278.02
AgI	234.77	$FeSO_4 \cdot (NH_4)_2SO_4 \cdot 6H_2O$	392.14
$AgNO_3$	169.87	H_3AsO_4	141.94
Al_2O_3	101.96	H_3BO_3	61.83
$Al(OH)_3$	78.00	HBr	80.91
$Al_2(SO_4)_3 \cdot 18H_2O$	666.43	$HBrO_3$	128.91
As_2O_3	197.84	$H_2C_4H_4O_6$(酒石酸)	150.09
$BaCO_3$	197.34	$H_4C_{10}H_{12}O_8N_2$(乙二胺四乙酸)	292.25
$BaCl_2$	208.24	HCN	27.03
$BaCl_2 \cdot 2H_2O$	244.26	H_2CO_3	62.03
BaO	153.33	$H_2C_2O_4$	90.04
$Ba(OH)_2$	315.47	$H_2C_2O_4 \cdot 2H_2O$	126.07
$BaSO_4$	233.39	HCl	36.46
$CaCO_3$	100.09	$HClO_4$	100.46
CaC_2O_4	128.10	HF	20.01
$CaC_2O_4 \cdot H_2O$	146.11	HI	127.91
$CaCl_2$	110.98	HNO_3	63.01
CaF_2	78.08	H_2O	18.02
CaO	56.08	H_2O_2	34.01
$Ca(OH)_2$	74.09	H_3PO_4	98.00
$CaSO_4$	136.14	H_2S	34.08
$Ca_3(PO_4)_2$	310.18	H_2SO_4	98.08
CH_3COOH	60.05	I_2	253.81
CH_3OH	32.04	$KAl(SO_4)_2 \cdot 12H_2O$	474.39
C_6H_5COOH	122.12	KBr	119.00
C_6H_5COONa	144.10	$KBrO_3$	167.00
CO_2	44.01	K_2CO_3	138.21
CuO	79.54	$K_2C_2O_4 \cdot H_2O$	184.23
$Cu(OH)_2$	97.56	KCl	74.55
Cu_2O	143.09	$KClO_4$	138.55
$CuSO_4 \cdot 5H_2O$	249.69	K_2CrO_4	194.19
$FeCl_2$	126.75	$K_2Cr_2O_7$	294.19
$FeCl_3$	162.21	$KHC_4H_4O_6$(酒石酸氢钾)	188.18

续表

分子式	相对分子质量	分子式	相对分子质量
$KHC_8H_4O_4$(邻苯二甲酸氢钾)	204.22	$NaNO_3$	84.99
KH_2PO_4	136.09	Na_2O	61.98
K_2HPO_4	174.18	$NaOH$	40.00
$KHSO_4$	136.17	Na_2S	78.05
KI	166.00	Na_2SO_3	126.04
KIO_3	214.00	Na_2SO_4	142.04
$KMnO_4$	158.03	$Na_2SO_4 \cdot 10H_2O$	322.20
KNO_3	101.10	$Na_2S_2O_3$	158.11
KOH	56.11	$Na_2S_2O_3 \cdot 5H_2O$	248.19
K_3PO_4	212.27	NH_3	17.03
$KSCN$	97.18	NH_4Br	97.95
K_2SO_4	174.26	$(NH_4)_2CO_3$	96.09
$K(SbO)C_4H_4O_6 \cdot 2H_2O$(酒石酸锑钾)	333.93	NH_4Cl	53.49
$MgCO_3$	84.31	$(NH_4)_2C_2O_4 \cdot 12H_2O$	142.11
$MgCl_2$	95.21	NH_4F	37.04
$MgNH_4PO_4 \cdot 6H_2O$	245.41	NH_4OH	35.05
MgO	40.304	$(NH_4)_2Fe(SO_4)_3 \cdot 12H_2O$	482.20
$Mg(OH)_2$	58.32	$(NH_4)_3PO_4 \cdot 12MoO_3$	1876.35
$Mg_2P_2O_7$	222.55	NH_4SCN	76.12
$MgSO_4$	120.37	$(NH_4)_2SO_4$	132.14
$MgSO_4 \cdot 7H_2O$	246.48	NO_2	45.01
MnO	70.94	NO_3	62.00
MnO_2	86.94	P_2O_5	141.95
$Na_2B_4O_7 \cdot 10H_2O$	381.37	$PbCrO_4$	323.18
$NaBr$	102.89	PbO_2	239.19
Na_2CO_3	105.99	$PbSO_4$	303.26
$Na_2CO_3 \cdot 10H_2O$	286.14	SO_2	64.07
$Na_2C_2O_4$	134.00	SO_3	80.06
$NaCl$	58.44	SiO_2	60.09
$Na_2H_2C_{10}H_{12}O_8N_2 \cdot 2H_2O$(EDTA 二钠)	372.24	$SnCl_2$	189.60
$NaHCO_3$	84.01	ZnO	81.38
$NaHC_2O_4 \cdot H_2O$	130.03	$Zn(OH)_2$	99.40
$NaH_2PO_4 \cdot 2H_2O$	156.01	$ZnSO_4$	161.46
$Na_2HPO_4 \cdot 12H_2O$	358.14	$ZnSO_4 \cdot 7H_2O$	287.56

附录Ⅲ 常用指示剂

附录Ⅲ-1 酸碱指示剂(18~25℃)

指示剂名称	变色pH范围	颜色变化	溶液配制方法
甲基紫	0.13~0.5（第一变色范围）	黄→绿	0.1%或0.05%水溶液
苦味酸	0.0~1.3	无色→黄	0.1%水溶液
甲基绿	0.1~2.0	黄→绿→浅蓝	0.05%水溶液
孔雀绿	0.13~2.0（第一变色范围）	黄→浅蓝→绿	0.1%水溶液
甲酚红	0.2~1.8（第一变色范围）	红→黄	0.04g指示剂溶于100mL 50%乙醇中
甲基紫	1.0~1.5（第二变色范围）	绿→蓝	0.1%水溶液
百里酚蓝（麝香草酚蓝）	1.2~2.8（第一变色范围）	红→黄	0.1g指示剂溶于100mL 20%乙醇中
甲基紫	2.0~3.0（第三变色范围）	蓝→紫	0.1%水溶液
茜素黄R	1.9~3.3（第一变色范围）	红→黄	0.1%水溶液
二甲基黄	2.9~4.0	红→黄	0.1g或0.01g指示剂溶于100mL 90%乙醇中
甲基橙	3.1~4.4	红→橙黄	0.1%水溶液
溴酚蓝	3.0~4.6	黄→蓝	0.1g指示剂溶于100mL 20%乙醇中
刚果红	3.0~5.2	蓝紫→红	0.1%水溶液
茜素红S	3.7~5.2（第一变色范围）	黄→紫	0.1%水溶液
溴甲酚绿	3.8~5.4	黄→蓝	0.1g指示剂溶于100mL 20%乙醇中
甲基红	4.4~6.2	红→黄	0.1g或0.2g指示剂溶于100mL 60%乙醇中
溴酚红	5.0~6.8	黄→红	0.1g或0.04g指示剂溶于100mL 20%乙醇中
溴甲酚紫	5.2~6.8	黄→紫红	0.1g指示剂溶于100mL 20%乙醇中
溴百里酚蓝	6.0~7.6	黄→蓝	0.05g指示剂溶于100mL 20%乙醇中
中性红	6.8~8.0	红→亮黄	0.1g指示剂溶于100mL 60%乙醇中
酚红	6.8~8.0	黄→红	0.1g指示剂溶于100mL 20%乙醇中
甲酚红	7.2~8.8	亮黄→紫红	0.1g指示剂溶于100mL 50%乙醇中
百里酚蓝（麝香草酚蓝）	8.0~9.0（第二变色范围）	黄→蓝	参看第一变色范围
酚酞	8.2~10.0	无色→紫红	0.1g指示剂溶于100mL 60%乙醇中

续表

指示剂名称	变色pH范围	颜色变化	溶液配制方法
百里酚酞	9.4～10.6	无色→蓝	0.1g指示剂溶于100mL 90%乙醇中
茜素红S	10.0～12.0（第二变色范围）	紫→淡黄	参看第一变色范围
茜素黄R	10.1～12.1（第二变色范围）	黄→淡紫	0.1%水溶液
孔雀绿	11.5～13.2（第二变色范围）	蓝绿→无色	参看第一变色范围
达旦黄	12.0～13.0	黄→红	溶于水、乙醇

附录Ⅲ-2 混合酸碱指示剂

指示剂溶液的组成	变色点pH	颜色		备注
		酸色	碱色	
一份0.1%甲基黄乙醇溶液 一份0.1%次甲基蓝乙醇溶液	3.25	蓝紫	绿	pH 3.2 蓝紫色 pH 3.4 绿色
一份0.1%甲基橙溶液 一份0.25%靛蓝(二磺酸)水溶液	4.1	紫	黄绿	
一份0.1%溴甲酚绿钠盐水溶液 一份0.2%甲基橙水溶液	4.3	黄	蓝绿	pH 3.5 黄色 pH 4.0 黄绿色 pH 4.3 绿色
三份0.1%溴甲酚绿乙醇溶液 一份0.2%甲基红乙醇溶液	5.1	酒红	绿	
一份0.2%甲基红乙醇溶液 一份0.1%次甲基蓝乙醇溶液	5.4	红紫	绿	pH 5.2 红紫 pH 5.4 暗蓝 pH 5.6 绿
一份0.1%溴甲酚绿钠盐水溶液 一份0.1%氯酚红钠盐水溶液	6.1	黄绿	蓝紫	pH 5.4 蓝绿 pH 5.8 蓝 pH 6.2 蓝紫
一份0.1%溴甲酚紫钠盐水溶液 一份0.1%溴百甲酚蓝钠盐水溶液	6.7	黄	蓝紫	pH 6.2 黄紫 pH 6.6 紫 pH 6.8 蓝紫
一份0.1%中性红乙醇溶液 一份0.1%次甲基蓝乙醇溶液	7.0	蓝紫	绿	pH 7.0 蓝紫
一份0.1%溴百里酚蓝钠盐水溶液 一份0.1%酚红钠盐水溶液	7.5	黄	绿	pH 7.2 暗绿 pH 7.4 淡紫 pH 7.6 深紫
一份0.1%甲酚红钠盐水溶液 三份0.1%百里酚蓝钠盐水溶液	8.3	黄	紫	pH 8.2 玫瑰色 pH 8.4 紫色

附录 Ⅲ-3 非水滴定指示剂

指示剂名称	颜色变化 碱区	颜色变化 酸区	溶液配制方法
结晶紫	紫	蓝、绿、黄	0.5%冰醋酸溶液
α-萘酚苯甲醇	黄	绿	0.5%冰醋酸溶液
喹哪啶红	红	无	0.1%无水甲醇溶液
橙黄Ⅳ	橙黄	红	0.5%冰醋酸溶液
中性红	粉红	蓝	0.1%冰醋酸溶液
二甲基黄	黄	肉红	0.1%氯仿溶液
甲基橙	黄	红	0.1%无水乙醇溶液
偶氮紫	红	蓝	0.1%二甲基甲酰胺溶液
百里酚蓝	黄	蓝	0.3%无水甲醇溶液
二甲基黄-溶剂蓝19	绿	紫	取二甲基黄与溶剂蓝19各15mg,加氯仿100mL
甲基橙-二甲苯蓝FF	绿	蓝灰	取甲基橙与二甲苯蓝FF各0.1g,加乙醇100mL

附录 Ⅲ-4 金属指示剂

指示剂名称	解离平衡和颜色变化	溶液配制方法
二甲酚橙(XO)	$pK_a=6.3$ $H_3In^{4-} \rightleftharpoons H_2In^{5-}$ 黄　　　　红	0.2%水溶液
K-B指示剂	$pK_{a_1}=8$　$pK_{a_2}=13$ $H_2In \rightleftharpoons HIn^- \rightleftharpoons In^{2-}$ 红　　　蓝　　　紫红 (酸性铬蓝K)	0.2g酸性铬蓝K与0.4g萘酚绿B溶于100mL水中
钙指示剂	$pK_{a_2}=7.4$　$pK_{a_3}=13.5$ $H_2In \rightleftharpoons HIn^- \rightleftharpoons In^{2-}$ 酒红　　　蓝　　　酒红	0.5%乙醇溶液
吡啶偶氮酚(PAN)	$pK_{a_1}=1.9$　$pK_{a_2}=12.2$ $H_2In^- \rightleftharpoons HIn^{2-} \rightleftharpoons In^{3-}$ 黄绿　　　黄　　　淡红	0.1%乙醇溶液
Cu-PAN (CuY-PAN)溶液	$\underline{CuY+PAN} + \underline{M^{n+}} \rightleftharpoons \underline{MY+Cu-PAN}$ 　浅绿　　　　无色　　　　红色	将0.05mol/L Cu^{2+}溶液10mL,加pH 5~6的HAc缓冲溶液5mL,1滴PAN指示剂,加热至60℃左右,用EDTA滴至绿色,得约0.025mol/L CuY溶液。使用时取2~3mL于试液中,再加数滴PAN溶液

续表

指示剂名称	解离平衡和颜色变化	溶液配制方法
磺基水杨酸	$pK_{a_1}=2.7$ $pK_{a_2}=13.1$ $H_2In \rightleftharpoons HIn^- \rightleftharpoons In^{2-}$ 无色	1%水溶液
钙镁试剂 (calmagite)	$pK_{a_2}=8.1$ $pK_{a_3}=12.4$ $H_2In \rightleftharpoons HIn^- \rightleftharpoons In^{2-}$ 红 蓝 红橙	0.5%水溶液

注：EBT、钙指示剂、K-B指示剂等在水溶液中稳定性较差，可以配成指示剂与NaCl之比为1∶100或1∶200的固体粉末。

附录Ⅲ-5 氧化还原指示剂

指示剂名称	$E^{\ominus\prime}/V$ $[H^+]=1mol/L$	颜色变化 氧化态	颜色变化 还原态	溶液配制方法
中性红	0.24	红	无色	0.05%的60%乙醇溶液
次甲基蓝	0.36	蓝	无色	0.05%水溶液
变胺蓝	0.59(pH=2)	无色	蓝色	0.05%水溶液
二苯胺	0.76	紫	无色	1%浓H_2SO_4溶液
二苯胺磺酸钠	0.85	紫红	无色	0.5%水溶液
N-邻苯氨基苯甲酸	1.03	紫红	无色	0.1g指示剂加20mL 5% Na_2CO_3溶液，用水稀释至100mL
邻二氮菲-Fe(Ⅱ)	1.06	浅蓝	红	1.485g邻二氮菲加0.965g $FeSO_4$，溶于100mL水中（0.025mol/L水溶液）
5-硝基邻二氮菲-Fe(Ⅱ)	1.25	浅蓝	紫红	1.608g 5-硝基邻二氮菲加0.695g $FeSO_4$，溶于100mL水中（0.025mol/L水溶液）

附录Ⅲ-6 沉淀滴定吸附指示剂

指示剂	被测离子	滴定剂	滴定条件	溶液配制方法
荧光黄	Cl^-	Ag^+	pH 7～10（一般7～8）	0.2%乙醇溶液
二氯荧光黄	Cl^-	Ag^+	pH 4～10（一般5～8）	0.1%水溶液
曙红	Br^-,I^-,SCN^-	Ag^+	pH 2～10（一般3～8）	0.5%水溶液
溴甲酚绿	SCN^-	Ag^+	pH 4～5	0.1%水溶液
甲基紫	Ag^+	Cl^-	酸性溶液	0.1%水溶液
罗丹明6G	Ag^+	Br^-	酸性溶液	0.1%水溶液
钍试剂	SO_4^{2-}	Ba^{2+}	pH 1.5～3.5	0.5%水溶液
溴酚蓝	Hg_2^{2+}	Cl^-,Br^-	酸性溶液	0.1%水溶液

附录Ⅳ 常用缓冲溶液的配制

缓冲溶液组成	pK_a	缓冲液 pH	缓冲溶液配制方法
氨基乙酸-HCl	2.35 (pK_{a_1})	2.3	取氨基乙酸 150g 溶于 500mL 水中加浓 HCl 80mL,水稀释至 1L
H_3PO_4-枸橼酸盐		2.5	取 $Na_2HPO_4 \cdot 12H_2O$ 113g 溶于 200mL 水后,加枸橼酸 387g,溶解过滤后,稀释至 1L
一氯乙酸-NaOH	2.86	2.8	取 200g 一氯乙酸溶于 200mL 水中,加 NaOH 40g 溶解后,稀释至 1L
邻苯二甲酸氢钾-HCl	2.95 (pK_{a_1})	2.9	取 500mg 邻苯二甲酸氢钾溶于 500mL 水中,加浓 HCl 80mL,稀释至 1L
甲酸-NaOH	3.76	3.7	取 95g 甲酸和 40g NaOH 于 500mL 水中,溶解,稀释至 1L
NH_4Ac-HAc		4.5	取无水 NH_4Ac 77g 溶于 200mL 水中,加冰醋酸 59mL,稀释至 1L
NaAc-HAc	4.74	4.7	取无水 NaAc 83g 溶于水中,加冰醋酸 60mL,稀释至 1L
NaAc-HAc	4.74	5.0	取无水 NaAc 160g 溶于水中,加冰醋酸 60mL,稀释至 1L
NH_4Ac-HAc		5.0	取无水 NH_4Ac 250g 溶于水中,加冰醋酸 25mL,稀释至 1L
六次甲基四胺-HCl	5.15	5.4	取六次甲基四胺 40g 溶于 200mL 水中,加浓 HCl 10mL,稀释至 1L
NH_4Ac-HAc		6.0	取无水 NH_4Ac 600g 溶于水中,加冰醋酸 20mL,稀释至 1L
NaAc-H_3PO_4		8.0	取无水 NaAc 50g 和 $H_3PO_4 \cdot 12H_2O$ 50g,溶于水中,稀释至 1L
Tris-HCl	8.21	8.2	取 25g Tris[三羟甲基氨甲烷,$CNH_2 \equiv (HOCH_2)_3$]试剂溶于水中,加浓 HCl 8mL,稀释至 1L
NH_3-NH_4Cl	9.26	9.2	取 NH_4Cl 54g 溶于水中,加浓氨水 63mL,稀释至 1L
NH_3-NH_4Cl	9.26	9.5	取 NH_4Cl 54g 溶于水中,加浓氨水 126mL,稀释至 1L
NH_3-NH_4Cl	9.26	10.0	取 NH_4Cl 54g 溶于水中,加浓氨水 350mL,稀释至 1L

注:(1)缓冲液配制后可用 pH 试纸检查。如 pH 不对,可用共轭酸或碱调节。pH 欲调节精确时,可用 pH 试纸调节。
(2)若需增加或减少缓冲液的缓冲容量时,可相应增加或减少共轭酸碱对物质的量再调节。

附录Ⅴ 标准缓冲溶液的pH

温度 /℃	(1) 0.05mol/L 草酸三氢钾	(2) 25℃饱和酒石酸氢钾	(3) 0.05mol/L 邻苯二甲酸氢钾	(4) 0.025mol/L KH_2PO_4＋0.025mol/L Na_2HPO_4	(5) 0.01mol/L 硼砂	(6) 25℃饱和氢氧化钙
0	1.666	—	4.003	6.984	9.464	13.423
5	1.668	—	3.999	6.951	9.395	13.207
10	1.670	—	3.998	6.923	9.332	13.003
15	1.672	—	3.999	6.900	9.276	12.810
20	1.675	—	4.002	6.881	9.225	12.627
25	1.679	3.557	4.008	6.865	9.180	12.454
30	1.683	3.552	4.015	6.853	9.139	12.289
35	1.688	3.549	4.024	6.844	9.102	12.133
38	1.691	3.548	4.030	6.840	9.081	12.043
40	1.694	3.547	4.035	6.838	9.068	11.984
45	1.700	3.547	4.047	6.834	9.038	11.841
50	1.707	3.549	4.060	6.833	9.011	11.705
55	1.715	3.554	4.075	6.834	8.985	11.574
60	1.723	3.560	4.091	6.836	8.962	11.449
70	1.743	3.580	4.126	6.845	8.921	—
80	1.766	3.609	4.164	6.859	8.885	—
90	1.792	3.650	4.205	6.877	8.850	—
95	1.806	3.674	4.227	6.886	8.833	—

附录Ⅵ 常用酸碱的密度和浓度

试剂名称	相对密度	质量分数/%	浓度/(mol/L)
盐酸	1.18～1.19	36～38	11.6～12.4
硝酸	1.39～1.40	65.0～68.0	14.4～15.2
硫酸	1.83～1.84	95～98	17.8～18.4
磷酸	1.69	85	14.6
高氯酸	1.68	70.0～72.0	11.7～12.0
冰醋酸	1.05	99.8(优级纯) 99.0(分析纯、化学纯)	17.4
氢氟酸	1.13	40	22.5
氢溴酸	1.49	47.0	8.6
氨水	0.88～0.90	25.0～28.0	13.3～14.8

附录Ⅶ 常用基准物的干燥及应用

基准物质 名称	基准物质 分子式	干燥后组成	干燥条件/℃	标定对象
碳酸氢钠	$NaHCO_3$	$NaHCO_3$	270～300	酸
碳酸钠	$Na_2CO_3 \cdot 10H_2O$	$Na_2CO_3 \cdot 10H_2O$	270～300	酸
硼砂	$Na_2B_4O_7 \cdot 10H_2O$	$Na_2B_4O_7 \cdot 10H_2O$	放在含 NaCl 和蔗糖饱和液的干燥器中	酸
碳酸氢钾	$KHCO_3$	$KHCO_3$	270～300	酸
草酸	$H_2C_2O_4 \cdot 2H_2O$	$H_2C_2O_4 \cdot 2H_2O$	室温空气干燥	碱或 $KMnO_4$
邻苯二甲酸氢钾	$KHC_8H_4O_4$	$KHC_8H_4O_4$	110～120	碱
重铬酸钾	$K_2Cr_2O_7$	$K_2Cr_2O_7$	140～150	还原剂
溴酸钾	$KBrO_3$	$KBrO_3$	130	还原剂
碘酸钾	KIO_3	KIO_3	130	还原剂
铜	Cu	Cu	室温干燥器中保存	还原剂
三氧化二砷	As_2O_3	As_2O_3	室温干燥器中保存	氧化剂
草酸钠	$Na_2C_2O_4$	$Na_2C_2O_4$	130	氧化剂
碳酸钙	$CaCO_3$	$CaCO_3$	110	EDTA
锌	Zn	Zn	室温干燥器中保存	EDTA
氧化锌	ZnO	ZnO	900～1000	EDTA
氯化钠	$NaCl$	$NaCl$	500～600	$AgNO_3$
氯化钾	KCl	KCl	500～600	$AgNO_3$
硝酸银	$AgNO_3$	$AgNO_3$	280～290	氯化物
氨基磺酸	$HOSO_2NH_2$	$HOSCHNH_2$	在真空 H_2SO_4 干燥器中保存 48h	碱
氟化钠	NaF	NaF	铂坩埚中 500～550℃ 下保存 40～50min 后,H_2SO_4 干燥器中冷却	

附录Ⅷ 难溶化合物的溶度积(K_{sp})

化合物	K_{sp}	化合物	K_{sp}	化合物	K_{sp}
AgBr	5.0×10^{-13}	AgI	1.5×10^{-16}	Ag_2SO_4	1.4×10^{-5}
AgCl	1.56×10^{-10}	AgSCN	1.0×10^{-12}	Ag_2CrO_4	1.1×10^{-12}
AgCN	1.2×10^{-16}	$Ag_2C_2O_4$	2.95×10^{-11}	$Ag_2Cr_2O_7$	2.0×10^{-7}

续表

化合物	K_{sp}	化合物	K_{sp}	化合物	K_{sp}
Ag_2CO_3	8.1×10^{-12}	$CoHPO_4$	2×10^{-7}	$MgNH_4PO_4$	2.5×10^{-13}
Ag_2S	6.3×10^{-50}	$Co(OH)_2$(新)	1.6×10^{-15}	$Mg_3(PO_4)_2$	$10^{-28}\sim10^{-27}$
Ag_3AsO_4	1.0×10^{-22}	CoS	3×10^{-26}	$Mn(OH)_2$	1.9×10^{-13}
$Ag_3[CO(NO_2)_6]$	8.5×10^{-21}	$Co_2[Fe(CN)_6]$	1.8×10^{-15}	MnS	1.4×10^{-15}
Ag_3PO_4	1.4×10^{-16}	$Co_3(PO_4)_2$	2×10^{-35}	$Ni(OH)_2$(新)	2.0×10^{-15}
$Ag_4[Fe(CN)_6]$	1.6×10^{-41}	Cs_2CrO_4	7.1×10^{-4}	NiS	1.4×10^{-24}
$Al(OH)_3$	1.3×10^{-33}	$CuCN$	3.2×10^{-20}	$PbCO_3$	7.4×10^{-14}
$AlPO_4$	6.3×10^{-19}	CuS	6.3×10^{-36}	$PbCl_2$	1.6×10^{-5}
As_2S_3	4.0×10^{-29}	$CuSCN$	4.8×10^{-15}	$PbCrO_4$	1.8×10^{-14}
$BaCO_3$	8.1×10^{-9}	$Cu_2[Hg(CN)_6]$	1.3×10^{-16}	PbF_2	2.7×10^{-8}
BaC_2O_4	1.6×10^{-7}	$Cu_2P_2O_7$	8.3×10^{-16}	$PbHPO_4$	1.3×10^{-10}
$BaCrO_4$	1.2×10^{-10}	$Cu_3(AsO_4)_2$	7.6×10^{-36}	PbI_2	7.1×10^{-9}
BaF_2	1.0×10^{-9}	$Cu_3(PO_4)_2$	1.3×10^{-37}	$Pb(OH)_2$	1.2×10^{-15}
$BaHPO_4$	3.2×10^{-7}	$FeCO_3$	3.2×10^{-11}	PbS	8.0×10^{-28}
$BaSiF_6$	1×10^{-6}	$Fe(OH)_2$	8.0×10^{-16}	$PbSO_4$	1.6×10^{-8}
$BaSO_4$	1.1×10^{-10}	$Fe(OH)_3$	1.1×10^{-36}	$Pb_2[Fe(CN)_6]$	3.5×10^{-15}
$Ba_2P_2O_7$	3.2×10^{-11}	$FePO_4$	1.3×10^{-22}	$Pb_3(AsO_4)_2$	4.0×10^{-36}
$Ba_3(AsO_4)_2$	8.0×10^{-51}	FeS	3.7×10^{-19}	$Pb_3(PO_4)_2$	8.0×10^{-48}
$Ba_3(PO_4)_2$	3.4×10^{-23}	$Fe_4[Fe(CN)_6]$	3.3×10^{-41}	$Sb(OH)_3$	4×10^{-42}
$Bi(OH)_3$	4×10^{-31}	Hg_2Cl_2	1.3×10^{-18}	Sb_2S_3	2.9×10^{-59}
$BiPO_4$	1.3×10^{-23}	$Hg_2(CN)_2$	5×10^{-40}	SnS	1.0×10^{-25}
Bi_2S_3	1×10^{-97}	Hg_2I_2	4.5×10^{-29}	$SrCO_3$	1.6×10^{-9}
$CaCO_3$	8.7×10^{-9}	Hg_2S	1×10^{-47}	SrC_2O_4	5.6×10^{-8}
CaC_2O_4	4×10^{-9}	HgS(红)	4×10^{-53}	$SrCrO_4$	2.2×10^{-5}
CaF_2	2.7×10^{-11}	HgS(黑)	1.6×10^{-52}	SrF_2	2.5×10^{-9}
$CaHPO_4$	1×10^{-7}	$Hg_2(SCN)_2$	2.0×10^{-20}	$SrSO_4$	3.2×10^{-7}
$Ca(OH)_2$	5.5×10^{-6}	H_2O	3.2×10^{-17}	$Sr_3(PO_4)_2$	4.0×10^{-28}
$CaSiF_6$	8.1×10^{-4}	$K_2[PtCl_6]$	1.1×10^{-5}	$Zn[Hg(SCN)_4]$	2.2×10^{-7}
$CaSO_4$	9.1×10^{-6}	$K[B(C_6H_5)_4]$	2.2×10^{-8}	ZnS	1.2×10^{-23}
$Ca_3(PO_4)_2$	2.0×10^{-29}	$K_2Na[Co(NO_2)_6]$	2.2×10^{-8}	$Zn(OH)_2$	1.2×10^{-17}
$Cd(OH)_2$(新)	2.5×10^{-14}	$K_2[PtCl_6]$	1.1×10^{-5}	$Zn_2[Fe(CN)_6]$	4.0×10^{-16}
CdS	3.6×10^{-29}	$MgCO_3$	3.5×10^{-8}	$Zn_3(PO_4)_2$	9.0×10^{-33}
$Cd_2[Fe(CN)_6]$	3.2×10^{-17}	MgC_2O_4	8.5×10^{-5}		
$Cd_3(PO_4)_2$	2.5×10^{-33}	MgF_2	6.5×10^{-9}		
$Co[Hg(SCN)_4]$	1.5×10^{-6}	$Mg(OH)_2$	1.9×10^{-13}		

附录 Ⅸ 标准电极电位及氧化还原电对条件电位表

附录 Ⅸ-1 标准电极电位表（25℃）

电极反应	$\varphi^\ominus/V$
$F_2 + 2e \rightleftharpoons 2F^-$	+2.87
$O_3 + 2H^+ + 2e \rightleftharpoons O_2 + H_2O$	+2.07
$S_2O_8^{2-} + 2e \rightleftharpoons 2SO_4^{2-}$	+2.0
$H_2O_2 + 2H^+ + 2e \rightleftharpoons 2H_2O$	+1.77
$Ce^{4+} + e \rightleftharpoons Ce^{3+}$	+1.61
$2BrO_3^- + 12H^+ + 10e \rightleftharpoons Br_2 + 6H_2O$	+1.5
$MnO_4^- + 8H^+ + 5e \rightleftharpoons Mn^{2+} + 4H_2O$	+1.51
$PbO_2(固) + 4H^+ + 2e \rightleftharpoons Pb^{2+} + 2H_2O$	+1.46
$BrO_3^- + 6H^+ + 6e \rightleftharpoons Br^- + 3H_2O$	+1.44
$Cl_2 + 2e \rightleftharpoons 2Cl^-$	+1.358
$Cr_2O_7^{2-} + 14H^+ + 6e \rightleftharpoons 2Cr^{3+} + 7H_2O$	+1.33
$MnO_2(固) + 4H^+ + 2e \rightleftharpoons Mn^{2+} + 2H_2O$	+1.23
$O_2 + 4H^+ + 4e \rightleftharpoons 2H_2O$	+1.229
$2IO_3^- + 12H^+ + 10e \rightleftharpoons I_2 + 6H_2O$	+1.19
$Br_2 + 2e \rightleftharpoons 2Br^-$	+1.08
$VO_2^+ + 2H^+ + e \rightleftharpoons VO^{2+} + H_2O$	+0.999
$HNO_2 + H^+ + e \rightleftharpoons NO + H_2O$	+0.98
$NO_3^- + 3H^+ + 2e \rightleftharpoons HNO_2 + H_2O$	+0.94
$Hg^{2+} + 2e \rightleftharpoons 2Hg$	+0.845
$Ag^+ + e \rightleftharpoons Ag$	+0.7994
$Hg_2^{2+} + 2e \rightleftharpoons 2Hg$	+0.792
$Fe^{3+} + e \rightleftharpoons Fe^{2+}$	+0.771
$O_2 + 2H^+ + 2e \rightleftharpoons H_2O_2$	+0.69
$2HgCl_2 + 2e \rightleftharpoons Hg_2Cl_2 + 2Cl^-$	+0.63
$MnO_4^- + 2H_2O + 3e \rightleftharpoons MnO_2 + 4OH^-$	+0.588
$MnO_4^- + e \rightleftharpoons MnO_4^{2-}$	+0.57
$H_3AsO_4 + 2H^+ + 2e \rightleftharpoons HAsO_2 + 2H_2O$	+0.56

续表

电极反应	$\varphi^{\ominus}/V$
$I_3^- + 2e^- \rightleftharpoons 3I^-$	+0.54
$I_2(固) + 2e^- \rightleftharpoons 2I^-$	+0.535
$Cu^+ + e^- \rightleftharpoons Cu$	+0.52
$Fe(CN)_6^{3-} + e^- \rightleftharpoons Fe(CN)_6^{4-}$	+0.355
$Cu^{2+} + 2e^- \rightleftharpoons Cu$	+0.34
$Hg_2Cl_2 + 2e^- \rightleftharpoons 2Hg + 2Cl^-$	+0.268
$SO_4^{2-} + 4H^+ + 2e^- \rightleftharpoons H_2SO_3 + H_2O$	+0.17
$Cu^{2+} + e^- \rightleftharpoons Cu^+$	+0.17
$Sn^{4+} + 2e^- \rightleftharpoons Sn^{2+}$	+0.15
$S + 2H^+ + 2e^- \rightleftharpoons H_2S$	+0.14
$S_4O_6^{2-} + 2e^- \rightleftharpoons 2S_2O_3^{2-}$	+0.09
$2H^+ + 2e^- \rightleftharpoons H_2$	0.00
$Pb^{2+} + 2e^- \rightleftharpoons Pb$	-0.126
$Sn^{2+} + 2e^- \rightleftharpoons Sn$	-0.14
$Ni^{2+} + 2e^- \rightleftharpoons Ni$	-0.25
$PbSO_4(固) + 2e^- \rightleftharpoons Pb + SO_4^{2-}$	-0.356
$Cd^{2+} + 2e^- \rightleftharpoons Cd$	-0.403
$Fe^{2+} + 2e^- \rightleftharpoons Fe$	-0.44
$S + 2e^- \rightleftharpoons S^{2-}$	-0.48
$2CO_2 + 2H^+ + 2e^- \rightleftharpoons H_2C_2O_4$	-0.49
$Zn^{2+} + 2e^- \rightleftharpoons Zn$	-0.7628
$SO_4^{2-} + H_2O + 2e^- \rightleftharpoons SO_3^{2-} + 2OH^-$	-0.93
$Al^{3+} + 3e^- \rightleftharpoons Al$	-1.66
$Mg^{2+} + 2e^- \rightleftharpoons Mg$	-2.37
$Na^+ + e^- \rightleftharpoons Na$	-2.713
$Ca^{2+} + 2e^- \rightleftharpoons Ca$	-2.87
$K^+ + e^- \rightleftharpoons K$	-2.925

附录 Ⅸ-2 氧化还原电对条件电位表(25℃)

电极反应	$\varphi^{\ominus\prime}/V$	介质条件
$Ag^{2+}+e^{-} \rightleftharpoons Ag^{+}$	2.00	4mol/L $HClO_4$
	1.93	3mol/L HNO_3
$Ce(Ⅳ)+e^{-} \rightleftharpoons Ce(Ⅲ)$	1.74	1mol/L $HClO_4$
	1.45	0.5mol/L H_2SO_4
	1.28	1mol/L HCl
	1.60	1mol/L HNO_3
$Co(Ⅲ)+e^{-} \rightleftharpoons Co(Ⅱ)$	1.95	4mol/L $HClO_4$
	1.86	1mol/L HNO_3
$Cr_2O_7^{2-}+14H^{+}+6e^{-} \rightleftharpoons 2Cr^{3+}+7H_2O$	1.03	1mol/L $HClO_4$
	1.15	4mol/L H_2SO_4
	1.00	1mol/L HCl
$Fe(Ⅲ)+e^{-} \rightleftharpoons Fe(Ⅱ)$	0.75	1mol/L $HClO_4$
	0.70	1mol/L HCl
	0.68	1mol/L H_2SO_4
	0.51	1mol/L HCl
$Fe(CN)_6^{3-}+e^{-} \rightleftharpoons Fe(CN)_6^{4-}$	0.56	0.1mol/L HCl
	0.72	1mol/L $HClO_4$
$I_3^{-}+2e^{-} \rightleftharpoons 3I^{-}$	0.545	0.5mol/L H_2SO_4
$Sn(Ⅳ)+2e^{-} \rightleftharpoons Sn(Ⅱ)$	0.14	1mol/L HCl
$Sb(Ⅴ)+2e^{-} \rightleftharpoons Sb(Ⅲ)$	0.75	3.5mol/L HCl
$SbO_3^{-}+H_2O+2e^{-} \rightleftharpoons SbO_2^{-}+2OH^{-}$	−0.43	3mol/L KOH
$Ti(Ⅳ)+e^{-} \rightleftharpoons Ti(Ⅲ)$	−0.01	0.2mol/L H_2SO_4
	0.15	5mol/L H_2SO_4
	0.10	3mol/L HCl
$V(Ⅴ)+e^{-} \rightleftharpoons V(Ⅳ)$	0.94	1mol/L H_3PO_4
$U(Ⅵ)+2e^{-} \rightleftharpoons U(Ⅳ)$	0.35	1mol/L HCl

选自:彭崇慧,等.定量分析化学教程.2版.北京:北京大学出版社,2002:401。